"十二五"普通高等教育本科国家级规划教材

电工电子技术

Diangong Dianzi Jishu

第三版 第六分册

基于EWB的电工电子教程

■ 太原理工大学电工基础教学部 编

系列教材主编 渠云田 田慕琴

第六分册主编 陶晋宜 任鸿秋

U0266237

高等教育出版社·北京

HIGHER EDUCATION PRESS BEIJING

内容简介

本教材为"十二五"普通高等教育本科国家级规划教材,是按照教育部高等学校电子电气基础课程教学指导分委员会最新制定的"电工学课程教学基本要求",在2008年出版的《电工电子技术(第二版)(第六分册)——基于EWB的EDA仿真技术》的基础上重新修订编写的。

本教材适用于"电工电子技术"课程少学时的专业,在保留了第二版Electronics Workbench(EWB)的EDA仿真的基础上,在教材内容上进行拓展,加进了电工电子技术的基础理论与基本知识,使本教材课程体系更加简洁合理,既可作为少学时专业主教材,又可作为EWB的EDA仿真教材。全书包括EWB软件概述、电路分析基础、模拟电子技术、数字电子技术,电机与控制五部分共十二章内容。在每一章中,基本上都将本章讲授的主要内容用EWB进行了仿真,学生在学习过程中可照此方法对所学内容进行仿真实验,从而进一步加深对所学知识的理解。

本教材所需50~70学时,既适用于本、专科高等学校理工科非电类专业和计算机专业作为教学的主教材,也可作为高职、高专及成人教育相应专业的选用教材,还可以作为相关专业工程技术人员的参考书。

图书在版编目(CIP)数据

电工电子技术. 第6分册,基于EWB的电工电子教程/渠云田,田慕琴主编;陶晋宜,任鸿秋分册主编;太原理工大学电工基础教学部编. --3 版. --北京:高等教育出版社,2014.5

ISBN 978-7-04-039392-7

Ⅰ. ①电… Ⅱ. ①渠…②田…③陶…④任…⑤太… Ⅲ. ①电工技术-高等学校-教材②电子技术-高等学校-教材 Ⅳ. ①TM②TN

中国版本图书馆 CIP 数据核字(2014)第 051877 号

策划编辑	金春英	责任编辑	许海平	封面设计	于文燕	版式设计	马敬茹
插图绘制	杜晓丹	责任校对	孟 玲	责任印制	韩 刚		

出版发行	高等教育出版社	网 址	http://www.hep.edu.cn	
社 址	北京市西城区德外大街4号		http://www.hep.com.cn	
邮政编码	100120	网上订购	http://www.landraco.com	
印 刷	河北鹏盛贤印刷有限公司		http://www.landraco.com.cn	
开 本	787mm×1092mm 1/16			
印 张	19.5	版 次	2004年1月第1版	
字 数	470 千字		2014年5月第3版	
购书热线	010-58581118	印 次	2014年5月第1次印刷	
咨询电话	400-810-0598	定 价	28.60元	

本书如有缺页、倒页、脱页等质量问题,请到所购图书销售部门联系调换

前　言

　　本教材是《电工电子技术》系列教材的第六分册——《基于 EWB 的电工电子教程》（第三版），它是在 2004 年出版的第一版《电工电子 EDA 仿真技术》，2008 年出版的第二版《基于 EWB 的 EDA 仿真技术》的基础上，针对理论教材实践性不够，仿真实验教材理论内容欠缺，本着"适用、先进、精炼、通俗"的编写原则，对原教材重新编排、改写、补充，使本教材的课程体系更加简洁合理，既可作为少学时的专业主教材，又可作为 EWB 的 EDA 仿真教材。

　　本教材自 2004 年 1 月第一版出版以来，经四次印刷，被全国十余所高等学校使用，2008 年对第一版教材进行了修订，出版了第二版，得到了许多专家、教师和学生的关注，这次是本教材的第三版。"电工电子技术"课程的教学对象是理工科非电类专业的学生，它是一门理工科非电类专业的技术基础课程。由于各个学科专业各具特点，对"电工电子技术"课程的要求不尽相同，为了适应"电工电子技术"课程少学时的专业，在保留了原 Electronics Workbench（EWB）的 EDA 仿真的基础上，加进了电工电子技术的基础理论与基本知识，使本教材仿真内容与电工电子技术课程体系结合得更加紧密。

　　本教材主要特点有：

　　1. 本教材包括 EWB 软件概述、电路分析基础、模拟电子技术、数字电子技术、电机与控制，共五部分内容。

　　2. 在每一章中，基本上都将本章的主要内容和例题用 Electronics Workbench（EWB）进行了仿真，尽可能地做到理论与实际相结合，对巩固所学知识起到强化作用，每章还增加了电气实物的图形展示，以增加学生的感性认识。

　　3. 本教材是以 EWB 5.0 版本软件为基础编写的电工电子技术及仿真教材。EWB 软件与 Multisim 系列软件相比，有它本身的优势。虽然 EWB 软件元件库和仪器库没有 Multisim 系列软件丰富，但它所具备的对电路的仿真和分析功能完全能满足"电工电子技术"教学对虚拟电子实验室的要求。EWB 软件与 Multisim 系列软件相比所占的内存空间要小，对计算机配置的要求低，安装使用更加容易，使用起来更加方便，因此，本教材依然沿用 EWB 软件。

　　4. 删减了部分难度偏大的习题，注重了基础知识学习。

　　5. 内容更趋合理、精炼，理论知识与实验内容紧密结合，更丰富了教材的趣味性、实践性，更便于自学使用。

　　本教材共 12 章，其中陈惠英编写第 1 章，吴申编写第 2 章，高妍编写第 3 章，陶晋宜编写第 4 章，王跃龙编写第 5 章，任鸿秋编写第 6 章，曹凤才（中北大学）编写第 7 章，郭海霞（山西农业大学）编写第 8 章，何秋生（太原科技大学）编写第 9 章，李凤霞编写第 10 章，靳宝全编写第 11 章，申红燕编写第 12 章。本教材由太原理工大学电工基础教学部组织编写，陶晋宜副教授、任鸿秋副教授、李凤霞副教授、陈惠英副教授、申红燕讲师担任本教材的主编，由陶晋宜副教授负责对本教材进行统稿，系列教材主编渠云田教授和田慕琴教授对本教材的修订和改编提出了许多宝贵意见和修改建议,太原理工大学夏路易教授作为主审,对本教材进行了认真全面的审阅,在此深表谢意。

在编写过程中,我们参考了一些优秀教材,在此向这些参考文献的作者表示衷心感谢。由于编者水平和实践经验有限,教材中难免有缺点和不妥,敬请各位读者不吝赐教、批评指正,以便今后进一步改进提高。

编者

2014 年 2 月

第二版前言

21世纪知识日新月异,为适应时代的要求,培养具有竞争力和创新能力的优秀人才,根据教育部面向21世纪电工电子技术课程教学改革的要求,结合我校电工基础教学部近年来对电工电子技术基础课程的改革与实践,在2004年第一版的基础上,我们借鉴国内外同类有影响教材,重新对教材进行修订编写、调整补充,使之更适应非电类专业、计算机专业教学要求。

本教材由太原理工大学电工基础教学部组织编写,全套教材共有六个分册:第一分册,电路与模拟电子技术基础(分册主编李晓明、李凤霞),本分册主要介绍电路分析基础、电路的瞬态分析、正弦交流电路、常用半导体器件与基本放大电路、集成运算放大器、直流稳压电源、现代电力电子器件及其应用和常用传感器及其应用;第二分册,数字与电气控制技术基础(分册主编王建平、靳宝全),本分册主要介绍数字电路基础、组合逻辑电路、触发器与时序逻辑电路、脉冲波形的产生与整形、数模和模数转换技术、存储器与可编程逻辑器件、变压器和电动机、可编程控制器和总线、接口与互连技术等;第三分册,利用 Multisim 2001 的 EDA 仿真技术(分册主编高妍、申红燕),本分册主要介绍 Multisim 2001 软件的特点、分析方法及其使用方法,然后列举大量例题说明该软件在直流、交流、模拟、数字等电路分析与设计中的应用;第四分册,电工电子技术实践教程(分册主编陈惠英),本分册主要介绍电工电子实验基础知识、常用电工电子仪器仪表,详细介绍38个电路基础、模拟电子技术、数字电子技术和电机与控制实验以及 Protel 2004 原理图与PCB设计内容;第五分册,电工电子技术学习指导(分册主编田慕琴),本分册紧密配合主教材内容,提出每章的基本要求和阅读指导,有重点内容、重点题目的讲解与分析,列举了一些概念性强、综合分析能力强并有一定难度的例题;第六分册,基于 EWB 的 EDA 仿真技术(分册主编崔建明、陶晋宜、任鸿秋),本分册主要介绍 EWB 5.0 软件的特点、各种元器件和虚拟仪器、分析方法,并对典型的直流、瞬态、交流、模拟和数字电路进行了仿真。系列教材由太原理工大学渠云田教授主编和统稿。本教材第一分册、第二分册由北京理工大学刘蕴陶教授审阅;第三分册、第六分册由太原理工大学夏路易教授审阅;第四分册、第五分册由山西大学薛太林副教授审阅。

第六分册由崔建明编写第1、2章,王跃龙编写第3章,田慕琴编写第4章,郭军编写第5章,陶晋宜编写第6、7、8章和第10章的第6、7节,任鸿秋编写第9、11章和第10章的第1、2、3、4、5节,全书由崔建明教授进行统稿。

本教材第一版自2004年1月出版以来,经4次印刷,被全国十余所高等院校使用,受到了广大读者的欢迎。随着电工电子技术的不断发展,仿真技术也在不断更新,为了适应新形势的需要,使教材更具逻辑性、可读性和趣味性,我们对第一版进行了修订,修改的主要内容如下:

1. 第5章保留了 EWB 的六种基本分析方法,删除了其余八种在实际中应用较少的分析方法。

2. 第5章删除了"分析方法的参数设置"一节内容。

3. 为了提高学生综合分析问题的能力,增加了第8章"电路分析基础综合应用实例"和第

11 章"电子技术基础综合应用实例"。

4．章前增加了对仿真的基本"要求"，章后附加了"习题"，便于学生课后练习。

5．对其他章节也做了少量修改。

再版后的教材具有如下特点：

1．与主教材配合更加紧密。

2．内容更趋合理、精炼。

3．丰富了教材的趣味性。

4．更便于自学和使用。

本教材的各位审者均提出了宝贵意见和修改建议，还得到太原理工大学电工基础教学部教师和广大读者的关心，他们提出了大量建设性意见，在此深表感谢。

在编写本教材过程中，我们也曾参考了部分优秀教材，在此，谨向这些参考书的作者表示感谢。

由于水平有限，本书有些内容难免不够妥当，恳请读者，特别是使用本教材的教师和学生积极提出批评和改进意见，以便今后修订提高。

编者

2008 年 1 月

第一版前言

Electronics Workbench(简称 EWB) EDA 软件是目前各种电路仿真软件中最理想的一种软件。它可以采用图形方式创建电路,具有界面形象、直观、友好,操作简单方便,虚拟电子器件和设备品种齐全,分析工具多而强等优点。这些优点不仅为电子工程技术人员设计电子产品提供了重要工具,真正做到了省时、省力、节约设计费用、优化产品质量,而且 EWB 可以在计算机上虚拟电子实验室,非常适合于电子课程的辅助教学。通过电路仿真实验,既可提高学生对所学理论知识的理解和掌握,又可培养学生的创新意识,同时还解决了目前各高校因经费不足,设备有限,很多实验难以进行的问题。因此,EWB 软件在世界数十个国家,特别是在许多著名大学得到了广泛应用。

编写本书的目的在于通过学生对不同电路的 EDA 仿真,加强学生的动手能力,提高学生对理论知识的掌握,培养学生创新意识,以适应 21 世纪科学技术飞速发展的需要。本书除具有大量的例题和练习题外,还列举了许多小巧、新颖、实用的小制作、小设计,如报警器、交通灯控制电路、抢答器、电冰箱温度控制电路等,这样既可以丰富学生的学习兴趣,同时又具有实用性强的特点。本书在分析举例时,一般给出实验题目、实验要求、操作步骤和实验结果,以教给学生如何提取元器件,如何修改元器件的参数,如何搭建电路,如何修改电路,如何使用仿真仪器,如何对电路进行调试、仿真、分析和改进等,并通过问答、思考、练习题等方式给学生以发挥和提高的空间,非常便于自学。通过本书的学习,将使学生真正掌握一门分析电路和设计电路的技术。

本书由太原理工大学电工基础教学部组织编写。崔建明编写了第 1、2、3、4、5 章,陶晋宜编写了第 6、7 章和第 9 章的 6、7 节,任鸿秋编写第 8 章和第 9 章的 1、2、3、4、5、8 节,全书由崔建明进行统稿。太原理工大学渠云田教授对书稿进行了详细认真的审阅,提出了许多非常宝贵的意见和建议。电工基础教学部的李晓明教授和王建平教授也对本书提出了一些很好的建议。这些意见和建议对本书的顺利完成起到了至关重要的作用。另外,在本书的编写过程中也参考了一些优秀的教材,在此一并表示衷心的感谢!

由于编者水平有限,书中错误与不妥之处在所难免,殷切希望使用本书的读者提出宝贵的意见,以利于本书的进一步完善。

编者
2003 年 3 月

目　　录

第1章 EWB 概述

EWB 英文全称为 Electronics Workbench（电子工作平台），是加拿大 Interactive Image Technologies Ltd.（IIT）公司于 1988 年开发的一款电子电路计算机仿真设计软件。随着技术的发展，EWB 软件也在不断升级，常见的版本有 EWB4.0,EWB5.0。发展到 5.x 版本后,IIT 公司对 EWB 软件进行了较大的变动,软件的名称变为 Multisim 系列。

本教材是以 EWB5.0 版本软件为基础编写的电工电子技术及仿真教材。EWB 软件与 Multisim 系列软件相比,有它本身的优势。虽然 EWB 软件元件库和仪器库没有 Multisim 系列丰富,但它所具备的对电路的仿真和分析功能完全能满足"电工电子技术"教学对虚拟电子实验室的要求,EWB 软件与 Multisim 系列软件相比所占的内存空间要小,对计算机配置的要求低,安装使用更加容易,使用起来更加方便。因此,本教材依然沿用 EWB 软件。

1.1 EWB 简介

EWB 软件设计功能完善,操作界面友好、形象,非常易于掌握。EWB 软件以 SPICE3F5 为软件核心,增强了其在数字和模拟混合信号方面的仿真能力。EWB 软件的开发很好地解决了电子线路设计中费时、费力、费钱的问题,给电子产品设计人员带来了极大的方便和实惠,他们可以利用计算机辅助设计进行电路仿真,有效地节省了开发时间和成本。在该软件下调试所得结果电路可以和 Tango、Protel 和 OrCAD 等印制电路设计软件共享,生成印制电路,自动排出印制电路板,从而大大加快了产品开发速度,提高了工作效率。

该软件直观的电路图和仿真分析结果的显示形式非常适合于电工电子类课程课堂和实验教学环节,是一种非常好的电子技术实训工具。可以弥补实验仪器和元件的不足,避免仪器、元器件的损坏,可以帮助学生更好地掌握课堂教学内容,加深对概念、原理的理解,通过电路仿真,进一步培养学生对电工电子电路的综合分析、开发设计和创新能力。

1.2 EWB 的特点

EWB 软件具有以下主要特点:

1. 集成化、一体化的设计环境

可任意地在系统中集成数字及模拟元器件,完成原理图输入、数模混合仿真以及波形图显示等工作。当用户进行仿真时,原理图、波形图同时出现。当改变电路连线或元器件参数时,波形即时显示变化。

2．界面友好、操作简单

单击鼠标，用户可以轻松地选择元器件；拖动鼠标，可将元器件放入原理图中。调整电路连线、改变元器件位置、修改元器件属性也非常简单。此外，EWB软件还有自动排列连线的功能，使所画原理图更加美观、快捷。

3．真实的仿真平台

EWB软件的元件库提供了数千种电路元器件，既有无源元件也有有源元件，既有模拟元件也有数字元件，既有分立元件也有集成元件，还可以新建或扩充已有的元器件库。EWB软件还提供了齐全的虚拟仪器，如示波器、信号发生器、万用表、波特仪、频谱仪和逻辑分析仪等。用这些元器件和仪器仿真电子电路，就如同在实验室做实验一样，非常真实，而且不必为损坏仪器和元器件而烦恼，也不必为仪器过时、测量精度不够而一筹莫展。

4．分析方法多而强

EWB软件不但可以完成电路的稳态分析和瞬态分析、时域分析和频域分析、器件的线性分析和非线性分析、电路的噪声分析和失真分析等常规分析，而且还提供了离散傅里叶分析、电路的零极点分析、交直流灵敏度分析和电路的容差分析等14种分析方法。用户可以利用这些分析工具，清楚而准确地了解电路的工作状态。

1.3　EWB系统要求

随着计算机技术的飞速发展，特别是Windows操作系统的广泛使用，EWB软件也从低版本DOS版发展成可在Windows环境下运行的高版本。由于充分利用了Windows操作系统的许多优点，如直观的图形操作界面，软件的多任务同时运行等，EWB软件的功能和运行性能得到不断地完善和提高。本教材介绍Interactive Image Technologies Ltd.公司推出的Electronics Workbench 5.0版本软件。

EWB 5.0软件的系统安装和运行要求如下：

（1）安装EWB 5.0软件到硬盘时大约需要17MB的空间（指EWB专业版软件）。

（2）当运行在Microsoft Windows 95/98（中、英文）操作系统下时，要求：

20 MB硬盘空间；

8 MB内存，推荐使用16 MB；

与之兼容的鼠标器。

（3）当运行在Microsoft Windows NT操作系统下时，要求：

20 MB硬盘空间；

12 MB内存，推荐使用16 MB；

与之兼容的鼠标器。

（4）程序运行时，将建立临时性文件，该文件占硬盘空间的默认大小为20 MB，当文件达到其最大规模时，可以选择：

停止仿真；

放弃已有的数据，继续进行仿真；

系统要求提供更大的磁盘空间。

1.4　EWB 仿真软件的安装

在 Windows 操作界面下安装 EWB 5.0 仿真软件,建议用户使用"控制面板"中的"添加/删除程序"功能。具体安装步骤如下:

（1）按屏幕左下角的"开始"按钮,将鼠标指向"设置",然后单击"控制面板"项。

（2）选择"添加/删除程序",单击其图标,出现对话框,选中"安装"。

（3）将安装光盘插入光驱,找到安装盘的启动文件 setup. exe,并运行该文件。

（4）根据屏幕提示对话框进行安装。

安装完毕后,启动桌面上显示的如图 1-1 所示的 Workbench 图标,屏幕上就会出现相应的工作界面,关于 EWB 软件工作界面,将在 1.8 节详细介绍。

图 1-1　Workbench 图标

1.5　关于两套标准符号的选择

EWB 软件中有两套标准符号可供选择。一套是美国标准符号ANSI,另一套是欧州标准符号DIN。两套标准中大部分元器件的符号是一样的,但有些元器件符号不同,如部分有源器件、数字器件和无源元件,如图 1-2、图 1-3 和图 1-4 所示。

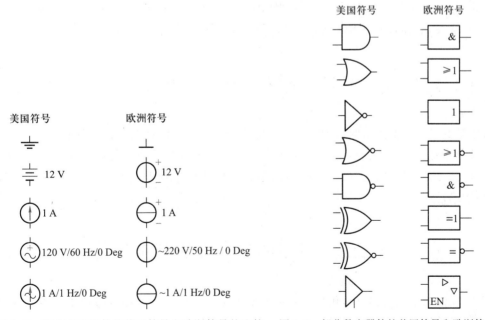

图 1-2　部分有源器件的美国符号和欧洲符号的比较　图 1-3　部分数字器件的美国符号和欧洲符号的比较

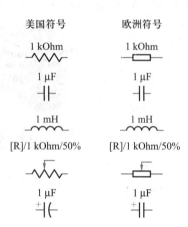

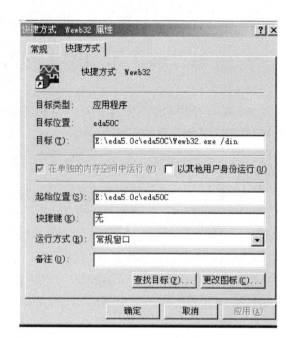

图 1-4　部分无源元件的美国符号和欧洲符号的比较　　　图 1-5　"快捷方式 Wewb32 属性"对话框

当用户要选择其中某一套标准时,可按如下步骤进行:

（1）建立可执行文件 Wewb32.exe 的快捷键。

（2）右键单击桌面上 Workbench 图标,弹出快捷菜单。

（3）单击"属性"按钮,出现"快捷方式 Wewb32 属性"对话框,如图 1-5 所示。

（4）键入目标程序。如果在"目标(T)"栏中键入 c:\路径\Wewb32.exe　/ansi,选择美国标准符号;如果键入 c:\路径\wewb32.exe　/din,则选择欧洲标准符号。

1.6　在线帮助的使用

当用户需要查询有关信息时,可以使用在线帮助。进入在线帮助系统有两种方法:一是从 Help 下拉菜单中选择相应的命令。用户可以通过"目录"窗口选择一个帮助主题,或者通过"索引"窗口根据关键字查找帮助主题。二是用鼠标选中你所想要查询的元器件,然后单击工作界面工具条上的"？"。

1.7　电子电路的仿真方法和步骤

用 EWB 软件对电子电路进行仿真有两种基本方法。一种方法是使用虚拟仪器直接测量电路,另一种是使用分析方法分析电路。

1. 使用虚拟仪器直接测量电路

用该方法分析电路就像在实验室做电子电路实验一样。具体步骤如下:

(1) 在电路工作窗口画出所要分析的电路原理图。

(2) 编辑元器件属性,使元器件的数值和参数与所要分析的电路一致。

(3) 在电路输入端加入适当的信号。

(4) 放置并连接测试仪器。

(5) 接通仿真电源开关进行仿真。

2. 使用分析方法分析电路

用 EWB 软件提供的 14 种分析方法仿真电子电路的步骤如下:

(1) 在电路工作窗口画出所要分析的电路原理图。

(2) 编辑元器件属性,使元器件的数值和参数与所要分析的电路一致。

(3) 在电路输入端加入适当的信号。

(4) 显示电路的结点。

(5) 选定分析功能、设置分析参数。

(6) 单击仿真按钮进行仿真。

(7) 在图表显示窗口观察仿真结果。

1.8　EWB 的界面和菜单

启动 EWB 5.0 仿真软件,屏幕上出现如图 1-6 所示的 EWB 软件工作界面。工作界面主要由标题栏、菜单栏、工具栏、元器件库、电路工作窗口、电路描述窗口、状态栏、仿真电源开关、暂停按钮等部分组成。

1. 标题栏

工作界面的最上方是标题栏,标题栏显示当前的应用程序名:Electronics Workbench。标题栏的左侧有一个控制菜单框,单击该菜单框可以打开一个命令窗口,执行相关命令可以对程序窗口做如下操作:Restore 还原(R);Move 移动 (M);Size 大小(S);Minimize 最小化(N);Maximize 最大化(X);Close 关闭(C)。标题栏的右侧有三个控制按钮:最小化、最大化和关闭按钮,通过这些控制按钮也可以实现对程序窗口的操作。

2. 菜单栏

标题栏的下面是菜单栏,用于提供电路文件的存取、电路图的编辑、电路的模拟与分析、在线帮助等。菜单栏由六个菜单项组成,分别是:File(文件)、Edit(编辑)、Circuit(电路)、Analysis(分析)、Window(窗口)和 Help(帮助)。每个菜单项的下拉菜单中又包括若干条命令。

3. 工具栏

工具栏(如图 1-7 所示)中提供了编辑电路所需要的一系列工具,使用该栏目下的工具按钮,可以更方便地操作菜单。

各按钮的功能如下:

新建——清除电路工作区,准备建立一个新的电路。

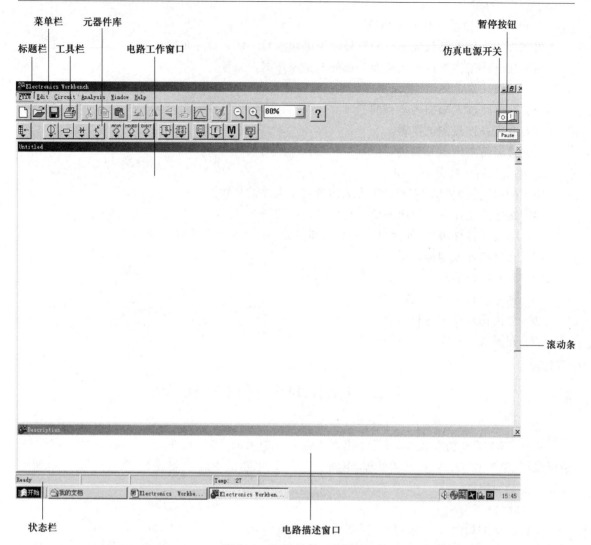

图 1-6　EWB 软件工作界面

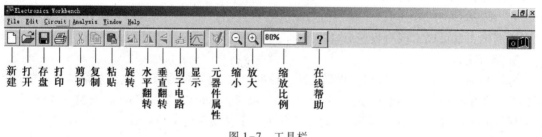

图 1-7　工具栏

打开——打开电路文件。

存盘——保存电路文件。

打印——打印电路文件。

剪切——剪切到剪贴板。

复制——复制到剪贴板。

粘贴——粘贴到指定文件中。

旋转——将选中的元器件逆时针旋转 90°。

水平翻转——将选中的元器件水平翻转。

垂直翻转——将选中的元器件垂直翻转。

创子电路——创建子电路。

显示——进入图形显示窗口。

元器件属性——调出元器件属性对话框,设置元器件属性。

缩小——将电路图缩小一定比例。

放大——将电路图放大一定比例。

缩放比例——通过下拉出的缩放比例选择框选择电路图的缩放比例。

在线帮助——显示帮助内容。

4. 元器件库

EWB 软件的元器件库位于工具条的下方,如图 1-8 所示。库中存放着各种元器件和测试仪器,用户可以根据需要随时调用。元器件库中的各种元器件按类别存放在不同的分库中,EWB 软件为每个分库都设置了图标,从左至右分别是:用户元器件库、电源库、基本元器件库、二极管库、晶体管库、模拟集成电路库、混合集成电路库、数字集成电路库、逻辑门电路库、数字模块库、指示器件库、控制器件库、其他元器件库和仪器库。

图 1-8　元器件库

5. 电路工作窗口

电路工作窗口在工作界面的中心区域,供使用者进行电路设计和实验。使用者可以将元器件库中的元器件和仪器移到工作区,搭接好电路,进行仿真和设计。也可以对电路进行移动、缩放等操作,这些操作都非常灵活。

形象地说,EWB 软件系统类似一个实际的电子实验室,元器件库好像是一个材料库,里边存放着许许多多的元器件和仪器仪表,而且还可以不断“购进”最先进、最精密的“材料”。工具栏类似于实验过程所用到的一些工具,菜单栏更像操作说明书,而电路工作窗口就是一个实验台,用户在这个窗口可以作各种实验和设计。对 EWB 软件系统越熟悉,实验和设计就会做得越漂亮。

6. 电路描述窗口

电路描述窗口是 EWB 软件系统为用户提供的一个文字窗口,用户可以在这个窗口对电路的功能和仿真结果进行必要的说明。

7. 状态栏

状态栏位于 EWB 软件工作界面的最下方,用来显示当前的命令状态和仿真温度。

8. 仿真电源开关和暂停按钮

EWB 软件工作界面的右上角还有两个开关。上面的叫仿真电源开关,当搭接好电路并接好测试仪器后,单击仿真电源开关,EWB 软件开始对电路进行仿真。再次单击它时,即可停止对电路的仿真。要注意的是,只有当电路和测试仪器连接好之后,仿真电源开关才可打开。可见,其作用与分析菜单下的激活命令(Analysis/Activate)和停止命令(Analysis/Stop)的功能相同。

仿真电源开关下方是暂停按钮,当需要让示波器、波特图仪等仪器所测绘的波形或曲线停止不动时,就用鼠标单击此按钮。暂停开关的作用与分析菜单下的暂停命令(Analysis/Pause)的功能相同,第一次单击它暂停电路仿真,再次单击它恢复电路仿真。

1.9 电路原理图的输入方法

要想进行电子电路的仿真,首先必须在电路工作窗口画出电路原理图,可按如下步骤进行。

1. 抓取元器件和仪器

单击元器件库,在库中选择所需的元器件或仪器,按住鼠标左键将其拖至电路工作窗口。

2. 连接电路

将鼠标指向一个元器件的连接点,该连接点处便会出现一个小黑点,按下鼠标左键,拖动鼠标拉出一根线,当此线接近另一个元器件的连接点并出现小黑点时,放开鼠标,这两个元器件对应的连接点就会连接在一起。

3. 接地

任何电路都要"接地",即使用元器件库中电源分库里的"接地元件",否则得不到正确的仿真结果。

4. 元器件与仪器的连接

仪器与电路测试点的连接办法与两个元器件之间的连接方法相同。各个电流表的接法应与原理图中各个参考方向一致。电流从正极流入,从负极流出。电流表的正负极是:细线端为"+",粗线端为"-",如图 1-9 所示。电压表也相同。

图 1-9 电流表的正负极

5. 启动仿真电源开关

接好电路后,必须单击右上角的仿真电源开关  按钮,EWB 软件开始对电子电路进行仿真实验。

第2章 电路的基本概念、基本定律及基本分析方法

本章从电路元器件和电路基本物理量入手，重点介绍电路的基本概念、基本定律及电路的几种基本分析方法，同时采用 EWB 软件提供的虚拟电子实验室平台，对所学的电路的基本定律和基本分析方法进行仿真，进一步加深对所学内容的理解，为学习各种类型的电工电子电路建立坚实、良好的基础。

2.1 电路、电路模型及电路中的基本物理量

2.1.1 电路及其作用

电路是为实现和完成某种需要，由电路元器件或电气设备按一定方式组合起来，形成的电流路径。

电路由电源（信号源）、负载、中间环节三部分组成。电源是能提供电能的装置，常见的电源有发电机、太阳能电池板、蓄电池、干电池等。它们分别把机械能、光能、化学能转化成电能。负载是消耗电能的设备，如电灯、电动机、电炉等，分别把电能变为光能、机械和热能。电路的中间环节类型和功能是多种多样的，简单的可以是一根导线，复杂的可以是超大规模集成电路或综合的电力传送电路。

电路的主要作用是实现电能的传输、分配和转换，其次是实现信号的传递与处理。如电炉在电流通过时将电能转换成热能，电视机将接收到的信号经过处理，转换成图像和声音等。

2.1.2 电路模型

实际电路都是按需要由不同的实际元器件和设备组成的，它们的电磁性质比较复杂。为了便于对实际电路进行分析和数学描述，将实际元器件理想化，即在一定条件下，突出其主要电磁性质，忽略次要因素，把它近似地看做理想电路元器件。例如，一只白炽灯，它除具有消耗电能的性质（电阻性）外，当电流流过时，还会产生磁场，还有电感的性质。由于电感很小，忽略不计，白炽灯的电路模型是一个理想电阻。由理想元器件构成的电路，称为实际电路的电路模型。

例如图 2-1 所示是手电筒的实际电路，图 2-2 所示的就是手电筒电路的电路模型。

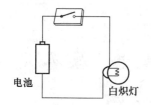
　　图 2-1　手电筒的实际电路

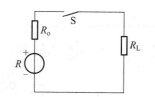
　　图 2-2　手电筒电路的电路模型

2.1.3　电路的基本物理量

1. 电流

用摩擦的方法使物体带上的正电或负电称为静电。就像静止的空气和河水不能推动风车和水轮机一样,静电不能用于电器的驱动。如流动的空气和河水推动风车和水轮机一样,只有运动的电荷才能带动电器。要利用电来驱动电器,需要有长时间持续存在的电流。物理学上把带电粒子的定向移动称为电流,规定正电荷运动的方向为电流的正方向,用符号 I 或 i 表示,单位安［培］(A)。

2. 电压

水压能使静止的水按一定方向流动。电压就是能使导体中的电子按一定方向运动的物理量,它的大小就是电场力推动正电荷运动,对正电荷做功的能力。电路中两点之间的电压在数值上等于电场力把单位正电荷从 A 点移动到 B 点所做的功。电场力推动正电荷沿着电压的方向运动,电位逐渐降低。规定电压的实际正方向是高电位指向低电位的方向,用符号 U 或 u 表示电压,单位伏［特］(V)。

3. 电动势

电动势是描述电源性质的重要物理量。在电源内部把正电荷从负极板移到正极板要对电荷做功,这个做功的物理过程就是产生电源的电动势本质。正电荷从负极板移到正极板对电荷所做的功与该电量的比值,称为电源的电动势。规定电动势的实际正方向由低电位指向高电位,用符号 E 或 e 表示电动势,单位伏［特］(V)。

4. 电功与电功率

电功就是电源所做的功。电流经过电气设备时,会发生能量的转换,能量转换的大小就是电流做功的大小,用符号 W 表示,单位焦［耳］(J)。能量转换的速率就是电功率,即单位时间内能量转换的大小,简称功率,用符号 P 表示,单位瓦［特］(W)。

5. 电路中基本物理量的参考方向

在电路分析中,对于元件关注的是它的电压和电流之间的关系,即外特性。为了建立电路元器件的外特性方程,需要对这些元器件中流过的电流和两端的电压假定一个方向,这个任意假定的方向称为参考方向。当根据参考方向计算出电压或电流的值为正时,说明该电流或电压参考方向与实际方向一致;反之则相反。

参考方向的表示方法有多种,有用箭头表示的,如图 2-3(a)所示;也有用参考极性"+""-"表示的,如图 2-3(b)所示;还有用双下标表示的,如图 2-3(c)所示中的电流 i_{ab},表示电流由 a 端流向 b 端,u_{ab} 表示电压降的方向是由 a 指向 b。

在分析电路时,需要考虑电压和电流参考方向的相对关系,当电压和电流的参考方向选取一致时,称为关联参考方向,如图 2-3(c)所示,否则称为非关联参考方向。

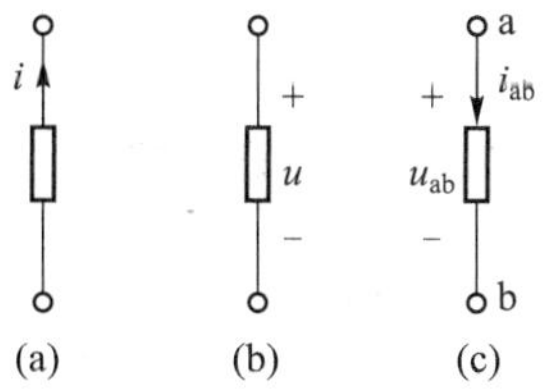

在电路的分析计算中,引入参考方向后,元件的功率可按下式计算。

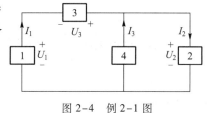

图 2-3　参考方向及其关联性

元件两端电压和流过的电流为关联参考方向时

$$P = UI \qquad (2-1)$$

如果元件两端电压和流过的电流为非关联参考方向时

$$P = -UI \qquad (2-2)$$

如果计算结果为 $P>0$ 时,表示元件吸收功率,该元件为负载性质;反之,$P<0$ 时,表示元件发出功率,该元件为电源性质。

例 2-1　在图 2-4 所示的电路中,已知:$U_1 = 20$ V,$I_1 = 2$ A,$U_2 = 10$ V,$I_2 = -1$ A,$U_3 = -10$ V,$I_3 = -3$ A。试求图中各元件的功率,并说明各元件的性质。

解: 由功率计算的规定,可得

元件 1 功率　$P_1 = -U_1 I_1 = -20 \times 2$ W $= -40$ W

元件 2 功率　$P_2 = U_2 I_2 = 10 \times (-1)$ W $= -10$ W

元件 3 功率　$P_3 = -U_3 I_1 = -(-10) \times 2$ W $= 20$ W

元件 4 功率　$P_4 = -U_2 I_3 = -10 \times (-3)$ W $= 30$ W

图 2-4　例 2-1 图

元件 1 和元件 2 发出功率是电源,元件 3 和元件 4 吸收功率是负载。上述计算满足 $\sum P = 0$,说明计算结果无误。

2.2　电阻元件及其欧姆定律

2.2.1　电阻元件

电阻元件的主要特征是一个消耗电功率的元件,它反映实际电路元器件或设备消耗电能的特性,如电炉、白炽灯等,用符号 R 表示,单位欧[姆](Ω)。电阻元件的符号及外特性曲线如图 2-5 所示。

如果电阻元件的外特性曲线是一条通过坐标原点的直线,则称该电阻元件为线性电阻元件,如图 2-5(b)中的曲线 1 所示,线性电阻元件的阻值为一常数。否则称非线性电阻元件,如图 2-5(b)中曲线 2 所示,非线性电阻元件的阻值不是常数,其大小与通过它的电流或作用其两端电压的大小有关。

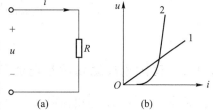

图 2-5　电阻元件的符号及外特性曲线

当电路中所有元件都是线性元件时,电路称为线性电路。含非线性元件的电路,称为非线性电路。非线性电阻的电压、电流关系不符合欧姆定律,除非特别指明,本书中的"电阻"均为线性电阻。

2.2.2 欧姆定律

线性电阻两端的电压和流过它的电流之间的关系服从欧姆定律。当 u 与 i 的参考方向为关联参考方向时,如图2-5(a)所示,则

$$u = Ri \tag{2-3}$$

为非关联参考方向时,则

$$u = -Ri \tag{2-4}$$

式中 u 的单位为伏(V),i 的单位为安(A),R 的单位为欧(Ω)。R 的单位还可以为千欧($k\Omega$)或兆欧($M\Omega$),$1\ k\Omega = 10^3\ \Omega$,$1\ M\Omega = 10^6\ \Omega$。

电阻元件是耗能元件,在关联参考方向下,其消耗的功率为

$$p = ui = i^2 R = \frac{u^2}{R} \tag{2-5}$$

从 t_1 到 t_2 的时间内,消耗的能量为

$$W = \int_{t_1}^{t_2} i^2 R \mathrm{d}t \tag{2-6}$$

单位为焦[耳](J)。

电阻元件的参数是电阻的阻值、额定功率和误差。一般用两种方法标注在电阻上。

(1)直接标注法 把功率、阻值和误差直接标注在电阻上,如图2-6所示。

图 2-6　电阻的直接标注法　　　　　图 2-7　电阻的四色环标注法

(2)色环标注法 通常分为三色环、四色环和五色环三种。以四色环为例,用四条不同颜色的色环来标注,其中三条表示电阻的阻值,一条表示误差,如图2-7所示。

2.3　电源的两种模型及其等效变换

2.3.1 理想电压源和理想电流源

理想电压源和理想电流源又称为恒压源和恒流源,理想电压源是电源的输出电压保持为某一个恒定值 U_S,而其输出电流由外部电路决定;理想电流源是电源输出的电流总能保持为某一个恒定值 I_S,而其两端电压由外部电路决定。它们的外特性曲线和电路模型分别如图2-8(a)、(b)和图2-9(a)、(b)所示。

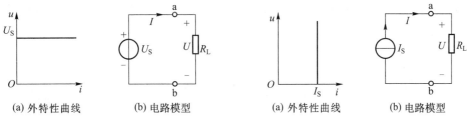

(a) 外特性曲线　(b) 电路模型　　　　　(a) 外特性曲线　(b) 电路模型

图 2-8　理想电压源外特性曲线和电路模型　　图 2-9　理想电流源外特性曲线和电路模型

2.3.2　理想受控电源

理想电压源的输出电压和理想电流源的输出电流不受外部电路控制,故又称为独立电源。也有一种电源它的输出电压或输出电流受电路中其他一些参数的控制,称为受控源,如图 2-10 所示为常见的四种理想受控源模型。

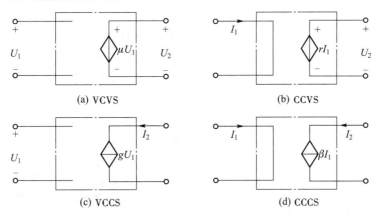

(a) VCVS　　　　　　　　　　　(b) CCVS

(c) VCCS　　　　　　　　　　　(d) CCCS

图 2-10　理想受控源模型

（1）电压控制电压源（VCVS）　如图 2-10（a）所示,输出电压 $U_2 = \mu U_1$,其中 μ 是电压放大系数、U_1 为输入电压。

（2）电流控制电压源（CCVS）　如图 2-10（b）所示,输出电压 $U_2 = rI_1$,其中 r 是转移电阻,单位是欧［姆］（Ω）,I_1 为输入电流。

（3）电压控制电流源（VCCS）　如图 2-10（c）所示,输出电流 $I_2 = gU_1$,其中 g 是转移电导,单位是西［门子］（S）,U_1 为输入电压。

（4）电流控制电流源（CCCS）　如图 2-10（d）所示,输出电流 $I_2 = \beta I_1$,其中 β 是电流放大系数,I_1 为输入电流。

如果,上述式子中的系数 μ、r、g、β 是常数,则受控源的控制作用是线性的。

2.3.3　电源的两种模型及其等效变换

1. 电压源模型和电流源模型

在对电路进行分析时,电压源的输出电压或电流都会受到外电路的影响,可以用理想电压源与电阻元件的串联组合表征电压源的端口伏安特性,如图 2-11(a)、(b)所示为实际电压源外特性曲线和电路模型。同样可以用理想电流源与电阻元件的并联组合表征电流源的端口伏安特性,如图 2-12(a)、(b)表示了实际电流源的外特性曲线和电路模型。

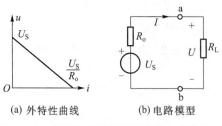

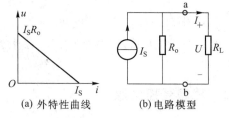

图 2-11　实际电压源外特性曲线和电路模型　　　图 2-12　实际电流源外特性曲线和电路模型

电压源模型输出电压与电流之间的关系式为

$$U = U_S - IR_o \tag{2-7}$$

式中 U 为电压源模型的输出电压;U_S 为理想电压源的电压;I 为电压源模型的输出电流;R_o 为电压源模型的内阻。当向外电路供电时,电压源模型的输出电压 U 随负载电流 I 增大而逐渐降低;电压源模型的内阻愈小,输出电压就愈接近理想电压源的电压 U_S,当内阻 $R_o = 0$ 时,电压源模型就是理想电压源。

电流源模型输出电流与电压之间的关系式为

$$I = I_S - \frac{U}{R_o} \tag{2-8}$$

式中 I 为电流源模型的输出电流;I_S 为理想电流源的电流;U 为电流源模型的输出电压;R_o 为电流源模型的内阻。电流源模型输出电流 I 随负载电压 U 升高而降低;而电流源模型的内阻愈大,输出电流就愈接近理想电流源的电流 I_S,当内阻 $R_o = \infty$ 时,电流源模型就是理想电流源。

2. 实际电源两种模型的等效变换

由图 2-11 和图 2-12 可知,当实际电压源模型与电流源模型对 a、b 外端电路所起的作用相同时,则电压源模型和电流源模型对 a、b 外端的电路是等效的。在电路理论分析中,为分析方便,常将电压源模型与电流源模型进行等效变换(图 2-13)。其等效条件是

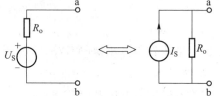

图 2-13　实际电源两种模型的等效变换

$$I_S = \frac{U_S}{R_o} \text{ 或 } U_S = I_S R_o$$

变换时应注意:

(1) 两种电源之间的等效关系是仅对外电路而言的,电源内部,一般不等效。

(2) 变换时应注意极性,I_S 的流出端一定要对应 U_S 的"+"极。

(3) 理想电压源和理想电流源之间不能进行等效变换。

例 2-2　试用实际电源两种模型的等效变换的方法计算图 2-14(a)中 5 Ω 电阻上的电流 I。

解:在图 2-14(a)中,将与 15 V 理想电压源并联的 4 Ω 电阻除去(断开),并不影响该并联

电路两端的电压;将与 3 A 理想电流源串联的 1 Ω 电阻除去(短接),并不影响该支路中的电流,这样简化后得出如图 2-14(b)所示的电路。

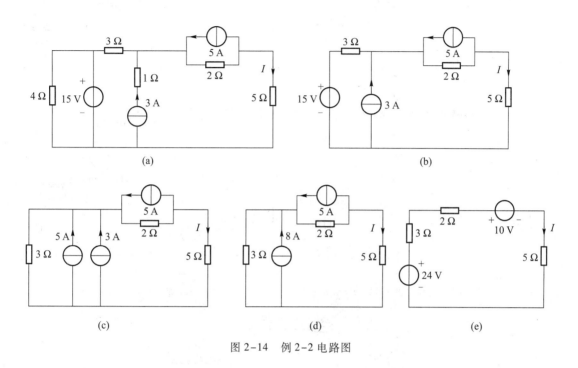

图 2-14   例 2-2 电路图

图 2-14(b)依次等效为图(c)、(d)、(e),于是根据图 2-14(e)得

$$I = \frac{24-10}{2+3+5} \text{ A} = 1.4 \text{ A}$$

用 EWB 软件对此题仿真。

首先在电路工作窗口画出电路原理图。EWB 软件的元器件库如图 2-15 所示,从电源库中调用理想电压源、理想电流源及接地端,从基本元器件库调用电阻元件,从指示器件库中调用电流表,并双击各元件,为元件赋值。画出仿真电路如图 2-16(a)、(b)、(c)、(d)、(e)所示。单击右上角的仿真电源开关 按钮,就可得到仿真结果。

图 2-15   EWB 的元器件库

结论:由图 2-16(b)可见,将与 15 V 理想电压源并联的 4 Ω 电阻断开,与 3 A 理想电流源串联的 1 Ω 电阻短接,并不影响该支路中的电流。由图 2-16(e)可见,两种电源之间的等效关系仅对外电路是正确。

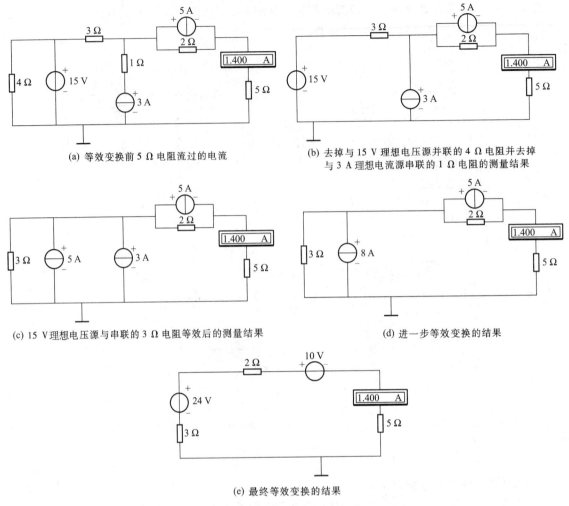

图 2-16　实际电源两种模型等效变换的 EWB 软件仿真

2.4　电路的工作状态和电气设备的额定值

2.4.1　电路的三种工作状态

在常见的照明电路中,当开关开启时,电灯点亮;当开关关闭时,电灯熄灭;当相线和零线直接接在一起时,会产生严重的事故,这三种情况就是电路的三种工作状态,分别是有载工作状态、开路状态和短路状态。

1. 有载工作状态

在图 2-17(a)中,当电源与负载接通时,电路中有电流流过,这种工作状态称为有载工作状态。电流大小为

$$I = \frac{E}{R_o + R_L} = \frac{U_S}{R_o + R_L} \qquad (2-9)$$

式中 R_L 为负载电阻；R_o 为电源的内阻。

负载两端的电压也就是电源输出电压

$$U = E - IR_o = U_S - IR_o \qquad (2-10)$$

此时电路中的功率平衡关系式为

$$P_{R_L} = P_E - P_{R_o} = EI - I^2 R_o = UI \qquad (2-11)$$

式中电源产生的功率为 EI；负载消耗的功率为 UI；电源内部损耗的功率为 $I^2 R_o$。

这时电源产生的电功率等于负载消耗的功率与电源内部损耗的功率之和。可见，电源输出的功率取决于负载所需功率的大小。

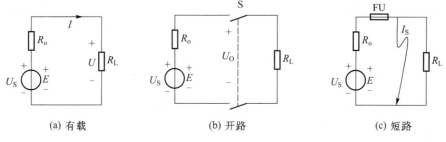

(a) 有载　　　　　　　　(b) 开路　　　　　　　　(c) 短路

图 2-17　电路的三种工作状态

2. 开路(空载)状态

在图 2-17(b)中，开关打开，电源与负载断开，电路中电流为零，电源产生的功率和输出的功率都为零，电路处于开路状态，也称为空载状态。此时电源两端的电压称为开路电压，用 U_O 表示，其值等于电源的电动势 E(或 U_S)，即

$$U_O = E = U_S \qquad (2-12)$$

3. 短路状态

在图 2-17(c)中，由于某种原因，电源两端被直接连在一起，造成电源短路，称电路处于短路状态。

电源短路时外电路的电阻为零，因此负载两端的电压为零，流过负载的电流及负载的功率也都为零。这时电源的电动势全部降在内阻上，形成短路电流 I_S，即

$$I_S = \frac{E}{R_o} = \frac{U_S}{R_o} \gg I_N \qquad (2-13)$$

电源产生的功率将全部消耗在内阻中，即

$$P_E = EI_S = I_S^2 R_o$$

电源短路是一种严重事故。因为短路时在电流的回路中仅有很小的电源内阻 R_o，短路电流很大，大大地超过电源的额定电流，可能致使电源遭受机械的与热的损伤或毁坏。为了预防短路事故发生，通常在电路中接入熔断器(FU)或自动断路器，以便短路时，能迅速地把故障电路切除，使电源、开关等设备得到保护。但是，有时出于某种需要，也会将电路中的某一段短路或进行某种短路实验。

2.4.2 电气设备的额定值

在日常生活中,可以看到电气设备和电路元件的名牌和外壳上标出的数据,这些数据就是它们的额定值,这些额定值包括额定电流、额定电压和额定功率,只有按照额定值使用,电气设备和电路元件才安全可靠、经济合理。

额定电流、额定电压和额定功率分别用 I_N、U_N、P_N 表示。当电气设备和电路元件工作在额定状态时,称为满载;工作在低于额定值的工作状态称为轻载;工作在高于额定值的工作状态称为过载。在过载情况下,可能会引起电气设备和电路元件的损坏或降低使用寿命。例如一个标有 1 W、400 Ω 的电阻,即表示该电阻的阻值为 400 Ω,额定功率为 1 W,由 $P=I^2R$ 的关系,可求得它的额定电流为 0.05 A。使用时电流值超过 0.05 A,就会使电阻过热,甚至损坏。

例2-3 有一电源设备,额定输出功率为 400 W,额定电压为 110 V,电源内阻 R_o 为 1.38 Ω,当负载电阻分别为 50 Ω、10 Ω 或发生短路事故时,试求电源电动势 E 及上述不同负载情况下电源的输出功率。

解:电源的额定电流 I_N 为

$$I_N = \frac{P_N}{U_N} = \frac{400}{110} \text{ A} = 3.64 \text{ A}$$

电源电动势 E 为

$$E = U_N + I_N R_o = (110 + 3.64 \times 1.38) \text{ V} = 115 \text{ V}$$

(1)当 $R_L = 50$ Ω 时,电路的电流 I 为

$$I = \frac{E}{R_o + R_L} = \frac{115}{1.38 + 50} \text{ A} = 2.24 \text{ A} < I_N,\text{电源轻载}$$

电源的输出功率

$$P_{R_L} = I^2 R_L = 2.24^2 \times 50 \text{ W} = 250.88 \text{ W} < P_N,\text{电源轻载}$$

(2)当 $R_L = 10$ Ω 时,电路的电流为

$$I = \frac{E}{R_o + R_L} = \frac{115}{1.38 + 10} \text{ A} = 10.11 \text{ A} > I_N,\text{电源过载}$$

电源的输出功率

$$P_{R_L} = I^2 R_L = 10.11^2 \times 10 \text{ W} = 1022.12 \text{ W} > P_N,\text{电源过载}$$

(3)电路发生短路,电源的短路电流 I_s 为

$$I_s = \frac{E}{R_o} = \frac{115}{1.38} \text{ A} = 83.33 \text{ A} \gg I_N$$

如此大的短路电流如不采取保护措施来迅速切断电源,电源及导线等会被毁坏。

2.4.3 EWB 对电气设备工作状态的仿真

在电路工作窗口画出电路原理图。EWB 软件的元器件库如图 2-18 所示。从电源库、指示器件库和其他元件库中调用所需的电压源、电灯及熔断器元件,画出仿真电路如图 2-19 所示。

结论:图(a)电路工作在额定状态,电灯点亮及熔断器正常工作。

图(b)电路工作在过载状态,超过熔断器的额定值,熔断器烧毁。

电源库　　　　　　　　　　　　　　　　　　　　　指示器件库　其他元件库

图 2-18　EWB 软件的元器件库

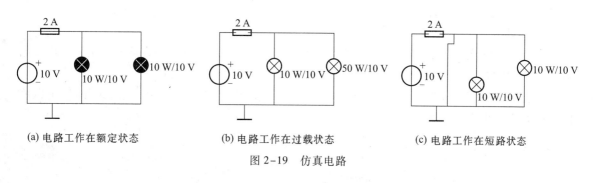

(a) 电路工作在额定状态　　　(b) 电路工作在过载状态　　　(c) 电路工作在短路状态

图 2-19　仿真电路

图(c)电路工作在短路状态,电灯熄灭,熔断器烧毁。

2.5　基尔霍夫定律

基尔霍夫电流定律和电压定律是分析电路问题的基本定律。基尔霍夫定律是一个普遍适用的定律,既适用于线性电路也适用于非线性电路,它仅与电路的结构有关,而与电路中的元件性质无关。基尔霍夫电流定律应用于结点,确定电路中各支路电流之间的关系;基尔霍夫电压定律应用于回路,确定电路中各部分电压之间的关系。

为了更好地掌握该定律,结合图 2-20 所示电路,先定义几个有关名词术语。

支路:电路中流过同一个电流的分支称为支路。支路流过的电流称为支路电流,图 2-20 所示电路中共有 6 条支路。

结点:三条或三条以上支路的连接点,图 2-20 所示电路中的 a、b、c、d 点即为结点。

回路:电路中任一闭合路径,图 2-20 所示电路中共有6 个回路。

网孔:内部不含有其他支路的单孔回路。图 2-20 所示电路中有 3 个网孔。

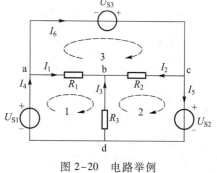

图 2-20　电路举例

2.5.1　基尔霍夫电流定律(KCL)

1. 定律内容

在任一瞬时,流入某一结点的电流之和恒等于流出该结点的电流之和,即

$$\sum I_{\text{in}} = \sum I_{\text{out}}$$

(2-14)

如图 2-21 所示,对结点 a 可写出

$$I_2 + I_S = I_1$$

整理可得

$$I_2 + I_S - I_1 = 0$$

即

$$\sum I = 0 \qquad (2-15)$$

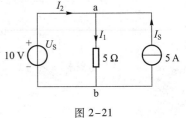

图 2-21

就是在任一瞬时,任一个结点上电流的代数和恒等于零。习惯上电流流入结点取正号,流出取负号。

2. 定律推广

基尔霍夫电流定律不仅适用于结点,也适用于任一个闭合面,这种闭合面有时也称为广义结点(扩大了的结点)。

如图 2-22 所示,已知 $I_1 = 2$ A、$I_3 = -3$ A、$I_4 = 5$ A,求 $I_2 = ?$ 由上述可知,欲求未知量,可以将闭合面看成一个广义结点,则有

$$I_1 + I_2 + I_3 + I_4 = 0$$

得

$$I_2 = -4 \text{ A}$$

式中负号说明,参考方向与实际方向相反。

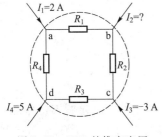

图 2-22 KCL 的推广应用

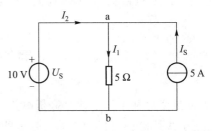

图 2-23 例 2-4 图

例 2-4 求如图 2-23 所示电路中各支路的电流和各元件的功率。

解:图 2-23 中各元件电压相同,均为 $U_S = 10$ V。

由欧姆定律

$$I_1 = \frac{10}{5} \text{ A} = 2 \text{ A}$$

由 KCL 对结点 a 列方程得

$$I_2 = I_1 - I_S = (2-5) \text{ A} = -3 \text{ A}$$

电阻的功率

$$P_R = I_1^2 R = 2^2 \times 5 \text{ W} = 20 \text{ W}$$

理想电压源的功率

$$P_{U_S} = -U_S I_2 = -10 \times (-3) \text{ W} = 30 \text{ W}(吸收 30 \text{ W})$$

理想电流源的功率

$$P_{I_S} = -U_S I_S = -10 \times 5 \text{ W} = -50 \text{ W}(发出 50 \text{ W})$$

用 EWB 软件对此题仿真。

首先在电路工作窗口画出电路原理图。从电源库、基本元器件库和指示器件库中调用所需元器件和仪表,并双击各元器件,将元器件设为所需数值。画出仿真电路如图 2-24 所示。单击右上角的仿真电源开关 ⚏ 按钮,可得到所求各支路电流,如图 2-24 所示。

结果:

$$I_1 = 2 \text{ A} \quad I_2 = -3 \text{ A} \quad U_{I_S} = 10 \text{ V}$$

电阻的功率

$$P_R = I_1^2 R = 2^2 \times 5 \text{ W} = 20 \text{ W}(吸收)$$

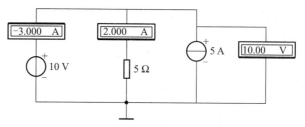

图 2-24　例 2-4 的 EWB 仿真

理想电压源的功率　$P_{U_S} = -U_S I_2 = -10 \times (-3)$　W $= 30$　W（吸收）

理想电流源的功率　$P_{I_S} = -U_{I_S} I_S = -10 \times 5$　W $= -50$　W（发出）

2.5.2　基尔霍夫电压定律（KVL）

1．定律内容

在任一瞬时,沿任一闭合回路绕行一周,则在这个方向上电位升之和恒等于电位降之和,即

$$\sum U_{升} = \sum U_{降}$$

如图 2-20 所示,在回路 1（即回路 abda）的方向上,a 到 b 电位降了 $I_1 R_1$,b 到 d 电位升了 $I_3 R_3$,d 到 a 电位升了 U_{S1},则可写出

$$U_{S1} + I_3 R_3 = I_1 R_1$$

整理可得

$$U_{S1} + I_3 R_3 - I_1 R_1 = 0$$

即

$$\sum U = 0 \tag{2-16}$$

就是在任一瞬间,沿任一闭合回路的绕行方向,回路中各段电压的代数和恒等于零。习惯上电位降取正号,电位升取负号。

2．定律的推广

基尔霍夫电压定律不仅适用于闭合电路,也可以推广应用于开口电路。图 2-25 所示电路的开口端存在电压 U_{AB},可以假想它是一个闭合电路,如按顺时针方向绕行此开口电路一周,根据 KVL 则有

$$U_1 + U_S - U_{AB} = 0$$

整理后

$$U_{AB} = U_1 + U_S = IR + U_S$$

可见 A、B 两端开口电路的电压等于 A、B 两端支路各段电压之和。它反映了电压与路径无关的性质。

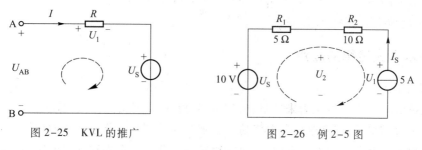

图 2-25　KVL 的推广　　　　　　图 2-26　例 2-5 图

例 2-5　求如图 2-26 所示电路中电压及各元件的功率。

解:在图 2-26 所示电路中各元件电流相同,均为 $I_S = 5$ A。

由 KVL 对回路列方程得

$$U_1 = 10I_S + 5I_S + U_S = (50+25+10) \text{ V} = 85 \text{ V}$$

由 KVL 的推广可知

$$U_2 = U_S + 5I_S = (10+5 \times 5) \text{ V} = 35 \text{ V}$$

5 Ω 电阻的功率 $\qquad P_1 = I_S^2 R_1 = 5^2 \times 5 \text{ W} = 125 \text{ W}(吸收)$

10 Ω 电阻的功率 $\qquad P_2 = I_S^2 R_2 = 5^2 \times 10 \text{ W} = 250 \text{ W}(吸收)$

理想电压源的功率 $\qquad P_{U_S} = U_S I_S = 10 \times 5 \text{ W} = 50 \text{ W}(吸收)$

理想电流源的功率 $\qquad P_{I_S} = -U_1 I_S = -85 \times 5 \text{ W} = -425 \text{ W}(发出)$

以上计算满足功率平衡式 $P_{吸收} = P_{发出}$。

用 EWB 软件对此题仿真。

首先在电路工作窗口画出电路原理图。从电源库、基本元器件库和指示器件库中调用所需元器件和仪表,并双击各元器件,将元器件设为所需数值。画出仿真电路如图 2-27 所示。单击右上角的仿真电源开关 按钮,就得到所求电压 U_1、U_2,如图 2-27 所示。

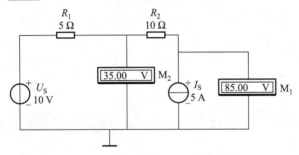

图 2-27 例 2-5 的 EWB 仿真结果

结果:

$$U_1 = 85 \text{ V} \qquad U_2 = 35 \text{ V}$$

5 Ω 电阻的功率 $\qquad P_1 = I_S^2 R_1 = 5^2 \times 5 \text{ W} = 125 \text{ W}(吸收)$

10 Ω 电阻的功率 $\qquad P_2 = I_S^2 R_2 = 5^2 \times 10 \text{ W} = 250 \text{ W}(吸收)$

理想电压源的功率 $\qquad P_{U_S} = U_S I_S = 10 \times 5 \text{ W} = 50 \text{ W}(吸收)$

理想电流源的功率 $\qquad P_{I_S} = -U_1 I_S = -85 \times 5 \text{ W} = -425 \text{ W}(发出)$

可见,满足功率平衡式 $P_{吸收} = P_{发出}$。

2.5.3 基尔霍夫定律的应用

1. 支路电流法

支路电流法是以支路电流为未知量,应用 KCL 和 KVL 列出方程,而后求解出各支路电流的方法。支路电流求出后,支路电压和电路功率就很容易得到。支路电流法的解题步骤如下:

（1）标出各支路电流的参考方向,确定支路数目。若有 b 个未知支路电流,则需列出 b 个独立方程。

（2）根据结点数目 n，利用 KCL 列出 $(n-1)$ 个独立的结点电流方程。

（3）利用 KVL 列出 $[b-(n-1)]$ 个独立网孔方程。

（4）联立解方程，求出各个支路电流。

例 2-6　试用支路电流法求解如图 2-28 所示电路中的各支路电流。

解： 图 2-28 所示电路，它有 3 条支路，2 个结点。为求 3 个支路电流，应列出 1 个独立电流和 2 个网孔方程，即：

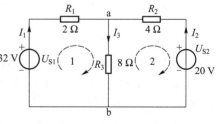

结点 a	$I_1+I_2-I_3=0$
网孔 1	$I_1R_1+I_3R_3=U_{S1}$
网孔 2	$I_2R_2+I_3R_3=U_{S2}$

图 2-28　例 2-6 图

代入数值联立求解，可得 $I_1=4$ A，$I_2=-1$ A，$I_3=3$ A。

用 EWB 软件对此题仿真。

首先在电路工作窗口画出电路原理图，从电源库、基本元器件库和指示器件库中调用所需元器件和仪表，并双击各元器件，将元器件设为所需数值，画出仿真电路如图 2-29 所示。单击右上角的仿真电源开关 ![开关] 按钮，可得到所求各支路电流，如图 2-29 所示。

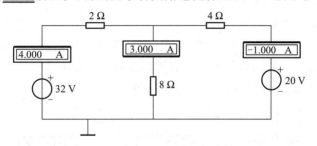

图 2-29　例 2-6 的 EWB 仿真结果

可得 $I_1=4$ A，$I_2=-1$ A，$I_3=3$ A。

2. 结点电压法

在电路的分析中，经常会遇到结点较少而支路较多的电路，如果用支路电流法求解，所需方程数较多，对这类电路一般采用结点电压法来分析计算。

下面以图 2-28 所示两结点电路为例，介绍结点电压法。

电路有 a、b 两个结点。设 b 为参考结点，结点电压为 U_{ab}。

根据两网孔列回路方程

$$U_{S1}=I_1R_1+U_{ab}$$
$$U_{S2}=I_2R_2+U_{ab}$$

可得各支路电流分别为　　$I_1=\dfrac{U_{S1}-U_{ab}}{R_1}$，$I_2=\dfrac{U_{S2}-U_{ab}}{R_2}$，$I_3=\dfrac{U_{ab}}{R_3}$

将上述各式代入结点 a 的电流方程，经整理后可得两结点的结点电压公式

$$U_{ab}=\frac{\dfrac{U_{S1}}{R_1}+\dfrac{U_{S2}}{R_2}}{\dfrac{1}{R_1}+\dfrac{1}{R_2}+\dfrac{1}{R_3}} \tag{2-17}$$

式(2-17)仅适用于只有两个结点的电路,该式又称为弥尔曼定理。

在图2-28电路中,若两个结点之间含有理想电流源支路,则结点电压的普遍公式为

$$U_{ab} = \frac{\sum \dfrac{U_s}{R} + \sum I_s}{\sum \dfrac{1}{R}} \qquad (2-18)$$

在式(2-17)、式(2-18)中,若支路中电压源电压与结点电压的参考方向相同时取正,否则取负;当理想电流源电流与结点电压的参考方向一致时取负号,相反时则取正号。

例2-7　试用支路电流法和结点电压法如求图2-30所示电路中各支路电流。

解:(1)支路电流法

图2-30所示电路中,因为含有理想电流源的支路电流 $I_s = 2$ A 为已知,只有 I_1 和 I_3 是未知,可少列1个方程,只需列出两个方程,即:

结点 a　　　　　　$I_1 - I_3 = I_s$

网孔 1　　　　　$I_1 R_1 + I_3 R_3 = U_s$

代入数值联立求解,可得 $I_1 = 4$ A, $I_3 = 2$ A。

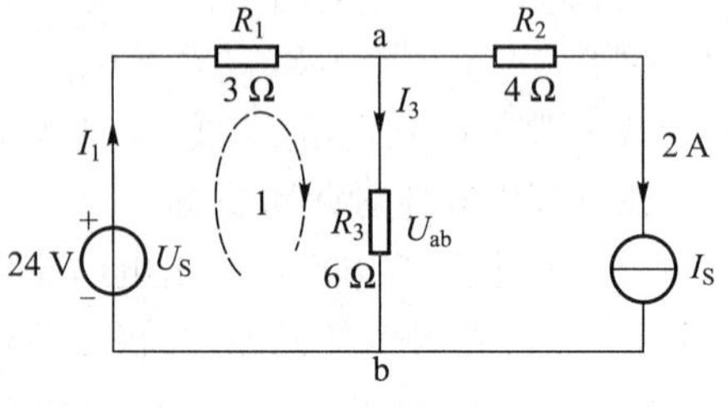

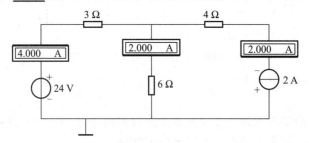

图2-30　例2-7图

用 EWB 软件对此题仿真。

首先在电路工作窗口画出电路原理图。从电源库、基本元器件库和指示器件库中调用所需元器件和仪表,并双击各元器件,将元器件设为所需数值。画出仿真电路如图2-31所示。单击右上角的仿真电源开关  按钮,可得到所求各支路电流,如图2-31所示。

图2-31　例2-7的 EWB 仿真结果

可得 $I_1 = 4$ A, $I_3 = 2$ A, $I_s = 2$ A。

(2)结点电压法

设 b 为参考结点。图2-30电路中有理想电流源支路,结点电压公式的分子中应增加理想电流源的代数和。在分母中,不应计算与理想电流源串联的电阻,因为理想电流源支路中不论串入任何元件都不影响理想电流值。图2-30所示电路中的结点电压 U_{ab} 为

$$U_{ab} = \frac{\dfrac{U_s}{R_1} - I_s}{\dfrac{1}{R_1} + \dfrac{1}{R_3}} = \frac{\dfrac{24}{3} - 2}{\dfrac{1}{3} + \dfrac{1}{6}} \text{ V} = 12 \text{ V}$$

则各支路电流分别为

$$I_3 = \frac{U_{ab}}{R_3} = \frac{12}{6} \text{ A} = 2 \text{ A}$$

$$I_1 = \frac{U_S - U_{ab}}{R_1} = \frac{24 - 12}{3} \text{ A} = 4 \text{ A}$$

比较上述两种解法可见:在支路数较少且电路中含有理想电流源支路时,应用支路电流法更显简单,而结点电压法对一些支路数较多而结点数较少的电路更适用。

用 EWB 软件对此题仿真。

首先在电路工作窗口画出电路原理图。从电源库、基本元器件库和指示器件库中调用所需元器件和仪表,并双击各元器件,将元器件设为所需数值。画出仿真电路如图 2-32 所示。单击右上角的仿真电源开关 $\boxed{\text{◎ I}}$ 按钮,就得到所求结点电压和各支路电流,如图 2-32 所示。

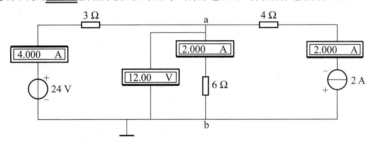

图 2-32　结点电压法的 EWB 仿真结果

可得 $U_{ab} = 12$ V $, I_1 = 4$ A$, I_3 = 2$ A$, I_s = 2$ A。

例 2-8　试用 EWB 软件计算图 2-33 中各支路电流。

解法一:用虚拟仪器直接测量法。

首先在电路工作窗口画出电路原理图。从电源库、基本元器件库和指示器件库中调用所需元器件和仪表,并双击各元器件,将元器件设为所需数值。画出仿真电路如图 2-34 所示。单击右上角的仿真电源开关 $\boxed{\text{◎ I}}$ 按钮,可得到所求各支路电流,如图 2-34 所示。

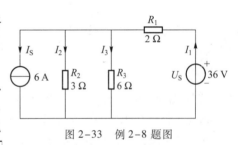

图 2-33　例 2-8 题图

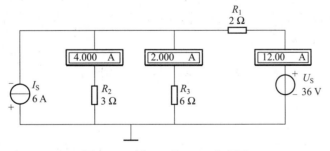

图 2-34　例 2-8 的 EWB 仿真图

可见,满足 KCL: $I_1 = I_S + I_2 + I_3$(12 A = 6 A + 4 A + 2 A)。

解法二:用直流工作点分析法。

在电路工作窗口画出电路原理图。在菜单栏中(图2-35所示)选择 Circuit(电路)→Schematic Options(电路图设置)命令,打开相应的对话框,单击 Show/Hide(显示/隐藏)选项卡,选中 Show Reference ID(显示参考 ID)和 Show Nodes(显示结点号)项,然后单击"确定"按钮,这时元件编号和结点编号就会自动显示在电路图上,如图2-36所示。

图2-35　EWB的菜单栏

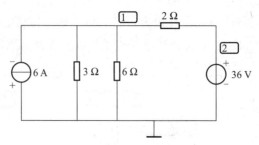

图2-36　例2-8直流工作点分析法仿真图

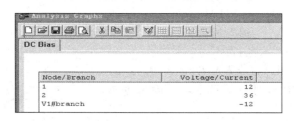

图2-37　直流工作点分析法的结果

选择 Analysis(分析)→DC Operating Point(直流工作点分析)命令,分析结果便显示在 Analysis Graphs(分析结果图)中,如图2-37所示。

由分析结果可知:结点1的电压 $U_1 = 12$ V ,结点2的电压 $U_2 = 36$ V。

图2-36所示电压源支路的电流(以图2-33所示的参考方向为准):$I_1 = -(-12)$ A $= 12$ A,$I_2 = U_1/3 = 12/3$ A $= 4$ A,$I_3 = U_1/6 = 12/6$ A $= 2$ A。

满足 KCL:$I_1 = I_s + I_2 + I_3$(12 A $=$ 6 A$+$4 A$+$2 A)。

2.6　叠 加 定 理

1. 叠加定理

叠加定理是线性电路的重要特性。在多个独立电源共同作用的线性电路中,任一支路的电流(或电压)等于各个独立电源单独作用时在该支路中产生的电流(或电压)的代数和(叠加)。它反映了线性电路的两个基本特性:叠加性和比例性。

在叠加定理中,电源单独作用是指:电路中某一电源起作用,而其他电源置零(即不作用)。

具体处理方法为:理想电压源短路,理想电流源开路。

下面通过例题说明应用叠加定理分析线性电路的步骤、方法以及应注意的问题。

2. 叠加定理的应用

例2-9　图2-38(a)所示电路中,已知 $U_S = 9$ V, $I_S = 6$ A, $R_1 = 6$ Ω, $R_2 = 4$ Ω, $R_3 = 3$ Ω。试用叠加定理求各支路中的电流。

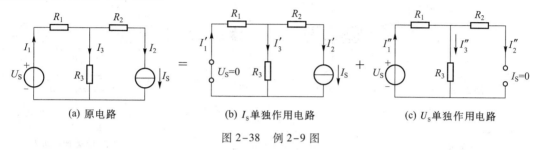

(a) 原电路　　　　　　(b) I_S单独作用电路　　　　　　(c) U_S单独作用电路

图2-38　例2-9图

解:(1)根据原电路画出各个独立电源单独作用的电路图,并标出各电路中各支路电流(或电压)的参考方向,如图2-38(b)和(c)所示。画电路图时要注意去源的方法,理想电压源短路($U_S = 0$),理想电流源开路($I_S = 0$)。

(2)按各电源单独作用时的电路图分别求出每条支路的电流(或电压)值。

由图(b)理想电流源 I_S单独作用时,有

$$I_2' = I_S = 6 \text{ A}$$

$$I_1' = \frac{R_3}{R_1 + R_3} I_S = \frac{3}{6+3} \times 6 \text{ A} = 2 \text{ A}$$

$$I_3' = I_1' - I_2' = (2-6) \text{ A} = -4 \text{ A}$$

由图(c)理想电压源 U_S单独作用时,有

$$I_2'' = 0$$

$$I_1'' = I_3'' = \frac{U_S}{R_1 + R_3} = \frac{9}{6+3} \text{ A} = 1 \text{ A}$$

(3)根据叠加定理求出原电路中各支路电流(或电压)值。也就是以原电路的电流(或电压)的参考方向为准,并以一致取正,相反取负的原则,求出各独立电源在支路中单独作用时电流(或电压)的代数和。

$$I_1 = I_1' + I_1'' = (2+1) \text{ A} = 3 \text{ A}$$

$$I_2 = I_2' + I_2'' = (6+0) \text{ A} = 6 \text{ A}$$

$$I_3 = I_3' + I_3'' = (-4+1) \text{ A} = -3 \text{ A}$$

这里要强调使用叠加定理时应注意的几个问题:

(1)叠加定理只能用于计算和分析线性电路上的电压和电流,对非线性电路不适用。

(2)要注意各电压、电流的参考方向,求和时要注意各电压、电流的正负值。

(3)电路中某一电源起作用,而其他电源置零(即不作用),理想电压源短路,理想电流源开路。

(4)叠加定理只适用于线性电路中电流和电压的计算,而不能用来计算功率。

用 EWB 软件对此题仿真。

　　首先在电路工作窗口画出电路原理图。从电源库、基本元器件库和指示器件库中调用所需元器件和仪表,并双击各元器件,将元器件设为所需数值。画出仿真电路如图 2-39 所示。单击右上角的仿真电源开关 [⚪ I] 按钮,可以得到所求各支路电流,如图 2-39 所示。

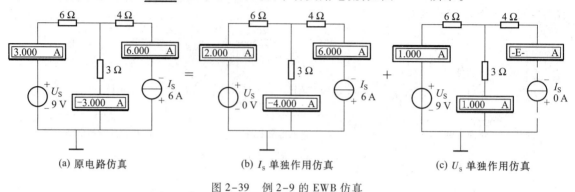

(a) 原电路仿真　　　　　　　(b) I_S 单独作用仿真　　　　　　(c) U_S 单独作用仿真

图 2-39　例 2-9 的 EWB 仿真

　　例 2-10　采用 EWB 软件,运用叠加定理计算如图 2-40(a)所示电路中各支路的电流和各元器件(电源和电阻)两端的电压,并说明功率平衡关系。

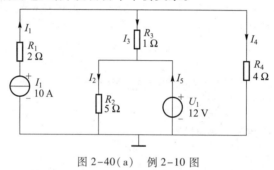

图 2-40(a)　例 2-10 图

　　解:(1) 求 I_1 单独作用各支路的电流。将 12 V 电压源短路,接法如图 2-40(b)所示。

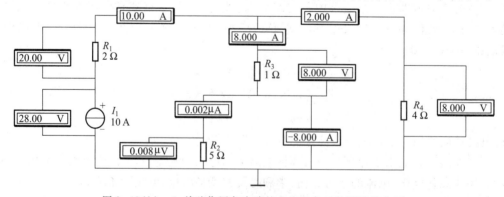

图 2-40(b)　I_1 单独作用各支路的电流及各元件两端的电压

　　(2) 求 U_1 单独作用各支路的电流。将 10 A 电流源开路,接法如图 2-40(c)所示。

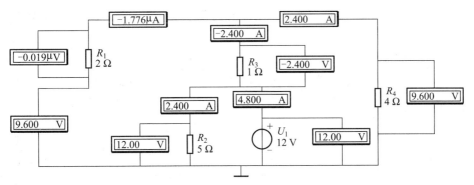

图 2-40(c)　U_1 单独作用各支路的电流及各元件两端的电压

（3）求 I_1、U_1 共同作用各支路的电流。接法如图 2-40(d)所示。

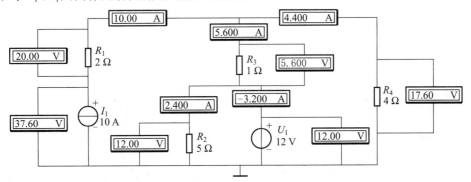

图 2-40(d)　电流源 I_1 和电压源 U_1 共同作用各支路的电流及各元件两端的电压

图 2-40(b)、图 2-40(c)和图 2-40(d)所示电路的仿真测量结果见表 2-1、表 2-2、表 2-3。

表 2-1　各支路电流

	I_1/A	I_2/A	I_3/A	I_4/A	I_5/A
I_1 单独作用	10	0	8	2	-8
U_1 单独作用	0	2.4	-2.4	2.4	4.8
I_1、U_1 共同作用	10	2.4	5.6	4.4	-3.2

结论：I_1 单独作用与 U_1 单独作用各支路电流的代数和等于 I_1、U_1 共同作用时各支路的电流。支路电流符合叠加定理。

表 2-2　各元件两端的电压

	U_{R_1}/V	U_{R_2}/V	U_{R_3}/V	U_{R_4}/V	U_{I_1}/V	U_{U_1}/V
I_1 单独作用	20	0	8	8	28	0
U_1 单独作用	0	12	-2.4	9.6	9.6	12
I_1、U_1 共同作用	20	12	5.6	17.6	37.6	12

结论:I_1单独作用与U_1单独作用各元件电压的代数和等于I_1、U_1共同作用时各元件电压。电压符合叠加定理。

表 2-3　各元件的功率

	P_{R_1}/W	P_{R_2}/W	P_{R_3}/W	P_{R_4}/W	P_{I_1}/W	P_{U_1}/W
I_1单独作用	200	0	64	16	−280	0
U_1单独作用	0W	28.8	5.76	23.04	0	−57.6
I_1、U_1共同作用	200	28.8	31.36	77.44	−376	38.4

结论:I_1单独作用与U_1单独作用各元件功率的代数和不等于I_1、U_1共同作用时各元件的功率。因此功率不符合叠加定理(表中"−"号表示该元件发出功率)。

2.7　等效电源定理

等效电源定理包括戴维宁定理和诺顿定理。用电压源来等效代替有源二端网络的分析方法称为戴维宁定理;用电流源来代替有源二端网络的分析方法称为诺顿定理。

2.7.1　戴维宁定理

戴维宁定理指出:任何一个线性有源二端网络[如图2-41(a)所示]总可以用一个电压源[如图2-41(b)所示]代替,其中电压源的电压U_S等于该有源二端网络端口的开路电压U_{OC}[如图2-41(c)所示],电压源的电阻R_0等于该有源二端网络中所有独立电源去除后对应的无源二端网络的等效电阻[如图2-41(d)所示]。独立电源去除电源方法是:理想电压源短路,理想电流源开路。

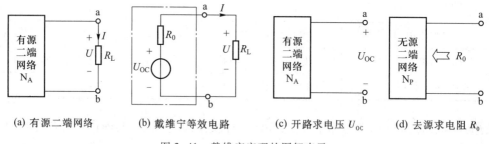

(a) 有源二端网络　　(b) 戴维宁等效电路　　(c) 开路求电压 U_{OC}　　(d) 去源求电阻 R_0

图 2-41　戴维宁定理的图解表示

下面通过例题来说明应用戴维宁定理计算某一支路电流的步骤与方法以及注意的要点。

例 2-11　用戴维宁定理求如图2-42所示电路中电流I。

解:(1)求开路电压U_{OC}

将待求支路断开,求断开处a、b两端的开路电压U_{OC},如图2-42(b)所示。设c点为参考点,则

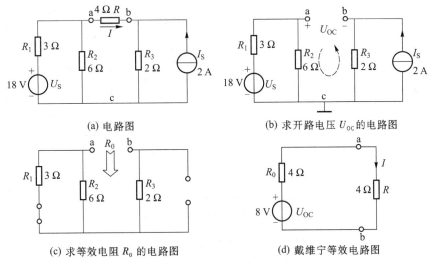

(a) 电路图　　　　　　　　　　(b) 求开路电压 U_{OC} 的电路图

(c) 求等效电阻 R_0 的电路图　　　　(d) 戴维宁等效电路图

图 2-42　例 2-11 图

$$U_{OC} = U_{ab} = U_a - U_b = \frac{R_2}{R_1 + R_2}U_S - I_S R_3 = \left(\frac{6}{3+6} \times 18 - 2 \times 2\right) \text{ V} = 8 \text{ V}$$

（2）求等效电阻 R_0

将图 2-42（b）中的理想电压源 U_S、理想电流源 I_S 去除，画出求等效电阻 R_0 的电路如图 2-42（c）所示，即无源二端网络，则等效电阻

$$R_0 = (R_1 // R_2) + R_3 = \left(\frac{3 \times 6}{3+6} + 2\right) \text{ Ω} = 4 \text{ Ω}$$

（3）求电流 I

画出如图 2-42（d）所示戴维宁等效电路图，从 a、b 两端接入待求支路，可得

$$I = \frac{U_{OC}}{R_0 + R} = \frac{8}{4+4} \text{ A} = 1 \text{ A}$$

注意：戴维宁定理讨论的是线性有源二端网络内部电路的简化问题，外部电路是线性的还是非线性的都可以使用这个定理。

用 EWB 软件对此题仿真。

首先在电路工作窗口画出电路原理图。从电源库和基本元器件库中调用所需元器件，并双击各元器件，将元器件设为所需数值。从指示器件库和仪器库中调用电压表和万用表，画出仿真电路如图 2-43 所示。单击右上角的仿真电源开关 ⬛ 按钮，可以得到所求值，如图 2-43 所示。

2.7.2　诺顿定理

诺顿定理指出：任何一个线性有源二端网络［如图 2-44（a）所示］，总可以用一个电流源［如图 2-44（b）所示 ］代替。其中电流源的电流等于该有源二端网络端口的短路电流 I_{SC}［如图 2-44（c）所示］，电流源电阻 R_0 等于该有源二端网络中所有独立电源不作用时对应的无源二端网络的等效电阻［如图 2-44（d）所示］。独立电源去除的方法是：理想电压源短路，理想电流源开路。

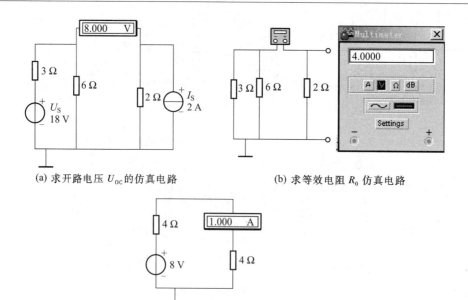

(a) 求开路电压 U_{OC} 的仿真电路　　　　(b) 求等效电阻 R_0 仿真电路

(c) 用戴维宁定理求电流 I 仿真电路

图 2-43　例 2-11 的 EWB 仿真电路

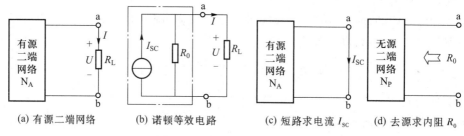

(a) 有源二端网络　　(b) 诺顿等效电路　　(c) 短路求电流 I_{SC}　　(d) 去源求内阻 R_0

图 2-44　诺顿定理的图解表示

2.7.3　等效电阻 R_0 的求解方法

若对有源二端网络的内部电路不了解,或不能直接用电阻串并联的方法求解时,戴维宁(诺顿)等效电阻 R_0 则可按下述三种方法求解。

1. 开路短路法

求出开路电压和短路电流可以计算得出等效电阻值。电路如图 2-45 所示。

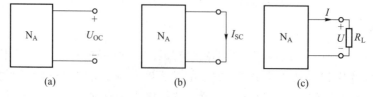

(a)　　　　　　　(b)　　　　　　　(c)

图 2-45　开路短路法、外加电阻法求 R_0

如图 2-45(a)所示计算出开路电压 U_{OC}，如图 2-45(b)所示计算出短路电流 I_{SC}，就可以计算出等效电压源的内阻

$$R_0 = \frac{U_{OC}}{I_{SC}} \tag{2-19}$$

2. 外加电阻法

如果有源二端网络不允许直接短接，则可先测出开路电压 U_{OC}，再在网络输出端接入适当的负载电阻 R_L，如图 2-45(c)所示，测量 R_L 两端的电压 U，则有

$$R_0 = \frac{U_{OC} - U}{U} R_L = \left(\frac{U_{OC}}{U} - 1 \right) R_L \tag{2-20}$$

3. 外加电压法

将含源二端网络内部的独立源去掉，外加电源，求端口上电压与电流比值 $R_0 = \dfrac{U}{I}$，如图 2-46 所示。

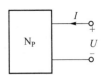

图 2-46　外加电压法
求等效电阻 R_0

例 2-12　采用 EWB 软件仿真，运用戴维宁定理求如图 2-47(a)所示电路中 R_1 上的电流 I。

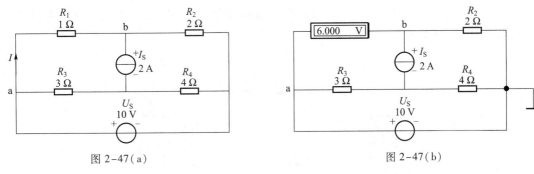

图 2-47(a)　　　　　　　　　　　　图 2-47(b)

解：(1) 先求 a、b 两端的开路电压 U_{OC}，如图 2-47(b)所示。

结果：$U_{OC} = 6$ V。

(2) 求 a、b 两端的等效电阻 R_0。

解法一：直接测量法。将有源二端网络的独立源去掉（电压源短路，电流源开路），用万用表的电阻挡直接测量，如图 2-47(c)所示。

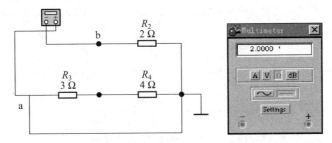

图 2-47(c)　用万用表的电阻挡直接测量 a、b 两端的等效电阻 R_0

解法二:开路短路法。测量完开路电压 U_{OC},测量有源二端网络 a、b 的短路电流 I_{SC},a、b 两端的等效电阻 R_0 等于开路电压除以短路电流,如图 2-47(d)所示。

a、b 两端的等效电阻为

$$R_0 = \frac{U_{OC}}{I_{SC}} = \frac{6}{3}\ \Omega = 2\ \Omega$$

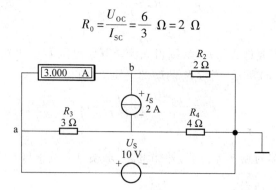

图 2-47(d)　求有源二端网络 a、b 的短路电流 I_{SC}

除上述两种求戴维宁等效电阻 R_0 的方法外,还有加压求流法,外接电阻法等。

(3)得到有源二端网络 a、b 两端的戴维宁等效电路如图 2-47(e)中右边点画线部分所示。再将电阻 R_1 接入,就可求出流过电阻 R_1 的电流。

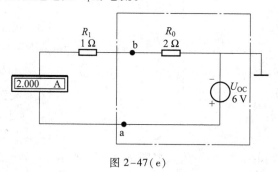

图 2-47(e)

所求电流 $I = 2$ A。

还可以直接求出,按图 2-47(f)所示接好电路。

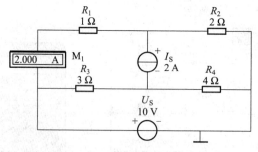

图 2-47(f)　例 2-12 的直接测量

可见 $I = 2$ A,与应用戴维宁定理所求结果相同。

2.8　电路中的电位

2.8.1　电路中电位的概念

分析电子电路时,若指定电路中的某一点为参考点,将参考点的电位定为零,电路中任一点与参考点之间的电压便是该点的电位。在电力工程中规定大地为零电位的参考点,在电子电路中则常以与机壳连接的输入和输出的公共导线为参考点,称之为"地",用符号"⏚"表示。

高于参考点的电位为正电位,其值为正,低于参考点的电位为负电位,其值为负。

如图 2-48 所示为选择 b 点作参考点的电路,电位用单下标表示,这时各点的电位是

$$V_a = U_{ab} = 60 \text{ V}, V_b = 0 \text{ V}, V_c = U_{cb} = 140 \text{ V}, V_d = U_{db} = 90 \text{ V}$$

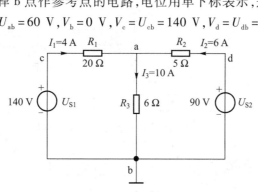

图 2-48　电路的电位

参考点可以任意选择,参考点的不同,各点的电位值就不同。例如图 2-48 所示电路,若将参考点选定为 a 点,则各点的电位将是

$$V_a = 0 \text{ V}, V_b = -60 \text{ V}, V_c = 80 \text{ V}, V_d = 30 \text{ V}$$

于是可得如下结论:

(1)在电路图中不指明参考点的电位是没有意义的。

(2)参考点选的不同,电路中各点的电位值不同。但是任意两点之间的电位差($U_{ab} = V_a - V_b$)是不变的,电位是相对的,电压是绝对的。

在电子电路中,为了作图简便和图面清晰,习惯上常常不画出电源来,只在电源的非接地端注明其电位的数值。例如图 2-49(a)或(b)就是图 2-48 所示电路图的简化电路。

2.8.2　EWB 对电路电位的仿真实验

例 2-13　试用 EWB 软件对图 2-48 所示电路进行仿真。

解:(1)选择 b 点作为参考点,仿真电路如图 2-50(a)所示。

这时各点的电位是

$$V_a = U_{ab} = 60 \text{ V}, V_b = 0 \text{ V}, V_c = U_{cb} = 140 \text{ V}, V_d = U_{db} = 90 \text{ V}$$

(2)选择 a 点作为参考点,仿真电路如图 2-50(b)所示。

各点的电位是:

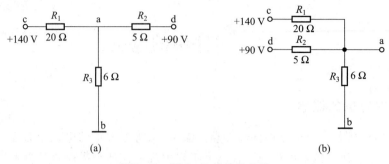

图 2-49　图 2-48 的简化电路

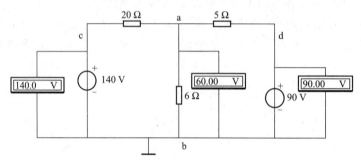

图 2-50(a)　选择 b 为参考点时各点的电位

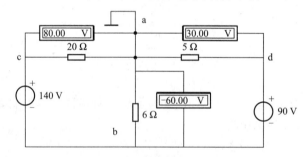

图 2-50(b)　选择 a 为参考点时各点的电位

$$V_a = 0 \text{ V}, V_b = -60 \text{ V}, V_c = 80 \text{ V}, V_d = 30 \text{ V}$$

结论:由于参考点的不同,各点的电位不同。

(3)求任意两点之间的电压。以 b 点为参考点时,电压 U_{ab} 的测量电路如图 2-50(c)所示,以 a 点为参考点时,电压 U_{ab} 的测量电路如图 2-50(d)所示。

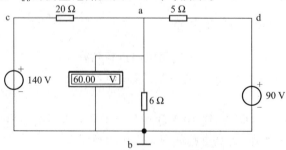

图 2-50(c)　选择 b 为参考点时 U_{ab} 的测量电路

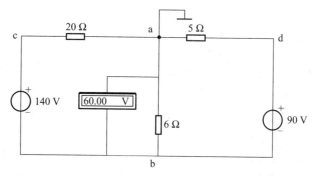

图 2-50(d)　选择 a 为参考点时 U_{ab} 的测量电路

结论:任意两点之间的电位差(电压) U_{ab} =60 V 是不变的,与选择的参考点无关。

习　　题

【概念题】

2-1　电路如题 2-1 图所示,已知 I =-3 A,试指出哪些元件是电源性? 哪些是负载性?

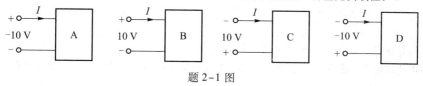

题 2-1 图

2-2　某电源的功率为 1 000 W,端电压为 220 V,当接入一个 60 W、220 V 的电灯时,电灯是否会损坏?

2-3　一个理想电压源向外电路供电时,若再并联一个电阻,这个电阻是否会影响原来外电路的电压和电流? 一个理想电流源向外电路供电时,若再串联一个电阻,这个电阻是否会影响原来外电路的电压和电流?

2-4　理想电流源与理想电压源可以等效代替吗?

2-5　凡是与理想电压源并联的理想电流源其电压是一定的,在电路中理想电流源不起作用;凡是与理想电流源串联的理想电压源其电流是一定的,因而在电路中理想电压源也不起作用。这种观点是否正确?

2-6　叠加定理为什么不适用于非线性电路?

2-7　在线性电路中,叠加定理可以用来计算功率吗? 为什么?

2-8　戴维宁定理适用范围是线性含源二端网络,那么,被划出的支路是否也必须是线性的呢?

2-9　试用戴维宁定理将题 2-9 图所示的各电路化为等效电压源。

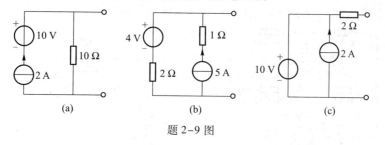

题 2-9 图

【分析仿真题】

2-10 试用实际电源两种模型等效变换的方法计算题2-10图中2 Ω电阻上的电流 I。

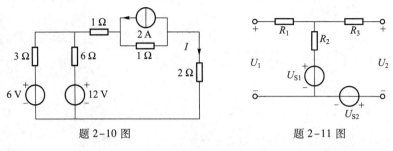

题 2-10 图　　　　　　　　　　　　　　　题 2-11 图

2-11 在题2-11图中,已知 $U_1 = 10$ V,$U_{S1} = 4$ V,$U_{S2} = 2$ V,$R_1 = 4$ Ω,$R_2 = 2$ Ω,$R_3 = 5$ Ω,求开路电压 U_2。

2-12 试用支路电流法和结点电压法计算题2-12图中各支路电流。

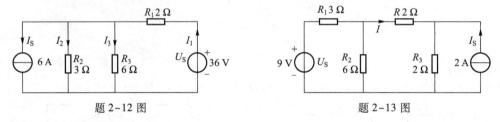

题 2-12 图　　　　　　　　　　　　　　　题 2-13 图

2-13 试用叠加定理求题2-13图所示电路中的电流 I。

2-14 试用叠加定理计算题2-14图所示电路中各支路的电流和各元件(电源和电阻)两端的电压,并说明功率平衡关系。

2-15 试用戴维宁定理计算题2-15图所示电路中4 Ω电阻的电流 I。

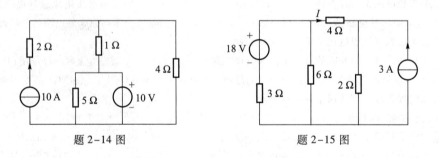

题 2-14 图　　　　　　　　　　　　　　　题 2-15 图

2-16 试求题2-16图所示电路中的电流 I 及理想电流源 I_S 的功率。

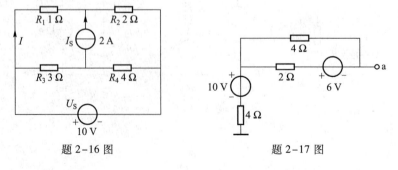

题 2-16 图　　　　　　　　　　　　　　　题 2-17 图

2-17 试问题 2-17 图中 a 点的电位等于多少?

2-18 试求题 2-18 图中 a 点的电位等于多少?

2-19 题 2-19 图示电路中,如果 15 Ω 电阻上的电压降为 30 V,其极性如图所示,试求电阻 R 及电位 V_a。

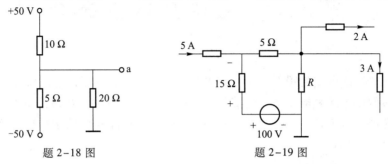

题 2-18 图　　　　　　　　　题 2-19 图

第3章 电路的瞬态分析

本章主要讨论一阶电路的瞬态分析。首先介绍动态元件的特征,分析引起瞬态过程的原因,然后讨论瞬态过程中电压和电流随时间变化的规律和影响瞬态过程快慢的电路时间常数,重点是掌握一阶电路的分析方法——三要素法。并应用 EWB 软件提供的虚拟电子实验室平台,对瞬态分析过程进行仿真。

3.1 动态元件

3.1.1 电感元件

电感元件是用来反映物体存储磁场能量的理想电路元件。电感元件的符号如图 3-1 所示。电感元件通过电流后,会产生磁通 Φ。N 匝线圈产生磁链 $\Psi(N\Phi)$ 与电流 i 的比值称为元件的电感 L,即

$$L = \frac{\Psi}{i} = \frac{N\Phi}{i} \tag{3-1}$$

图 3-1 电感元件

式中 Ψ 的单位为韦伯(Wb);i 的单位为安[培](A);L 单位为亨[利](H)。L 的单位还可以为毫亨(mH)或微亨(μH)。若 L 为常数则称为线性电感,L 不为常数,称为非线性电感。

当通过电感元件磁通 Φ 随时间变化时,会产生自感电动势 e_L,若电感电压 u_L、自感电动势 e_L 以及电感电流的参考方向如图 3-1 所示,且 L 为线性电感,则有

$$u_L = -e_L = \frac{\mathrm{d}\Psi}{\mathrm{d}t} = L\frac{\mathrm{d}i}{\mathrm{d}t} \tag{3-2}$$

上式表明,线性电感两端电压在任意瞬间与 $\frac{\mathrm{d}i}{\mathrm{d}t}$ 成正比。在直流电路中,电流不随时间变化,电感元件的端电压为零,所以电感元件相当于短路。

电感元件本身并不消耗能量,能量以磁场能的形式储存在电感线圈的磁场中,所以电感元件是一个储能元件。当通过电感元件的电流为 i 时,它所储存的磁场能量为

$$W_L = \frac{1}{2}Li^2 \tag{3-3}$$

可见,任意时刻电感元件的储能只取决于该时刻的电流值,而与电流的变化过程无关,且电感元件储能总是大于或等于零,电感元件属于无源元件。

线性电感元件上的电压与电流满足线性叠加关系,当 N 个电感元件串联且无互感效应时,可用一个等效电感 L 等效,即

$$L = L_1 + L_2 + \cdots + L_N \tag{3-4}$$

当 N 个电感元件并联且无互感效应时也可用一个等效电感 L 等效,即

$$\frac{1}{L} = \frac{1}{L_1} + \frac{1}{L_2} + \cdots + \frac{1}{L_N} \tag{3-5}$$

3.1.2　电容元件

电容元件是反映存储电荷能力的理想电路元件。作为实际电容器或电路中具有电容效应元件的理想模型,电容元件的符号如图 3-2 所示。

电容元件极板上的电荷量 q 与极板间电压 u 之比称为电容元件的电容,即

$$C = \frac{q}{u} \tag{3-6}$$

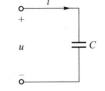

式中 C 的单位为法[拉](F)、微法(μF)或皮法(pF)。1 μF $= 10^{-6}$ F,1 pF $= 10^{-12}$ F。线性电容元件的电容 C 是常数。

当电容元件两端的电压 u 随时间变化时,极板上存储的电荷量也随之变化,在电路中就会产生电流 i。如果 u、i 的参考方向为图 3-2 所示的关联参考方向时,则

图 3-2　电容元件

$$i = \frac{dq}{dt} = C \frac{du}{dt} \tag{3-7}$$

上式表明,线性电容元件的电流 i 在任意瞬间与 $\dfrac{du}{dt}$ 成正比。在直流电路中,电压不随时间变化,电容元件的电流为零,故电容元件相当于开路。

电容元件本身也不消耗能量,能量以电场能的形式储存在电容两极板间的电场中,所以,电容元件也是一个储能元件。当电容元件两端的电压为 u 时,它所储存的电场能量为

$$W_C = \frac{1}{2} C u^2 \tag{3-8}$$

由此可见,任意时刻电容元件的储能只取决于该时刻的电压值,而与电压的过去变化进程无关,且电容元件的储能总是大于或等于零,电容元件属于无源元件。

线性电容元件上的电压与电流也满足线性叠加关系,当 N 个电容元件并联时可用一个等效电容 C 等效,即

$$C = C_1 + C_2 + \cdots + C_N \tag{3-9}$$

当 N 个电容元件串联时也可用一个等效电容 C 等效,即

$$\frac{1}{C} = \frac{1}{C_1} + \frac{1}{C_2} + \cdots + \frac{1}{C_N} \tag{3-10}$$

3.1.3　动态元件的特点

由式(3-2)可知,电感元件的电压与电感元件上瞬时电流的大小无关,与电流的变化率有关,只有变化的电流才能产生电压,这表明电感是一种动态元件。假设电感中的电流发生突变,其两端的电压将达到无穷大,从而使功率达到无穷大。实际应用中,电感上的电流总是连续的,即电感电流不能突变。同样,由式(3-7)可知,某时刻电容元件的电流与该时刻其两端的电压的大小无关,只与电压的变化率成正比,这种特征表明电容也是一种动态元件。同样如果电容上的

电压发生突变,其引起的电流将达到无穷大,从而使功率达到无穷大,而实际应用中,电容上的电压总是连续的,即电容电压不能突变。

所以,动态元件的特点就是电感电流不能突变,电容电压不能突变。

3.2 瞬态发生的原因与换路定则

第二章介绍了由电阻元件及电源构成的电路(即电阻电路)的分析方法,电路中除电阻元件外,常用的负载元件还有电容元件和电感元件。由于电感元件和电容元件电压和电流的约束关系是微分或积分形式,为动态元件,描述动态元件电路特性的方程是以电压、电流为变量的微分方程。当电路只含有一个动态元件时(或可以等效成一个动态元件时),描述电路的方程是一阶微分方程,这样的电路称为一阶电路。

3.2.1 电路发生瞬态的原因

当电路元件的参数、电路的连接关系或激励信号发生突变时,称电路发生换路。在图 3-3 (a)所示的电容电路中,开关闭合前,电路中电流、电容电压 u_C 均为零;开关闭合后,电源对电容充电。由于电容电压不能突变,u_C 由零逐渐增加到电源电压 U。这种由于换路使电路由一种稳态向另一种稳态的过渡过程称为瞬态。在图 3-3(b)所示的电阻电路中,开关闭合前,电路中电流、电压均为零;开关闭合后,电流随着电压成比例变化,电路不存在瞬态过程。

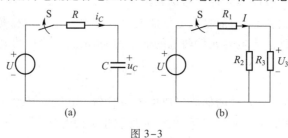

图 3-3

可见,瞬态的发生必须具备两个条件:首先电路中含有动态元件;其次电路发生换路。

电路的瞬态过程虽然短暂,但在工程中颇为重要。在电子技术中,常利用 RC 电路的瞬态过程产生振荡信号、进行信号波形的变换或产生延时做成电子继电器等。电路在瞬态过程中,也会出现过电压或过电流现象,而过电压或过电流有时会损坏电气设备,造成严重事故。因此,分析电路的瞬态过程的目的在于掌握瞬态的变化规律,以便工作中利用其"有利"的一面,克服其不利的"弊端"。

3.2.2 换路定则

设 $t=0$ 为电路的换路时间,$t=0_-$ 表示换路前的最终时刻,$t=0_+$ 表示换路后的最初时刻。在 $t=0_-$ 到 $t=0_+$ 的换路前的最终时刻到换路后的最初时刻,电容元件的电压和电感元件的电流不能突变,其表达式为

$$u_C(0_+) = u_C(0_-)$$
$$i_L(0_+) = i_L(0_-)$$

$$(3-11)$$

这就是换路定则,换路定则是求解电路在换路后初始值的重要依据。

3.2.3　初始值和稳态值的确定

为方便地描述瞬态过程,需要掌握两个要素,即换路后的初始值和达到稳定状态时的稳态值。

1. 初始值的确定

初始值是指电路的各个分量在 $t = 0_+$ 时的值。方法是:

(1) 由 $t = 0_-$ 的电路求出 $u_C(0_-)$ 或 $i_L(0_-)$。

(2) 根据换路定则,在 $t = 0_+$ 的电路中,由已知的 $u_C(0_+)$ 或 $i_L(0_+)$ 求电路中其他电压和电流的初始值。

在 $t = 0_+$ 电路中,动态元件要用等效模型代替。对电容而言,如果 $u_C(0_+) = 0$,则视为短路,如果 $u_C(0_+) \neq 0$,则视为大小为 $u_C(0_+)$ 的理想电压源;对电感而言,如果 $i_L(0_+) = 0$,则视为开路,如果 $i_L(0_+) \neq 0$,则视为大小为 $i_L(0_+)$ 的理想电流源。

例 3-1　确定图 3-4(a)所示电路中各电流和电压的初始值。设开关 S 闭合前电感元件和电容元件均未储能。

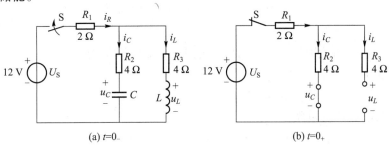

(a) $t = 0_-$　　　　　　　　　　　　(b) $t = 0_+$

图 3-4　例 3-1 图

解: (1) 由 $t = 0_-$ 的电路,即图 3-4(a)所示的开关 S 未闭合的电路得

$$u_C(0_+) = u_C(0_-) = 0$$
$$i_L(0_+) = i_L(0_-) = 0$$

(2) 在图 3-4(b)所示的 $t = 0_+$ 的电路中,由于电容电压和电感电流的初始值为零,所以将电容元件短路,将电感元件开路,于是得出其他各个初始值为

$$i_R(0_+) = i_C(0_+) = \frac{U_S}{R_1 + R_2} = \frac{12}{2 + 4} \text{ A} = 2 \text{ A}$$

$$u_L(0_+) = i_C(0_+) R_2 = 2 \times 4 \text{ V} = 8 \text{ V}$$

用 EWB 软件对此题仿真。

首先在电路工作窗口画出电路原理图。EWB 软件的元器件库如图 3-5 所示。从电源库中调用电压源及接地端,从基本元器件库调用电阻元件、电感元件、电容元件及开关元件,从指示器件库中调用电压表 ▭Ⓥ 和电流表 ▭Ⓐ,并双击各元器件,为调用元器件赋值。画

出仿真电路如图 3-6(a)、(b)所示。单击右上角的仿真电源开关   按钮,可以得到仿真结果。

电源库　基本元器件库　　　　　　　　　　　　　　　指示器件库

图 3-5　EWB 软件的元器件库

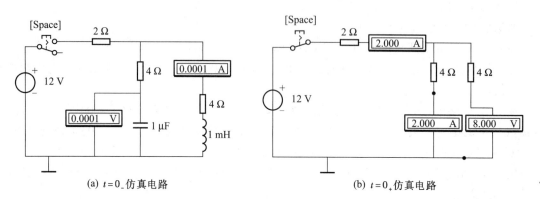

(a) $t=0_-$ 仿真电路　　　　　　　　　(b) $t=0_+$ 仿真电路

图 3-6　例 3-1 EWB 软件仿真电路图

在 $t=0_+$ 的仿真电路中,由于电容电压和电感电流的初始值为零,将电容元件短路,电感元件开路。

结果:(1) 由 $t=0_-$ 的仿真电路得

$$u_C(0_-)=0, \qquad i_L(0_-)=0$$

(2) 由 $t=0_+$ 的仿真电路得

$$i_R(0_+)=i_C(0_+)=2 \text{ A}, \qquad u_L(0_+)=8 \text{ V}$$

2. 稳态值的确定

电路的瞬态过程结束后,电路进入新的稳定状态,这时各元件电压和电流的值称为稳态值(或终值),一般也称为 $t=\infty$ 时的值。稳态值的确定方法是画出 $t=\infty$ 时的电路,并用等效模型代替动态元件,然后求解稳态值。

在直流激励作用下,电路达到稳态时,电感元件应视为短路,电容元件应视为开路。

例 3-2　试求图 3-7(a)所示电路在瞬态过程结束后,电路中各电压和电流的稳态值。

解:在图 3-7(b)所示 $t=\infty$ 时的稳态电路中,将电容元件开路,电感元件短路,于是得出各个稳态值

$$i_C(\infty)=0 \qquad u_L(\infty)=0$$

$$i_R(\infty)=i_L(\infty)=\frac{U_S}{R_1+R_3}=\frac{12}{2+4} \text{ A}=2 \text{ A}$$

$$u_C(\infty)=i_L(\infty)R_3=2\times4 \text{ V}=8 \text{ V}$$

用 EWB 软件对此题仿真。

首先在电路工作窗口画出电路原理图。从电源库中调取电压源及接地端,从基本元器件库

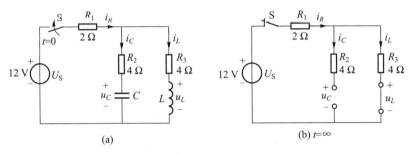

图 3-7　例 3-2 图

调用电阻元件、电感元件、电容元件及开关元件,从指示器件库中调用电压表 <u>　　　V</u> 和电流表 <u>　　　A</u>,并双击各元器件,为元器件赋值。画出仿真电路如图 3-8 所示。单击右上角的仿真电源开关 <u>O I</u> 按钮,就可得到仿真结果。

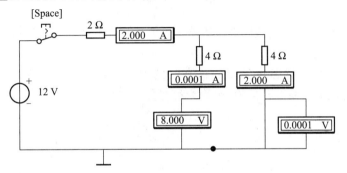

图 3-8　例 3-2EWB 软件仿真电路图

在 $t=\infty$ 时的稳态仿真电路中,将电容元件开路,电感元件短路。

结果:$i_C(\infty)=0$,$u_L(\infty)=0$,$i_R(\infty)=i_L(\infty)=2$ A,$u_C(\infty)=8$ V。

3.3　电路的瞬态分析

在电路分析中,将电路的外部输入或内部储能称为激励,在激励作用下所产生的电压或电流的变化称为响应。本节讨论换路后电路中电压或电流随时间变化的规律,称为时域响应。对于一阶电路瞬态过程的响应,可分成三种类型,即全响应、零状态响应、零输入响应。

3.3.1　*RC* 电路的瞬态分析

1. *RC* 电路的全响应

图 3-9(a)所示是一个简单的 *RC* 电路,在 $t=0$ 时刻以前电容已储能 $u_C(0_+)=U_0$,设在 $t=0$ 时开关 S 闭合,这种既有外界激励,且初始储能又不为零的电路响应称为全响应。

根据 KVL 定律则可列出回路电压方程

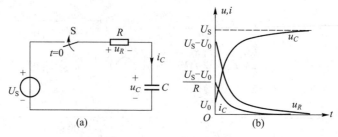

图3-9　RC电路的全响应

$$i_c R + u_c = U_s$$

由于 $i_c = C \dfrac{\mathrm{d}u_c}{\mathrm{d}t}$，所以有

$$RC \frac{\mathrm{d}u_c}{\mathrm{d}t} + u_c = U_s \tag{3-12}$$

式(3-12)是一阶常系数非齐次线性微分方程，该方程的解由特解 u'_c 和通解 u''_c 两部分组成，即 $u_c(t) = u'_c + u''_c$。

特解 u'_c 即电路经过瞬态达到新的稳态时的值 $u_c(\infty)$。对图3-9(a) $u'_c = U_s$，代入式(3-12)成立，U_s 为该电路稳态时的值，也称为稳态分量，故

$$u'_c = U_s = u_c(t) \big|_{t \to \infty}$$

u''_c 为原方程对应的齐次方程

$$RC \frac{\mathrm{d}u_c}{\mathrm{d}t} + u_c = 0$$

的通解，其解的形式为

$$u''_c = A\mathrm{e}^{-\frac{t}{\tau}}$$

u''_c 是按指数规律衰减的，它只出现在瞬态过程中，通常称 u''_c 为瞬态分量。

上式中 $\tau = RC$，具有时间量纲，称为 RC 电路的时间常数。当 R 的单位是欧[姆](Ω)，C 的单位是法[拉](F)时，τ 的单位是秒(s)，τ 的大小反映了瞬态过程进行的快慢。从理论上讲，电路要经过 $t = \infty$ 时间才能达到稳态。由于指数曲线开始变化较快，而后逐渐缓慢，实际上经过 $t = (3 \sim 5)\tau$ 的时间，可认为已基本达到稳态。

由以上可知，方程的全解为稳态分量加瞬态分量，即

$$u_c(t) = U_s + A\mathrm{e}^{-\frac{t}{\tau}} \tag{3-13}$$

式中常数 A 可由初始条件确定。开关 S 闭合后的瞬间为 $t = 0_+$，此时电容的初始电压(即初始条件)为 $u_c(0_+)$，则在 $t = 0_+$ 时有

$$u_c(0_+) = U_s + A$$

故

$$A = u_c(0_+) - U_s = U_0 - U_s$$

将 A 值代入(3-13)全解式中，整理可得

$$u_c(t) = U_s + [U_0 - U_s]\mathrm{e}^{-\frac{t}{\tau}}, \quad t \geq 0 \tag{3-14}$$

电路中的电流为

$$i_C = C\frac{\mathrm{d}u_C}{\mathrm{d}t} = \frac{U_S - U_0}{R}\mathrm{e}^{\frac{t}{\tau}}, \quad t \geqslant 0$$

图 3-9(b)中给出了初始状态为 U_0,且 $U_0 < U_S$ 时 RC 电路的电压、电流曲线。

2. RC 电路的零输入响应

电路的零输入,是指无电源激励,输入信号为零。图 3-9(a)所示电路中,电路中无电源输入,即 $U_S = 0$,仅由电容的初始储能所引起的电路响应称为零输入响应。由式(3-14)可得

$$u_C(t) = U_0\mathrm{e}^{-\frac{t}{RC}}, \qquad t \geqslant 0 \tag{3-15}$$

$$i_C = C\frac{\mathrm{d}u_C}{\mathrm{d}t} = -\frac{U_0}{R}\mathrm{e}^{-\frac{t}{\tau}}, \qquad u_R = -U_0\mathrm{e}^{-\frac{t}{\tau}}$$

其电压、电流变化曲线如图 3-10 所示。

3. RC 电路的零状态响应

图 3-9(a)所示电路中,如果电容的初始储能为零,即 $U_0 = 0$,电路仅由电源激励所产生的电路响应称为零状态响应。将初始值代入式(3-14)可得

$$u_C(t) = U_S(1 - \mathrm{e}^{-\frac{t}{RC}}), \quad t \geqslant 0 \tag{3-16}$$

u_C、u_R、i 随时间变化曲线如图 3-11 所示。

由以上分析可知:全响应为零输入响应和零状态响应两者的叠加。

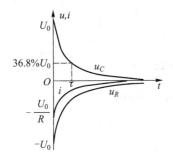
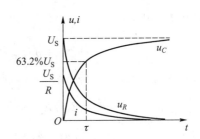

图 3-10　RC 电路零输入响应变化曲线　　　图 3-11　RC 电路零状态响应变化曲线

3.3.2　一阶线性电路瞬态分析的三要素法

只含有一个动态元件或可等效成一个动态元件的线性电路,它的约束方程都是一阶常系数线性微分方程(如式 3-12),这种电路称为一阶线性电路。一阶线性电路的响应可表示为

$$f(t) = f(\infty) + [f(0_+) - f(\infty)]\mathrm{e}^{-\frac{t}{\tau}} \tag{3-17}$$

式(3-17)就是分析一阶线性电路瞬态过程中任意变量的一般公式。只要求出初始值 $f(0_+)$、稳态值 $f(\infty)$ 和时间常数 τ 这三个要素,代入式(3-17)中,就可求出电路的响应,这种方法称为一阶线性电路的三要素法。

对于一阶 RC 电路,求解时间常数 τ 时,其中的 R 是电路中等效电容元件两端的戴维宁等效电阻。

下面举例说明三要素法的应用。

例 3-3　图 3-12(a)所示电路原处于稳态,在 $t=0$ 时将开关 S 闭合,试求换路后电路中所示

的电压和电流,并画出其变化曲线。

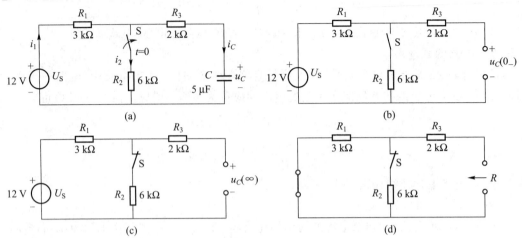

图 3-12　例 3-3 图

解:用三要素法求解。

(1) 求解 $u_C(t)$。

① 求 $u_C(0_+)$。由图 3-12(b)可得

$$u_C(0_+) = u_C(0_-) = U_S = 12 \text{ V}$$

② 求 $u_C(\infty)$。由图 3-12(c)可得

$$u_C(\infty) = \frac{R_2}{R_1+R_2}U_S = \frac{6}{3+6} \times 12 \text{ V} = 8 \text{ V}$$

③ 求 τ。R 应为换路后电容两端的去掉理想电压源的等效电阻。由图 3-12(d)可得

$$R = (R_1 // R_2) + R_3 = \left(\frac{3 \times 6}{3+6} + 2\right) \text{ k}\Omega = 4 \text{ k}\Omega$$

$$\tau = RC = 4 \times 10^3 \times 5 \times 10^{-6} \text{ s} = 2 \times 10^{-2} \text{ s}$$

则电容电压

$$u_C(t) = u_C(\infty) + [u_C(0_+) - u_C(\infty)] e^{-\frac{t}{\tau}} = 8 + 4e^{-50t} (\text{V})$$

(2) 求解 $i_C(t)$。电容电流 $i_C(t)$ 由 $i_C(t) = C\dfrac{\mathrm{d}u_C}{\mathrm{d}t}$ 求得,即

$$i_C(t) = C\frac{\mathrm{d}u_C}{\mathrm{d}t} = \frac{u_C(\infty) - u_C(0_+)}{R} e^{-\frac{t}{\tau}} = \frac{8-12}{4} e^{-50t} = -e^{-50t} (\text{mA})$$

(3) 求解 $i_1(t)$、$i_2(t)$。电流 $i_1(t)$、$i_2(t)$ 可由 $i_C(t)$、$u_C(t)$ 求得,从图 3-12(a)可得

$$i_2(t) = \frac{i_C R_3 + u_C}{R_2} = \frac{-e^{-50t} \times 2 + 8 + 4e^{-50t}}{6} = \frac{4}{3} + \frac{1}{3} e^{-50t} (\text{mA})$$

$$i_1(t) = i_2 + i_C = \frac{4}{3} + \frac{1}{3} e^{-50t} - e^{-50t} = \frac{4}{3} - \frac{2}{3} e^{-50t} (\text{mA})$$

$u_C(t)$、$i_C(t)$、$i_1(t)$ 和 $i_2(t)$ 的变化曲线如图 3-13 所示。

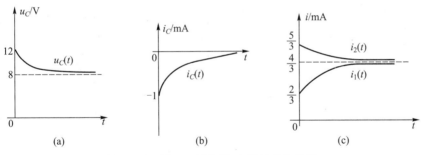

图 3-13　例 3-3 的电压、电流的变化曲线

用 EWB 软件对此题仿真。

　　一阶电路瞬态电路的仿真要用到延时开关 ![延时开关图标]。这个开关可从基本元器件库 ![图标] 中调出。延时开关的设定方法如图 3-14 所示,双击延时开关,得到如图 3-14 所示对话框。

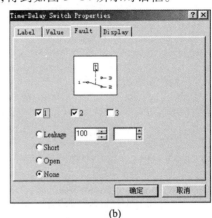

图 3-14　延时开关的设置

　　延时开关参数设置说明:Time on(TON)是指开关由位置 2 接到位置 3 的动作时刻。Time off(TOFF)是开关由位置 3 接到位置 2 的时刻。如图 3-14(a)所示,若 Time on(TON)设为 1 s,Time off(TOFF)设为 2 s。表示在 $t=0$,开关开始动作,$t=1$ s 后,开关由位置 2 接到位置 3,在 $t=2$ s 时,开关再由位置 3 回到位置 2。

　　用 EWB 软件提供的分析功能中的瞬态(Transient)分析功能,对例 3-3 进行分析。

　　在电路工作窗口中画好电路图,在 Circuit→Schematic Option→Show/hide 的选项中,勾画 Show nodes,使结点号显示在所画电路图上,如图 3-15(a)所示。延时开关的设置如图 3-15(b)所示,Time off(TOFF)设为 0 s,表示开关不再由位置 3 回到位置 2。

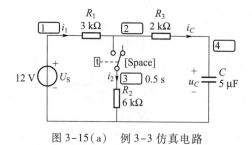

图 3-15(a)　例 3-3 仿真电路

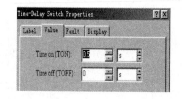

图 3-15(b)　例 3-3 中延时并关的设置

选择 Analysis→Transient 命令,弹出对话框如图 3-15(c)。设定分析起始时间 Start time(TSTART)和分析完成时间 End time(ESTOP),选择分析结点 4,单击 Add,Nodes for analysis 中的 4 点即为待分析的点。

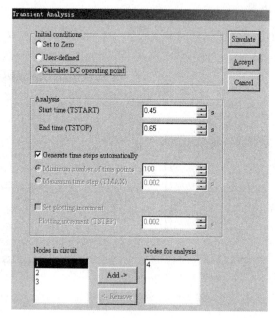

图 3-15(c)　例 3-3 仿真电路中的分析设置

单击图 3-15(c)中的 Simulate 按钮,就会显示出结点 4 的电压变化曲线,即电容电压随时间变化的曲线。通过添加图 3-15(d)中的游标按钮▥和栅格按钮▥得到如图 3-15(d)所示的曲线。

窗口左边的方框中所显示的数值(X1,Y1)(X2,Y2)表示游标与被测点的电压波形曲线交点所对应的坐标。移动游标,就可以求出不同时刻电压的大小。

(1) 求解 $u_C(t)$。根据波形写出 $u_C(t)$ 的表达式

$$u_C(0_+) = u_C(0_-) = 12 \text{ V} \quad (\text{见图中 } Y1 \text{ 点的值})$$

$$u_C(\infty) = 8 \text{ V}$$

$$u_C(\tau) = [8+(12-8)e^{-1}] \text{ V} = (8+4\times0.367) \text{ V} = 9.47 \text{ V}$$

即 9.47 V 所对应的点[见图中3-15(d)中 Y2 点]。

$$\tau = X2 \text{ 的数值} - 0.5 = (0.519 - 0.5) \text{ s} \approx 19 \text{ ms}$$

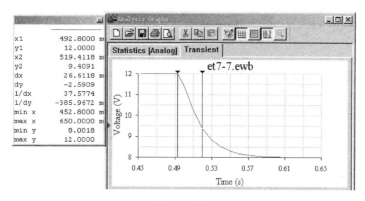

图 3-15（d）

$$u_C(t) = 8 + 4e^{-\frac{t}{1.9 \times 10^{-2}}} \approx 8 + 4^{-53t} (V) \quad （此法求出的 \tau 有一定的误差）$$

求解 τ 还可以用戴维宁定理。先测出换路后电容 C 两端的等效电阻，如图 3-15（e）所示。

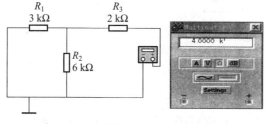

图 3-15（e）

$$\tau = RC = 4 \times 10^3 \times 5 \times 10^{-6} s = 20 \text{ ms}$$

$$u_C(t) = 8 + 4e^{-\frac{t}{2 \times 10^{-2}}} = 8 + 4^{-50t} (V)$$

（2）求解 $i_C(t)$。

$$i_C(t) = C \frac{du_C(t)}{dt} = \frac{u_C(\infty) - u_C(0_+)}{R} e^{-\frac{t}{\tau}} = \frac{8-12}{4} e^{-50t} = -1e^{-50t} (mA)$$

（3）求解 $i_2(t)$。由于使用分析功能所得到的波形都是所分析结点相对参考点的电压波形，求解电流时，要先测出电压，然后再求出电流。选择 Analysis→Transient 命令，弹出如图 3-15（f）所示对话框。选择图 3-15（a）中的结点 3 为分析结点，单击 Add。

单击 Simulate 按钮，开关闭合后结点 3 电压波形如图 3-15（g）所示。

根据图 3-15（g）所示的结点 3（即电阻 R_2）的电压波形，由三要素法得到结点 3 的电压值为

$$u_3(0_+) = 9.7 \text{ V}（见表中 Y1 点）$$

$$u_3(\infty) = 8 \text{ V}$$

$$u_3(t) = 8 + (9.7 - 8)e^{-50t} = 8 + 1.7e^{-50t} (V)$$

$$i_2(t) = \frac{u_3(t)}{R_2} = \frac{8 + 1.7e^{-50t}}{6} \approx \frac{4}{3} + \frac{1}{3} e^{-50t} (mA)$$

（4）求解 $i_1(t)$。

$$i_1(t) = i_2(t) + i_C(t) = \frac{4}{3} + \frac{1}{3} e^{-50t} - 1e^{-50t} = \frac{4}{3} - \frac{2}{3} e^{-50t} (mA)$$

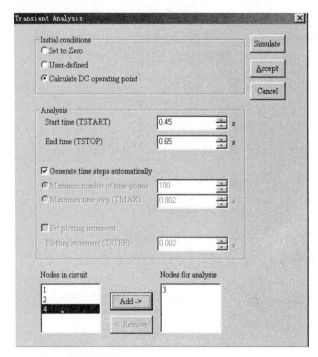

图 3-15(f)

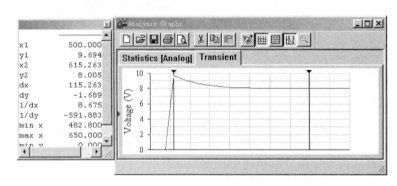

图 3-15(g)

3.3.3 *RL* 电路的瞬态分析

图 3-16 所示为一个 *RL* 电路。设 $i_L(0_-)=I_0$，$t=0$ 时开关 S 闭合，则 $t \geqslant 0$ 时电路的回路方程为

$$u_R+u_L=U_S$$

$$i_L R+L \frac{\mathrm{d}i_L}{\mathrm{d}t}=U_S$$

进一步可写为

$$\frac{L}{R} \frac{\mathrm{d}i_L}{\mathrm{d}t}+i_L=\frac{U_S}{R} \qquad (3-18)$$

图 3-16 *RL* 电路

同式(3-12)相比,可知电路时间常数为 $\tau = \dfrac{L}{R}$,且三要素法也同样适用于一阶 RL 线性电路。

对于一般的一阶 RL 线性电路,求解时间常数 τ 时,其中的 R 也是电路中电感元件两端的戴维宁等效电阻。

例3-4　电路如图 3-17(a) 所示,开关闭合前电路已达稳态。试求 $t \geqslant 0$ 时的 $i_L(t)$、$u_L(t)$,并画出其变化曲线。

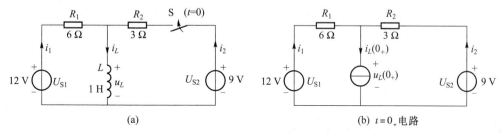

图 3-17　例 3-4 图

解:(1) 用三要素法求 $i_L(t)$。

初始值
$$i_L(0_+) = i_L(0_-) = \frac{U_{S1}}{R_1} = \frac{12}{6} \text{ A} = 2 \text{ A}$$

稳态值
$$i_L(\infty) = \frac{U_{S1}}{R_1} + \frac{U_{S2}}{R_2} = \left(\frac{12}{6} + \frac{9}{3} \right) \text{ A} = 5 \text{ A}$$

时间常数
$$\tau = \frac{L}{R_1 /\!/ R_2} = \frac{1}{2} \text{ s}$$

所以
$$i_L(t) = i_L(\infty) + [i_L(0_+) - i_L(\infty)] e^{-\frac{t}{\tau}} = 5 - 3 \, e^{-2t} \, (\text{A})$$

(2) 用三要素法求 $u_L(t)$。初始值由图 3-17(b) 可得

$$u_L(0_+) = \frac{\dfrac{U_{S1}}{R_1} + \dfrac{U_{S2}}{R_2} - i_L(0_+)}{\dfrac{1}{R_1} + \dfrac{1}{R_2}} = 6 \text{ V}$$

稳态值
$$u_L(\infty) = 0 \text{ V}$$

所以
$$u_L(t) = 6 e^{-2t} (\text{V})$$

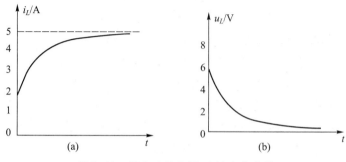

图 3-18　例 3-4 的电压、电流变化曲线

$i_L(t)$、$u_L(t)$的变化曲线如图 3-18(a)、(b)所示。

用 EWB 软件对此题仿真。

定义延时开关 S 的 Time on 为 0.5 s 及结点标号,按图 3-19(a)接好电路。

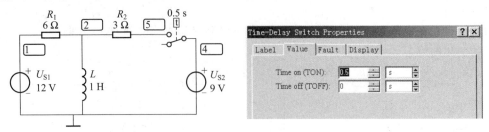

图 3-19(a)

选择 Analysis→Transient 菜单命令,设定分析起始时间 Start time(TSTART)为 0.4 s,分析完成时间 End time(TSTOP)为 4.5 s。同时选择结点 2 为分析结点,单击 Add,如图 3-19(b)所示。

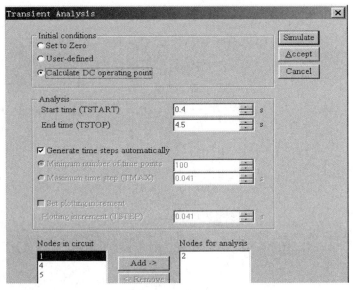

图 3-19(b)

按 Simulate 按钮,得到结点 2(即电感 L)的电压波形,如图 3-19(c)所示。

可知 $u_L(0_+) = 5.957 \text{ V} \approx 6 \text{ V}$(见右表中游标 1 所示的 Y1 点)

$u_L(\infty) \approx 0 \text{ V}$ (见右表中游标 2 所示的 Y2 点)

求开关闭合后电感 L 两端的等效电阻。将电压源 U_{S1} 和 U_{S2} 短路,使用万用表,选择电阻挡[接法如图 3-19(d)所示]。按右上角的仿真按钮，得到电感 L 两端的等效电阻。

等效电阻 $R = 2 \ \Omega$

时间常数 $\tau = \dfrac{L}{R} = \dfrac{1}{2} \ \text{s}$

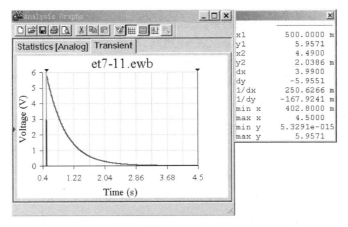

图 3-19（c）

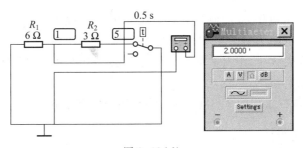

图 3-19（d）

解得

$$u_L(t) = 6\mathrm{e}^{-\frac{t}{0.5}} = 6\mathrm{e}^{-2t}(\mathrm{V})$$

$$i_1(t) = \frac{U_{\mathrm{S1}} - u_L(t)}{R_1} = \frac{12 - 6\mathrm{e}^{-2t}}{6} = 2 - \mathrm{e}^{-2t}(\mathrm{A})$$

$$i_2(t) = \frac{U_{\mathrm{S2}} - u_L(t)}{R_2} = \frac{9 - 6\mathrm{e}^{-2t}}{3} = 3 - 2\mathrm{e}^{-2t}(\mathrm{A})$$

$$i_L(t) = i_1(t) + i_2(t) = 2 - \mathrm{e}^{-2t} + 3 - 2\mathrm{e}^{-2t} = 5 - 3\mathrm{e}^{-2t}(\mathrm{A})$$

3.4　微分电路与积分电路

微分电路和积分电路实质上是 RC 电路在周期性矩形脉冲信号作用下的充放电电路。

3.4.1　微分电路

把 RC 连接成如图 3-20（a）所示电路。输入信号 u_{I} 是占空比为 50% 的脉冲序列,占空比是指 t_{w}/T 的比值,其中 t_{w} 是脉冲持续时间(脉冲宽度),T 是周期。u_{I} 的脉冲幅度为 U,其输入波形如图 3-20（b）所示。

RC 微分电路必须满足两个条件：① $\tau \ll t_{\mathrm{w}}$；② 从电阻两端获取输出电压 u_{o}。

在 $0 \leqslant \tau < t_{\mathrm{w}}$ 时,电路相当于接入电压 U。由 RC 电路的零状态响应,得出其输出电压为

$$u_0 = Ue^{-\frac{t}{\tau}} \qquad 0 \leqslant t < t_W$$

时间常数 $\tau \ll t_W$ 时（一般取 $\tau < 0.2t_W$），在 t_W 期间，电容的充电过程很快完成，输出电压也随着很快衰减到零，因而输出电压 u_0 是一个峰值为 U 的尖脉冲，波形如图 3-20(b) 所示。

在 $T > t \geqslant t_W$ 时，输入信号 u_I 为零，输入端短路，电路相当于电容初始电压值为 U 的零输入响应，输出电压为

$$u_0 = -Ue^{-\frac{t-t_W}{\tau}} \qquad T > t \geqslant t_W$$

时间常数 $\tau \ll t_W$ 时，在 t_W 消失期间，电容的放电过程很快完成，输出 u_0 是一个峰值为 $-U$ 的尖脉冲，波形如图 3-20(b) 所示。

因为 $\tau \ll t_W$，所以 $u_I = u_C + u_0 \approx u_C$，故

$$u_0 = iR = RC\frac{du_C}{dt} \approx RC\frac{du_I}{dt} \tag{3-19}$$

式（3-19）表明，输出电压 u_0 近似与输入电压 u_I 的微分成正比，因此，习惯上称这种电路为微分电路。在电子技术中，常用微分电路将矩形波变换成尖脉冲，作为触发器的触发信号，或用来触发晶闸管（可控硅），其用途非常广泛。

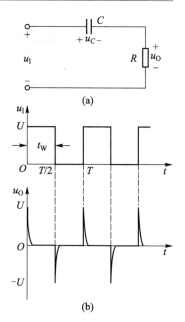

图 3-20　RC 微分电路及输入和输出波形

例 3-5　用 EWB 软件求如图 3-21(a) 所示 RC 微分电路中 R 两端的电压波形。

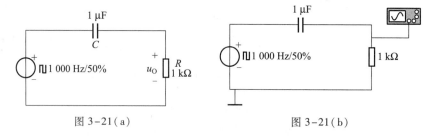

图 3-21(a)　　　　　　　　　　图 3-21(b)

解：方法一：本题可以用示波器显示，按图 3-21(b) 所示接好电路。单击右上角的仿真电源开关 ⊙Ⅰ 按钮，示波器显示的波形如图 3-21(c) 所示。单击 Pause 按钮，使示波器显示的波形静止。

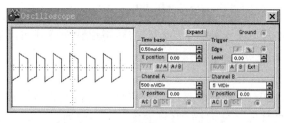

图 3-21(c)

方法二：使用 Analysis→Transient 命令分析，得到 u_0 的波形。设分析起始时间 Start time（TSTART）

为 0 s,分析完成时间 End time(ESTOP)为 0.005 s。同时选择结点 12、14 为分析结点,单击 Add,如图 3-21(d)所示。

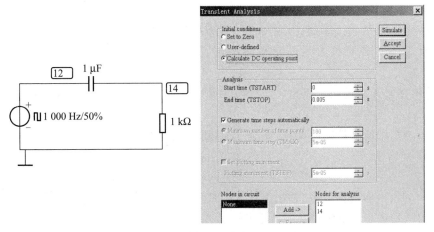

图 3-21(d)

单击 Simulate 按钮,得到结点 12(输入信号)、14(电阻 R)的电压波形如图 3-21(e)所示。 若将原电路的电阻从 1 kΩ 变为 100 Ω,电阻 R 两端的电压输出波如图 3-21(f)所示。

结论:$\tau = RC$ 越小,u_0 越接近 u_1 的微分,波形越尖。

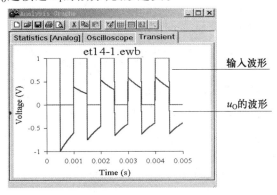

图 3-21(e)

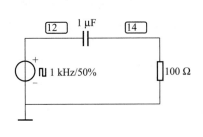

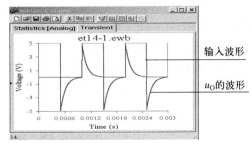

图 3-21(f)

3.4.2　积分电路

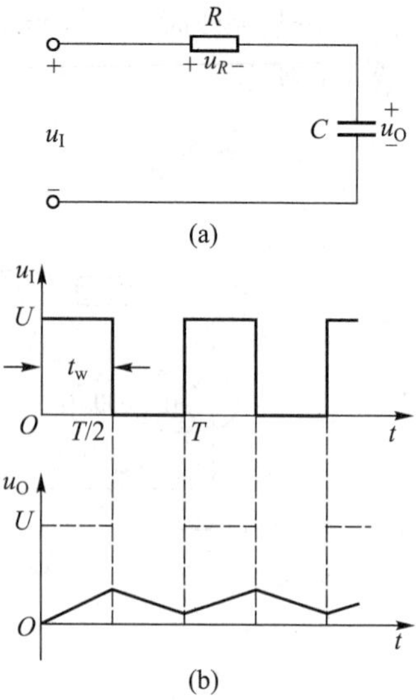

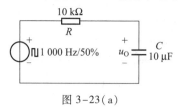

把 RC 连接成如图 3-22(a)所示电路,电路的时间常数 $\tau \gg t_W$。在脉冲序列作用下,电路的输出电压 u_O,在脉冲持续时间内,将是和时间 t 基本上成直线关系的三角波电压,如图 3-22(b)所示。

RC 积分电路必须满足两个条件:① $\tau \gg t_W$;② 从电容两端获取输出电压 u_O。

在 $0 \leqslant t < t_W$ 时,即脉冲持续时间内(脉宽 t_W 时间内),电容两端电压 $u_C = u_O$ 缓慢增长。u_C 还远未增长到稳态值,脉冲已消失($t = t_W = T/2$)。

在 $T > t \geqslant t_W$ 时,电容缓慢放电,输出电压 u_O(即电容电压 u_C)缓慢衰减。u_C 的增长和衰减仍按指数规律变化。由于 $\tau \gg t_W$,其变化曲线尚处于指数曲线的初始阶段,近似为直线段,所以输出 u_O 近似为三角波。

图 3-22　RC 积分电路及输入和输出波形

由于 $\tau \gg t_W$,RC 电路充放电过程非常缓慢,所以有

$$u_O = u_C \ll u_R$$

$$u_I = u_R + u_O \approx u_R = iR$$

$$i = \frac{u_R}{R} \approx \frac{u_I}{R}$$

$$u_O = u_C = \frac{1}{C}\int i\,\mathrm{d}t \approx \frac{1}{RC}\int u_I\,\mathrm{d}t \tag{3-20}$$

上式表明,输出电压 u_O 近似地与输入电压 u_I 对时间的积分成正比,称为 RC 积分电路。

例 3-6　用 EWB 软件求如图 3-23(a)所示 RC 电路中电容 C 两端的电压波形。

图 3-23(a)

解:使用 Analysis→Transient 命令分析,得到 u_O 的波形。设定分析起始时间 Start time(TSTART)为 0 s,分析完成时间 End time(ESTOP)为 0.008 s。同时选择结点 12、13 为分析结点,单击 Add,并设置(Set to zero),如图 3-23(b)所示。

单击 Simulate 按钮,得到结点 12、13 的波形如图 3-23(c)所示。

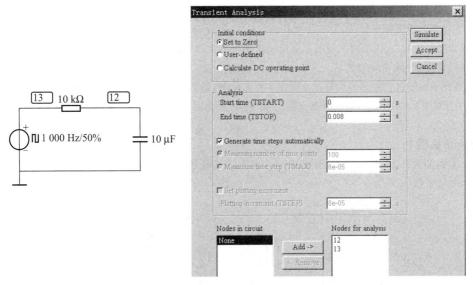

图 3-23(b)

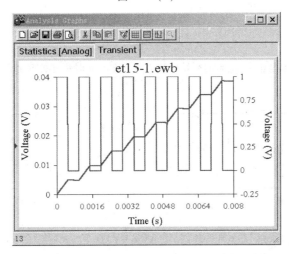

图 3-23(c)

习　　题

【概念题】

3-1　某一线性电感,通以 2 A 的电流,产生 6 Wb 磁链,其电感为多少? 此时储存的磁场能是多少?

3-2　某一线性电容元件的电压 $u = 4.5$ V,电荷 $q = 2 \times 10^{-6}$ C,求其电容为多少? 此时储存的电场能是多少?

3-3　什么叫瞬态过程? 产生瞬态过程的原因和条件是什么?

3-4　什么叫换路定则? 它的理论基础是什么? 它有什么用途? 什么叫初始值? 什么叫稳态值? 在电路中如何确定初始值及稳态值?

3-5　除电容电压 $u_C(0_+)$ 和电感电流 $i_L(0_+)$,电路中其他电压和电流的初始值应在什么电路中确定? 在 0_+ 电路中,电容元件和电感元件有什么特点?

3-6 什么叫一阶电路？分析一阶电路的简便方法是什么？一阶电路的三要素公式中的三要素指什么？

3-7 在电路的瞬态分析时，如果电路没有初始储能，仅由外界激励源的作用产生的响应，称为什么响应？如果无外界激励源作用，仅由电路本身初始储能的作用所产生的响应，称为什么响应？既有初始储能又有外界激励所产生的响应称为什么响应？

3-8 理论上瞬态过程需要多长时间？而在工程实际中，通常认为瞬态过程大约为多长时间？

3-9 在 RC 串联的电路中，欲使瞬态过程进行的速度不变而又要初始电流小些，电容和电阻该怎样选择？

【分析仿真题】

3-10 电路如题 3-10 图(a)、(b)所示，原处于稳态。试确定换路瞬间所示电压和电流的初始值和电路达到稳态时的各稳态值。

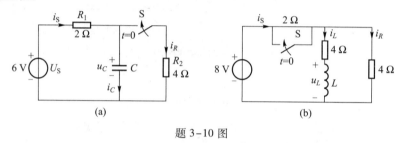

题 3-10 图

3-11 在题 3-11 图所示电路中，电容的初始储能为零。在 $t=0$ 时将开关 S 闭合，试求开关 S 闭合后电容元件两端的电压 $u_C(t)$。

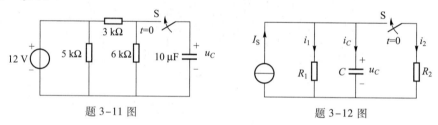

题 3-11 图　　　　　　　　　　题 3-12 图

3-12 在题 3-12 图所示电路中，原处于稳态。已知 $R_1=3\ \text{k}\Omega$，$R_2=6\ \text{k}\Omega$，$I_S=3\ \text{mA}$，$C=5\ \mu\text{F}$，在 $t=0$ 时将开关 S 闭合，试求开关 S 闭合后电容的电压 $u_C(t)$ 及各支路电流。

3-13 题 3-13 图所示电路，原处于稳态。在 $t=0$ 时将开关 S 打开，试求开关 S 打开后电感元件的电流 $i_L(t)$ 及电压 $u_L(t)$，并画出其变化曲线。

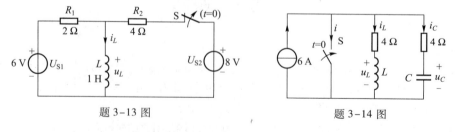

题 3-13 图　　　　　　　　　　题 3-14 图

3-14 在题 3-14 图所示电路中，原处于稳态，在 $t=0$ 时将开关 S 闭合。试求开关 S 闭合后电路图中所示的各电流和电压，并画出其变化曲线(已知 $L=2\ \text{H}$，$C=0.125\ \text{F}$)。

3-15 用 EWB 软件的瞬态分析，仿真题 3-15 图所示 RC 微电路的输出波形。

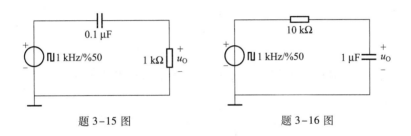

題 3-15 圖　　　　　　　　　　　　題 3-16 圖

3-16 用 EWB 软件的瞬态分析,仿真题 3-16 图所示 *RC* 积分电路的输出波形。

第4章 正弦交流电路

在实际应用中,大多使用的是正弦交流电,即电路中的电流、电压随时间按正弦规律变化。正弦交流电之所以得到广泛应用的原因是:① 正弦电量容易产生和传输;② 正弦交流电的电气设备结构简单、价格便宜、使用维护方便;③ 正弦交流电便于控制和变换。

4.1 正弦交流电的基本概念

随时间按正弦规律变化的电压、电流称为正弦交流电,其瞬时表达式为

$$\left.\begin{array}{l} u = U_{\mathrm{m}}\sin(\omega t+\psi_u) \\ i = I_{\mathrm{m}}\sin(\omega t+\psi_i) \end{array}\right\}$$

其中 $U_{\mathrm{m}}(I_{\mathrm{m}})$、$\omega$、$\psi_u(\psi_i)$ 这三个参数称为正弦量的三要素。

4.1.1 瞬时值、幅值与有效值

交流电在任意瞬间所对应的值称为瞬时值,用小写字母表示,如分别用 u、i 表示交流电压、交流电流的瞬时值。瞬时值中的最大值称为幅值或峰值,用大写字母加下标 m 表示,如分别用 U_{m}、I_{m} 表示交流电压、交流电流的最大值。

在工程应用中,交流电压的高低、交流电流的大小或电器上标称的电压和电流均指的是有效值。交流电流 i 通过电阻 R 在一个周期 T 内产生的热量与直流电流 I 通过同样大小的电阻 R 在相同时间 T 内产生的热量相等时的直流电流 I 的数值,称为周期性变化电流 i 的有效值。其表达式为

$$I^2RT = \int_0^T i^2R\mathrm{d}t$$

则有效值表达式为

$$I = \sqrt{\frac{1}{T}\int_0^T i^2\mathrm{d}t} \tag{4-1}$$

式(4-1)表明,交流电的有效值是瞬时值的方均根值。

当周期电流为正弦量时,即 $i = I_{\mathrm{m}}\sin\omega t$,则

$$I = \sqrt{\frac{1}{T}\int_0^T I_{\mathrm{m}}^2\sin^2\omega t\mathrm{d}t} = \frac{I_{\mathrm{m}}}{\sqrt{2}} \tag{4-2}$$

同理正弦电压或电动势的有效值为

$$U = \frac{U_{\mathrm{m}}}{\sqrt{2}} \quad \text{或} \quad E = \frac{E_{\mathrm{m}}}{\sqrt{2}}$$

即正弦交流量的最大值是有效值的 $\sqrt{2}$ 倍。例如日常生活中的交流电压 220 V 是指有效值,其幅值为 $\sqrt{2} \times 220$ V $= 311$ V。在工程上的电流、电压,若无特别说明,都是指有效值。

4.1.2　周期、频率与角频率

正弦量的第二个要素是角频率,用 ω 表示,单位是弧度/秒(rad/s),反映交流电变化的快慢。正弦交流电变化一周所需的时间称为周期 T(如图4-1所示),单位为秒(s),每秒钟变化的次数称为频率 f,单位为赫兹(Hz);三者的关系为

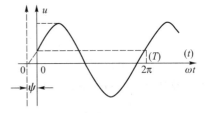

图 4-1　周期与初相位的示意图

$$\omega = \frac{2\pi}{T} = 2\pi f \qquad (4-3)$$

世界各国电力系统的供电频率有 50 Hz 和 60 Hz 两种,这种频率称为工业频率,简称工频。不同技术领域中的频率要求是不一样的,如无线电波的频率范围是 10 kHz ~ 300 GHz,在光通信中频率则更高。

4.1.3　相位、初相位与相位差

正弦量在任一瞬时的角度 $(\omega t + \psi)$ 为它的相位角或相位,它反映了正弦量变化的进程。$t = 0$ 时的相位角 ψ 称为初相位,它是正弦量初始值大小的标志。

初相位的大小与它的计时起点有关,初相位不同,其起始值也就不同。如果将图4-1中的计时起点左移到图中虚线处,则初相 $\psi_u = 0$。规定初相位 $|\psi| \leqslant \pi$。

在分析交流电路时,两个同频率的正弦信号在任意瞬时的相位之差称为相位差。如

$$u = U_m \sin(\omega t + \psi_u)$$
$$i = I_m \sin(\omega t + \psi_i)$$

则它们的相位差为

$$\varphi = (\omega t + \psi_u) - (\omega t + \psi_i) = \psi_u - \psi_i \qquad (4-4)$$

可见,相位差就是其初相位之差,在任何瞬间均为一常数,它描述了正弦量之间随时间变化的先后关系,有三种情况:

(1)$\varphi = \psi_u - \psi_i > 0$(小于180°)　即 $\psi_u > \psi_i$,u 超前,i 滞后,如图4-2(a)所示。反之,若 $\varphi = \psi_u - \psi_i < 0$(大于 -180°),即 $\psi_i > \psi_u$,则为 i 超前,u 滞后。

(2)$\varphi = \psi_u - \psi_i = 0$　即 $\psi_u = \psi_i$,称为同相位,同相位时两个正弦量同时增,同时减,同时到达最大值,同时过零,如图4-2(b)所示。

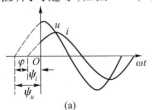

(a)

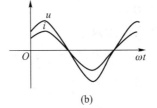

(b)

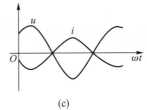

(c)

图 4-2　同频率正弦量的相位差

（3）$\varphi = \psi_u - \psi_i = \pm\pi$　　称为反相位，如图4-2（c）所示。

同样规定相位差的主值 $|\varphi| \le \pi$。交流电路区别于直流电路的一个主要特点就是计算时要考虑电量之间的相位差。

4.2　正弦量的相量计算法

正弦交流电路直接用三角函数计算很不方便。本节讨论的相量计算法是一种简洁、有效地表示及计算正弦量的方法。相量计算法的基础是复数，首先对复数的概念及基本运算做一回顾。

4.2.1　复数的表示形式

设 A 为一复数，用代数形式表示为

$$A = a + jb \tag{4-5}$$

式中 a 是复数的实部，b 是复数的虚部，$j = \sqrt{-1}$ 为虚单位，其在复平面上可用一有向线段表示，如图4-3所示，其中 r 是复数的模，φ 是复数的辐角。

$$r = \sqrt{a^2 + b^2}$$

$$\varphi = \arctan\frac{b}{a}$$

$$a = r\cos\varphi, b = r\sin\varphi$$

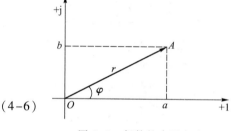

图4-3　复数的表示方法

代数形式又可表示为三角函数形式

$$A = a + jb = r\cos\varphi + jr\sin\varphi \tag{4-6}$$

式（4-5）、式（4-6）又称为直角坐标形式。

由欧拉公式　　　$e^{j\varphi} = \cos\varphi + j\sin\varphi$

得复数的指数形式

$$A = re^{j\varphi} \tag{4-7}$$

在电路与电工中，复数可表示成极坐标形式

$$A = r\,\underline{/\varphi} \tag{4-8}$$

4.2.2　复数的基本运算

复数的加减运算用直角坐标形式进行，例如

$$A = a_1 + jb_1, B = a_2 + jb_2$$

则　　　　　　　$A \pm B = (a_1 \pm a_2) + j(b_1 \pm b_2)$

复数的乘除运算常用极坐标形式进行，例如

$$A = r_1\,\underline{/\varphi_1}, B = r_2\,\underline{/\varphi_2}$$

则　　　　　　　$A \cdot B = r_1 r_2\,\underline{/\varphi_1 + \varphi_2}$

$$\frac{A}{B} = \frac{r_1}{r_2}\,\underline{/\varphi_1 - \varphi_2}$$

运用复数进行交流电路计算时,需要进行直角坐标形式与指数形式或极坐标形式之间的相互转换。

4.2.3 相量和相量图

1. 相量

在同一正弦交流电路中,各正弦量之间的初相位可能不同,但它们的频率是相同的,因此对各正弦量的描述只需考虑有效值和初相位。而复数中包含了正弦量的模和辐角两个要素,因此可对应地表示正弦量。**表示正弦量的复数称为相量**,并用在大写字母上加"·"表示,以区别于一般的复数。

若正弦电流 $i = I_m \sin(\omega t + \psi)$

则相量表示形式为

$$\dot{I}_m = I_m \mathrm{e}^{\mathrm{j}\psi} = I_m \underline{/\psi}$$

或

$$\dot{I} = I \mathrm{e}^{\mathrm{j}\psi} = I \underline{/\psi}$$

其中 $\dot{I}_m$ 为电流的幅值相量,$\dot{I}$ 是电流的有效值相量。

2. 相量图

与复数一样,相量也可用复平面上的有向线段来表示,如图 4-4 所示,**表示相量的几何图形,称为相量图**。相量图形象、直观地反映各个正弦量的大小和相互间的相位关系。

图 4-5 所示中,已知相量 $\dot{A} = 10 \underline{/30°}$,若将相量 $\dot{A}$ 乘以 $(+j)$,即将相量 $\dot{A}$ 逆时针旋转 $90°$ $(j = 1 \underline{/90°})$,得到相量 $\dot{B} = 10 \underline{/120°}$;将相量 $\dot{A}$ 乘以 $(-j)$,即将相量 $\dot{A}$ 顺时针旋转 $90°$ $(-j = 1 \underline{/-90°})$,得到相量 $\dot{C} = 10 \underline{/-60°}$。所以称 $\pm j$ 为正负 $90°$ 旋转因子。

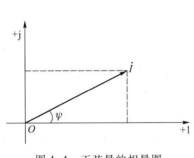

图 4-4 正弦量的相量图

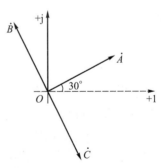

图 4-5 虚数 j 的意义

注意:相量只包含正弦量幅值和初相位,相量只能表示正弦量,不等于正弦量。

例 4-1 图 4-6(a)所示电路中,已知 $u = 12\sqrt{2}\sin 314t$ V,$R = 4$ Ω,$L = 4.8$ mH,$C = 1\,062$ μF。试求总电流 i,并画出相量图。

解:(1)求各支路电流的瞬时表达式。

$$i_R = \frac{u}{R} = \frac{12\sqrt{2}\sin 314t}{R} = 3\sqrt{2}\sin 314t\,(\mathrm{A})$$

$$i_C = C\frac{\mathrm{d}u}{\mathrm{d}t} = 12\sqrt{2} \times 314C\cos 314t = 4\sqrt{2}\sin\left(314t+90°\right)(\text{A})$$

$$i_L = \frac{1}{L}\int u\mathrm{d}t = \frac{12\sqrt{2}}{314L}\sin\left(314t-90°\right) = 8\sqrt{2}\sin\left(314t-90°\right)(\text{A})$$

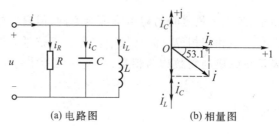

(a) 电路图   (b) 相量图

图 4-6   例 4-1 图

（2）将瞬时值表达式转换为相量式。

$$\dot{U} = U \underline{/0°}\,\text{V}$$

$$\dot{I}_R = 3 \underline{/0°}\,\text{A} = 3\,\text{A} \qquad (\dot{I}_R \text{ 与 } \dot{U} \text{ 同相位})$$

$$\dot{I}_C = 4 \underline{/90°} = \text{j}4\,\text{A} \qquad (\dot{I}_C \text{ 超前 } \dot{U} 90°)$$

$$\dot{I}_L = 8 \underline{/-90°} = -\text{j}8\,\text{A} \qquad (\dot{I}_L \text{ 滞后 } \dot{U} 90°)$$

（3）求总电流。

总电流的相量式为

$$\dot{I} = \dot{I}_R + \dot{I}_C + \dot{I}_L = 3+\text{j}(4-8) = 3-\text{j}4 = 5 \underline{/-53.1°}\,\text{A}$$

总电流瞬时表达式为

$$i = 5\sqrt{2}\sin\left(314t-53.1°\right)\text{A}$$

（4）画相量图，见图 4-6(b)。

注意：交流电路中，基尔霍夫电流定律的正确形式是 $\sum \dot{I} = 0$，$\sum i = 0$，而 $\sum I \neq 0$。

用 EWB 软件对此题仿真。

首先在电路工作窗口画出电路原理图。EWB 软件的元器件库如图 4-7 所示。从电源库中选中交流电压源及接地端，从基本元器件库调用电阻元件、电感元件、电容元件，并双击各元器件，为元器件赋值。从指示器件库及仪器库中调用电压表 [　　　ᵛ　] 和电流表 [　　　ᴬ　] 及波特仪，并将电压表和电流表定为 AC 模式。

电源库 基本元器件库   指示器件库   仪器库

图 4-7   EWB 的元器件库

波特仪图标如图 4-8 所示。

由图 4-8 可见,波特仪有输入和输出两对端子,其中输入端子接电源(参考相位),输出端子接被测的某一点,用于测量该点相对于参考点的相位。**波特仪只能测出电压量的幅频特性和相频特性,若要求测出电流的特性,需串入一个小阻值电阻。**

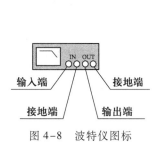

图 4-8　波特仪图标

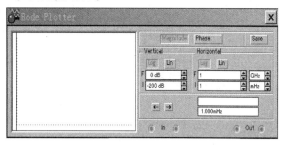

图 4-9　波特仪面板

双击波特仪图标,可显示波特仪的面板,如图 4-9 所示。

面板左侧是波特仪的显示窗口,右侧是它的控制面板。

幅频特性(Magnitude):单击 Magnitude 按钮,在显示窗口中显示幅频特性。

相频特性(Phase):单击 Phase 按钮,可在显示窗口内得到相频特性。

垂直坐标轴(Vertical):有对数(Log)和线性(Lin)两种刻度。其频率测试范围 I 表示初值,F 表示终值。

水平坐标轴(Horizontal):也有对数(Log)和线性(Lin)两种刻度。I 表示其频率测试范围初值,F 表示终值。

当波特仪得到幅频、相频特性曲线时,可以直接拖动游标,也可用面板上的"→"和"←"按钮调整游标的位置。

画出例 4-1 的仿真电路如图 4-10(a)、(b)、(c)、(d)所示。频率测试范围初值 I 设为 45 Hz,终值 F 设为 55 Hz。单击右上角的仿真电源开关 $\boxed{0\ |}$ 按钮,就可得到仿真结果。

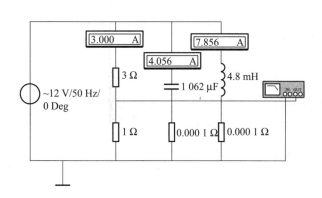

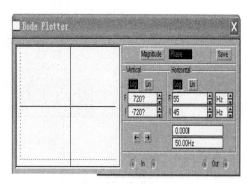

图 4-10(a)　电阻电流相量 $\dot{I}_R$ 的仿真

解得:$\dot{I}_R = 3\ \underline{/0}\ \text{A} = 3\ \text{A}$,$\dot{I}_R$ 与 $\dot{U}$ 同相位。

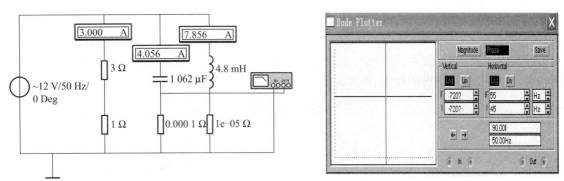

图 4-10(b)　电容电流相量 $\dot{i}_c$ 的仿真

$\dot{i}_c = 4\underline{/90°}$ A, $\dot{i}_c$ 超前 $\dot{U}90°$。

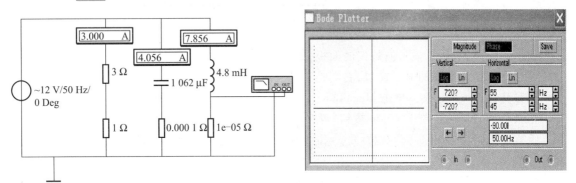

图 4-10(c)　电感电流相量 $\dot{i}_L$ 的仿真

$\dot{i}_L \approx 8\underline{/-90°}$ A, $\dot{i}_L$ 滞后 $\dot{U}90°$。

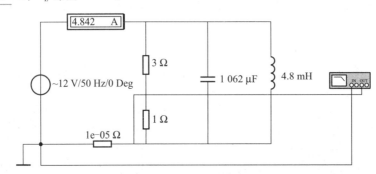

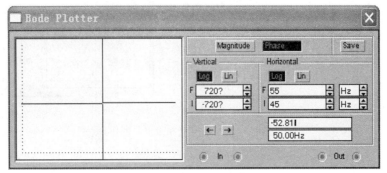

图 4-10(d)　总电流相量 $\dot{i}$ 的仿真

总电流的相量式为

$$\dot{I} = 4.842 \underline{/-52.8°}\ \text{A} \approx 5 \underline{/-53°}\ \text{A}$$

4.3　电阻、电感、电容元件电压与电流的相量形式

4.3.1　线性电阻元件的交流电路

1. 电阻元件中电流与电压的关系

电阻元件的电路如图 4-11 所示,设电路的电压为

$$u = U\sqrt{2}\sin(\omega t + \psi_u)$$

电阻元件的电流和电压遵循欧姆定律:$u = iR$,可得流过电阻元件的电流为

$$i = \frac{u}{R} = \frac{U}{R}\sqrt{2}\sin(\omega t + \psi_u) = I\sqrt{2}\sin(\omega t + \psi_i)$$

可见,电阻元件的电压和电流频率相同,相位相同 $\psi_u = \psi_i$,电压的有效值与电流的有效值满足 $U = IR$。电阻元件的电压和电流的相量关系为

$$\dot{U} = U \underline{/\psi_u} = RI \underline{/\psi_i} = R\dot{I} \tag{4-9}$$

设 $\psi_u = \psi_i = 0$,电阻元件中电压和电流的波形如图 4-12(a) 所示,相量图如图 4-12(b) 所示。

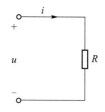

图 4-11　电阻元件的电路　　　图 4-12　电阻元件的电压、电流及功率波形

2. 用 EWB 软件对电阻元件的性质进行仿真

在 EWB 软件电路工作窗口内画出电路如图 4-13(a) 所示,电路采用交流电流源供电,电流源的初相 $\psi_i = 0°$。选择 Analysis→Parameter Sweep 菜单命令,其设置如图 4-13(b) 所示,单击 Accept 按钮。再选择 Set transient options 按钮,弹出对话框如图 4-13(c) 所示,Start time 设置为 0,End time 设置为 0.04s(两个输入信号周期),单击 Accept,设置完毕。单击图 4-13(b) 中的 Simulate 按钮,就可得到交流电路中电阻元件的电压、电流关系仿真图如图 4-13(d) 所示。

结论:交流电流源的初相为 0°,图 4-13(d) 所示电阻元件的电压与输入电流是同频、同相的。

3. 电阻元件的功率

电阻的瞬时功率为 $p = ui = 2UI\sin^2(\omega t + \psi_u)$,令 $\psi_u = \psi_i = 0$。瞬时功率的波形如图 4-12(a) 中虚线所示。可见电阻的瞬时功率总是大于等于 0,表明电阻元件是耗能元件,总是在吸收功率,一个周期内电阻消耗的平均功率为

$$P = \frac{1}{T}\int_0^T p\,dt = \frac{1}{T}\int_0^T 2UI\sin^2\omega t\,dt$$

$$= UI = I^2 R = \frac{U^2}{R} \geqslant 0 \qquad\qquad (4-10)$$

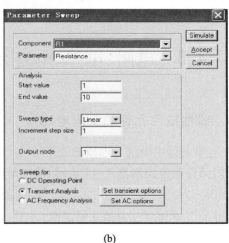

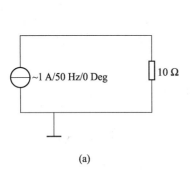

(a)

(b)

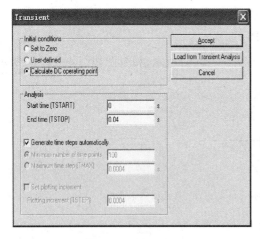

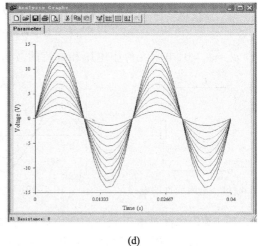

(c)

(d)

图 4-13　电阻元件交流电压、电流关系仿真图

由式(4-10)可知,幅值为 311 V 的交流电,从做功的角度看等效于 220 V 的直流电做的功。电阻消耗的平均功率又称为有功功率。

4.3.2　线性电感元件的交流电路

1. 线性电感元件中电流与电压的关系

线性电感元件的电路如图 4-14 所示,设电感上流过的电流为

$$i = I\sqrt{2}\sin(\omega t + \psi_i)$$

则

$$u = L\frac{\mathrm{d}i}{\mathrm{d}t} = \omega L I\sqrt{2}\cos(\omega t + \psi_i) = U\sqrt{2}\sin(\omega t + \psi_i + 90°) = U\sqrt{2}\sin(\omega t + \psi_u) \qquad (4-11)$$

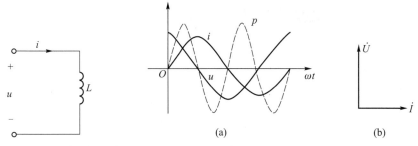

图 4-14　线性电感元件电路　图 4-15　线性电感元件的电压、电流、功率波形及相量图

由式(4-11)可见,线性电感元件的电压和电流频率相同;初相位 $\psi_u = \psi_i + 90°$,即电压超前于电流90°;电压的有效值与电流有效值满足 $U = \omega L I = X_L I$,其中 $X_L = \omega L = 2\pi f L$,称为感抗,单位为欧[姆]($\Omega$),感抗反映了电感对交流电的阻碍作用。

感抗与交流电的频率成正比,频率越高,其数值越大,对交流电的阻碍作用就越大。当 $f \to \infty$ 时,$X_L \to \infty$,电感相当于开路;当 $f = 0$ 时(直流),$X_L = 0$,电感相当于短路。因此电感具有通直隔交、通低频阻高频的作用。

线性电感元件的电压与电流的相量关系为

$$\dot{U} = U \underline{/\psi_u} = X_L I \underline{/\psi_i + 90°} = jX_L \dot{I} \tag{4-12}$$

设 $\psi_i = 0$,线性电感元件中电压和电流的波形如图 4-15(a)中实线所示,相量图如图 4-15(b)所示。

2. 用 EWB 软件对电感元件的性质进行仿真

在 EWB 软件电路工作窗口内画出的电路如图 4-16(a)所示,电路采用交流电流源供电,电流源的初相 $\psi_i = 0°$。选择 Analysis→Parameter Sweep 菜单命令,其设置如图 4-16(b)所示,单击 Accept 按钮。再选择 Set transient options 按钮,弹出对话框如图 4-16(c)所示,Start time 设置为 0,End time 设置为 0.04s,单击 Accept 及图 4-16(b)中的 Simulate 按钮,就可得到交流电路中电感元件电压和电流的关系仿真图如图 4-16(d)所示。

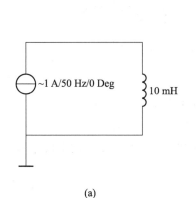

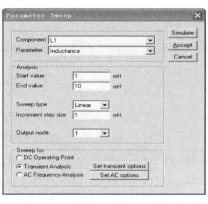

(a)　　　　　　　　　　　　　　(b)

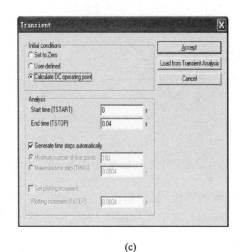 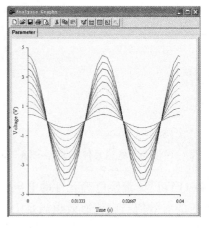

(c)　　　　　　　　　　　　　(d)

图 4-16　电感元件交流电压、电流关系仿真图

结论:已知输入交流电流源的初相位为 0°,从图 4-16(d)可见,电感元件的电压与电流的频率相同,初相位比输入电流超前 90°。

在 EWB 软件电路工作窗口内画出电感的直流仿真电路如图 4-17(a)所示。电感的频率特性的仿真电路如图 4-17(b)、(c)所示。

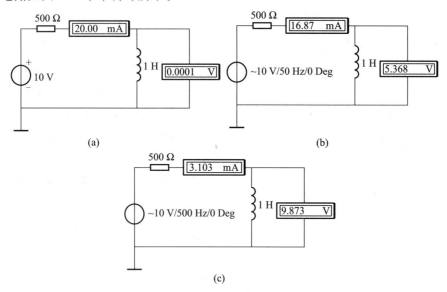

图 4-17　电感元件交流频率特性仿真电路图

由图 4-17(a)中可知:直流电路中,$U_L = 0$,电感相当于短路。

由图 4-17(b)、(c)中可知:频率越高,电流越小,电感对交流电的阻碍作用就越大。

电感具有通直隔交、通低频阻高频的作用。

3. 电感元件的功率

电感元件的瞬时功率为

$$p_L = ui = U\sqrt{2}\sin(\omega t + \psi_i + 90°)I\sqrt{2}\sin(\omega t + \psi_i) = UI\sin2(\omega t + \psi_i) \qquad (4-13)$$

令 $\psi_i = 0°$，图 4-15（a）中虚线所示为电感元件功率变化的曲线，一个周期内与电源进行两次能量交换，期间平均功率 $P = 0$，表明电感并不消耗能量。尽管不消耗能量，但与电源交换能量时，会引起线路损耗和增加电源负担。为了衡量与电源交换能量的规模，引入**无功功率**的概念，定义**瞬时功率**的幅值为电感元件的**无功功率**，即

$$Q_L = UI = I^2 X_L = \frac{U^2}{X_L} \tag{4-14}$$

无功功率的单位用乏（var）或千乏（kvar）表示。

4.3.3　线性电容元件的交流电路

1. 线性电容元件中电流与电压的关系

如图 4-18 所示，设加在线性电容元件 C 上的电压为

$$u = U\sqrt{2}\sin(\omega t + \psi_u)$$

则　　$$i = C\frac{\mathrm{d}u}{\mathrm{d}t} = \omega C U\sqrt{2}\cos(\omega t + \psi_u) = \frac{U}{X_C}\sqrt{2}\sin(\omega t + \psi_u + 90°) = I\sqrt{2}\sin(\omega t + \psi_i) \tag{4-15}$$

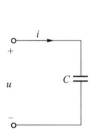
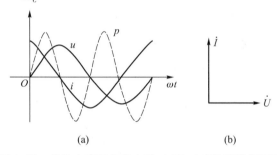

（a）　　　　　　　　　　（b）

图 4-18　线性电容元件电路　　　图 4-19　线性电容元件的电压、电流、功率波形及相量图

由式（4-15）可见：线性电容元件的电压和电流频率相同；初相位 $\psi_i = \psi_u + 90°$，即电流超前于电压 90°；电压的有效值与电流的有效值满足：$I = \omega C U = \dfrac{U}{\dfrac{1}{\omega C}} = \dfrac{U}{X_C}$，其中，$X_C = \dfrac{1}{\omega C} = \dfrac{1}{2\pi f C}$ 称为容抗，单位为欧［姆］（Ω），表示电容对电流的阻碍作用。容抗与频率成反比，频率越高，其数值越小，对电流的阻碍作用就越小。当 $f \to \infty$ 时，$X_C \to 0$，电容相当于短路；当 $f = 0$ 时（直流），$X_C = \infty$，电容相当于开路。由此可见，电容具有通交隔直、通高频阻低频的作用。

线性电容元件的电压与电流的相量关系为

$$\dot{I} = I\underline{/\psi_i} = \frac{U}{X_C}\underline{/\psi_u + 90°} = \mathrm{j}\frac{\dot{U}}{X_C}$$

$$\dot{U} = -\mathrm{j}X_C\dot{I} \tag{4-16}$$

设 $\psi_u = 0$，线性电容元件中电压和电流的波形如图 4-19（a）中实线所示，相量图如图 4-19（b）所示。

2. 用 EWB 软件对电容元件的性质进行仿真

在 EWB 软件电路工作窗口内画出电路如图 4-20（a）所示。选择 Analysis→Parameter Sweep 菜单命令，设置完毕后，单击 Simulate 按钮，就可得到交流电路中线性电容元件电压与电流的关

系仿真图,如图 4-20(b)所示。

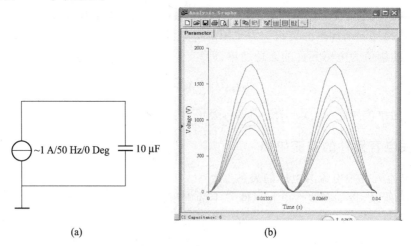

(a)　　　　　　　　　　　　　　　　(b)

图 4-20　线性电容元件交流电压、电流关系仿真图

　　结论:已知输入交流电流源的初相位为 0°,从 4-20(b)可见,电容元件的电压与电流频率相同,初相位比输入电流滞后 90°。

　　在 EWB 软件电路工作窗口内画出电容的直流仿真电路如图 4-21(a)所示。电容频率特性的仿真电路如图 4-21(b)、(c)所示。

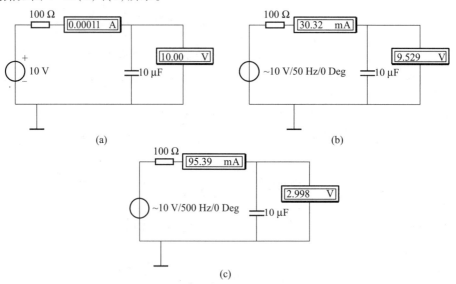

(a)　　　　　　　　　　　　　　　　(b)

(c)

图 4-21　电容元件交流频率特性仿真电路图

　　由图 4-21(a)中可知:直流电路中,$I=0$,电容相当于开路。

　　由图 4-21(b)、(c)中可知:频率越高,电流越大,电容对交流电的阻碍作用就越小。电容具有隔直通交、通高频阻低频的作用。

　　3. 电容元件的功率

　　电容元件的瞬时功率为

$$p_C = ui = U\sqrt{2}\sin(\omega t+\psi_u)\,I\sqrt{2}\sin(\omega t+\psi_i+90°) = UI\sin2(\omega t+\psi_u) \tag{4-17}$$

令 $\psi_u=0°$，图 4-19（a）中虚线所示为电容元件功率变化的曲线，一个周期内与电源进行两次能量交换，期间平均功率 $P=0$，表明电容并不消耗能量。尽管电容不消耗能量，但与电源交换能量时，会引起线路损耗和增加电源负担。电容元件的**无功功率**为

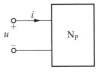

$$Q_C = UI = I^2 X_C = \frac{U^2}{X_C} \tag{4-18}$$

图 4-22　例 4-2 图

无功功率的单位用乏（var）或千乏（kvar）表示。

例 4-2　如图 4-22 所示的无源二端网络，已知 $i=I_m\sin\omega t$ A，电压 u 为如图 4-23 所示的三种情况，试分析与该网络对应的等效元件。

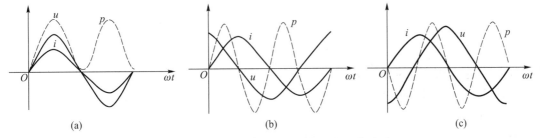

图 4-23　无源二端网络的正弦波形与相位关系

解：由图 4-23（a）可知，u 与 i 同相位，故该网络的等效元件应为电阻 R。

由图 4-23（b）可知，u 超前 i 90°，故该网络的等效元件应为电感 L。

由图 4-23（c）可知，u 滞后 i 90°，故该网络的等效元件应为电容 C。

利用相量法对交流电路进行分析时有两种方法，即相量模型分析法和相量图法，相量模型分析法是普遍适用的方法，而相量图法对一些特殊问题的分析更为方便、快捷、直观。相量法的引入，避免了复杂的正弦量的微分、积分运算和三角函数的加减运算，使得交流电路的分析更简单、更方便。

4.4　正弦交流电路稳态值的分析与计算

下面以 R、L、C 串联电路为例，介绍正弦交流电路稳态值的相量模型分析法和相量图法，并讨论正弦交流电路中的功率关系。

4.4.1　*RLC* 串联电路

1. 相量模型分析法

在简单交流电路中最具代表性的是 *RLC* 串联电路。如图 4-24 所示为 *RLC* 串联电路的相量模型。根据 KVL 定律的相量式以及电阻、电感、电容元件的相量关系式可得

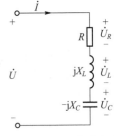

$$\dot{U} = \dot{U}_R + \dot{U}_L + \dot{U}_C$$

图 4-24　*RLC* 串联电路

$$= \dot{I} R + \dot{I}(jX_L) + \dot{I}(-jX_C) \tag{4-19}$$
$$= \dot{I}(R+jX) = \dot{I}Z$$

式中 R 称为 RLC 串联电路的电阻；$X = X_L - X_C$ 称为电抗；$Z = R + j(X_L - X_C)$ 称为复阻抗。则电压与电流欧姆定律的相量形式为

$$Z = \frac{\dot{U}}{\dot{I}} = \frac{U}{I}\underline{/\psi_u - \psi_i} = |Z|\underline{/\varphi} \tag{4-20}$$

式中

$$|Z| = \frac{U}{I} = \sqrt{R^2 + X^2} \tag{4-21}$$

称为阻抗，单位为 Ω。它描述了电压 $\dot{U}$ 与电流 $\dot{I}$ 的大小关系。

$$\varphi = \psi_u - \psi_i = \arctan\frac{X}{R} \tag{4-22}$$

称为阻抗角，它描述了电压 $\dot{U}$ 与电流 $\dot{I}$ 的相位关系。

　　注意，复阻抗不同于正弦量的复数表示，它不是一个相量，只是一个复数计算量。

　　2. 相量图法

　　串联电路，R、L、C 流过同一个电流，因此设电流 $\dot{I} = I\underline{/0°}$ A 为参考相量。当 $X_L > X_C$，画相量图如图 4-25 所示，由于 $U_L > U_C$，整个电路 $\dot{U}$ 超前 $\dot{I}$，相位差 $\varphi > 0$，电路呈现电感性质，称为感性电路；当 $X_L < X_C$ 时，$\varphi < 0$，$\dot{U}$ 滞后 $\dot{I}$，电路呈现电容性质，称为容性电路；而 $X_L = X_C$ 时，$\varphi = 0$，$\dot{U}$ 与 $\dot{I}$ 同相位，电路呈纯阻性，称为谐振电路（下节专门讨论）。由相量图可知

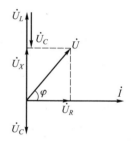

图 4-25　感性电路相量图

$$U = \sqrt{U_R^2 + U_X^2} \tag{4-23}$$

式中 $U_X = U_L - U_C$ 为电抗 X 两端的电压。

　　3. 功率关系

　　（1）有功功率　有功功率也就是电阻元件消耗的平均功率，即

$$P = I^2 R = IU_R = IU\cos\varphi \tag{4-24}$$

　　（2）无功功率　无功功率是指电抗 X 与电源交换能量的规模，即

$$Q = I^2 X = IU_X = IU\sin\varphi \tag{4-25}$$

　　（3）视在功率　对于电源而言，不仅要为电阻 R 提供有功能量，而且还要与无功负荷 L 及 C 之间进行能量互换。为此定义

$$S = \sqrt{P^2 + Q^2} = UI \tag{4-26}$$

称为视在功率，表示电源的容量。为了区别于有功功率和无功功率，视在功率的单位用伏·安（V·A）或千伏·安（kV·A）表示。通常说变压器的容量指的就是它的视在功率。

由图 4-26 及式(4-21)可见, R 与 X 及 $|Z|$ 构成的三角形称为阻抗三角形。将式(4-21)两边乘以 I 便为式(4-23), U_R 与 U_X 及 U 构成的也是一个直角三角形,称为电压三角形。阻抗三角形与电压三角形是相似三角形。再将式(4-23)两边同乘以 I 便是功率三角形(如图 4-26 所示),而

$$\cos\varphi = \frac{P}{S} \qquad (4-27)$$

它反映了电源容量的利用率,称为功率因数, φ 为阻抗角,又称为功率因数角,是电力供电系统中一个非常重要的质量参数。

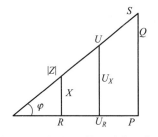

图 4-26　电压、阻抗及功率三角形

例 4-3　一个 RLC 串联电路, $u = 220\sqrt{2}\sin(314t + 30°)$ V, $R = 30\ \Omega$, $L = 254$ mH, $C = 80\ \mu\text{F}$。试计算:(1)感抗、容抗及阻抗;(2) $\dot{I}$、$\dot{U}_R$、$\dot{U}_L$、$\dot{U}_C$ 及 i、u_R、u_L、u_C;(3)作出相量图;(4) P、Q 和 S。

解:(1)感抗　$X_L = \omega L = 314 \times 254 \times 10^{-3}\ \Omega = 80\ \Omega$

容抗　　$X_C = \dfrac{1}{\omega C} = \dfrac{1}{314 \times 80 \times 10^{-6}}\ \Omega = 40\ \Omega$

复阻抗　$Z = R + \text{j}(X_L - X_C) = 50\ \underline{/53.1°}\ \Omega$

(2)　$\dot{I} = \dfrac{\dot{U}}{Z} = \dfrac{220\ \underline{/30°}}{50\ \underline{/53.1°}}$ A $= 4.4\ \underline{/-23.1°}$ A

$\dot{U}_R = \dot{I}R = 132\ \underline{/-23.1°}$ V

$\dot{U}_L = \text{j}\dot{I}X_L = 352\ \underline{/66.9°}$ V

$\dot{U}_C = -\text{j}\dot{I}X_C = 176\ \underline{/-113.1°}$ V

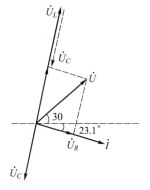

图 4-27　例 4-3 相量图

故　　$i = 4.4\sqrt{2}\sin(314t - 23.1°)$ A

$u_R = 132\sqrt{2}\sin(314t - 23.1°)$ V

$u_L = 352\sqrt{2}\sin(314t + 66.9°)$ V

$u_C = 176\sqrt{2}\sin(314t - 113.1°)$ V

(3)相量图如图 4-27 所示。

(4)　　　　　　　　$P = I^2 R = 580.8$ W

$Q = Q_L - Q_C = IU_L - IU_C = 774.4$ var

$S = UI = 220 \times 4.4$ V·A $= 968$ V·A

由本例可见, $U \neq U_R + U_L + U_C$,在 RLC 串联交流电路中总电压有效值与分电压有效值之间不满足基尔霍夫电压定律。基尔霍夫电压定律的正确形式是: $\sum\dot{U} = 0$、$\sum u = 0$。

用 EWB 软件对此题仿真。

首先在 EWB 软件电路工作窗口画出电路原理图。从电源库中调用电压源及接地端,并双击电压源,选择 Analysis Setup 按钮,对交流电压源进行设置如图 4-28(a)所示(注意:凡是电源的初相位不为 0,都需要设置)。从基本元器件库调用电阻元件、电感元件、电容元件,并双击各元器件,为元器件赋值。指示器件库中调用电压表 ▭V 和电流表 ▭A 及波特仪,

并将电压表、电流表设为 AC 模式,画出仿真电路如图 4-28(b)所示。单击右上角的仿真电源开关 按钮,就可得到仿真结果。

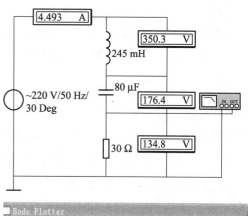

(a) 交流电压源的设置

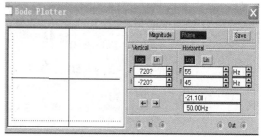

(b) 例 4-3 仿真结果

图 4-28　例 4-3 的 EWB 软件仿真

解得

$$\dot{I} = 4.493 \underline{/-21.1°}\ \text{A}$$

$$\dot{U}_R = 134.8 \underline{/-21.1°}\ \text{V}$$

$$\dot{U}_L = 350.3 \underline{/-21.1°+90°}\ \text{V} = 350.3 \underline{/68.9°}\ \text{V}$$

$$\dot{U}_C = 176.4 \underline{/-21.1°-90°}\ \text{V} = 176.4 \underline{/-111.1°}\ \text{V}$$

4.4.2　正弦交流电路中阻抗的串联与并联

阻抗的串联和并联与电阻的串联和并联的分析方法相同.

1. 阻抗的串联

在如图 4-29 所示电路中,有 n 个阻抗串联,等效阻抗 Z 等于 n 个串联的阻抗之和,即

$$Z = Z_1 + Z_2 + \cdots + Z_n \tag{4-28}$$

2. 阻抗的并联

在如图 4-30 所示电路中,有 n 个阻抗并联,等效阻抗 Z 的倒数等于 n 个并联的阻抗倒数之和,即

$$\frac{1}{Z} = \frac{1}{Z_1} + \frac{1}{Z_2} + \cdots + \frac{1}{Z_n} \tag{4-29}$$

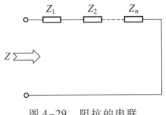

图 4-29 阻抗的串联

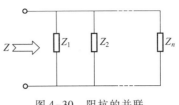

图 4-30 阻抗的并联

在两个阻抗并联的情况下,有如下关系式:

等效阻抗
$$Z = \frac{Z_1 Z_2}{Z_1 + Z_2} \tag{4-30}$$

电流分配关系
$$\dot{I}_1 = \frac{Z_2}{Z_1 + Z_2} \dot{I}, \quad \dot{I}_2 = \frac{Z_1}{Z_1 + Z_2} \dot{I} \tag{4-31}$$

例 4-4 在图 4-31(a)所示的电路中,若 $R_1 = 6\ \Omega, R_2 = 8\ \Omega, X_L = 8\ \Omega, X_C = 6\ \Omega, \dot{U} = 220\ \underline{/0°}\ \text{V}$, 求:(1) $\dot{I}_1$、$\dot{I}_2$、$\dot{I}$;(2) $\dot{U}_{AB}$;(3) P、Q、S 及 $\cos\varphi$;(4)作出相量图。

解:(1) $\dot{I}_1 = \frac{\dot{U}}{R_1 + jX_L} = \frac{220\ \underline{/0°}}{10\ \underline{/53.1°}}\ \text{A} = 22\ \underline{/-53.1°}\ \text{A}$

$\dot{I}_2 = \frac{\dot{U}}{R_2 - jX_C} = \frac{220\ \underline{/0°}}{10\ \underline{/-36.9°}}\ \text{A} = 22\ \underline{/36.9°}\ \text{A}$

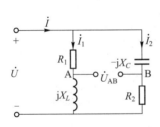

图 4-31 (a) 例 4-4 电路图

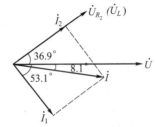

图 4-31 (b) 例 4-4 相量图

$\dot{I} = \dot{I}_1 + \dot{I}_2 = (22\ \underline{/-53.1°} + 22\ \underline{/36.9°})\ \text{A} = 22(1.4 - j0.2)\ \text{A} = 31.11\ \underline{/-8.1°}\ \text{A}$

(2) $\dot{U}_{AB} = \dot{U}_L - \dot{U}_{R_2} = \dot{I}_1 jX_L - \dot{I}_2 R_2$

$= (22\ \underline{/-53.1°} \times 8\ \underline{/90°} - 22\ \underline{/36.9°} \times 8)\ \text{V} = (176\ \underline{/36.9°} - 176\ \underline{/36.9°})\ \text{V} = 0\ \text{V}$

(3) $P = I_1^2 R_1 + I_2^2 R_2 = 6.776\ \text{kW}$ $\qquad Q = I_1^2 X_L - I_2^2 X_C = 0.968\ \text{kvar}$

$S = UI = 6.844\ \text{kV} \cdot \text{A}$ $\qquad \cos\varphi = \frac{P}{S} = 0.99$

(4) 画相量图如图 4-31(b)所示。

用 EWB 软件对此题仿真。

假设电源电压 u 的频率为 50 Hz,初始相位为 0 Deg。将 X_L 换成等效电感 L

$$L = \frac{X_L}{\omega} = \frac{8}{2\pi \times 50} \ \text{H} = 25.5 \ \text{mH}$$

将 X_C 换成等效电容 C

$$C = \frac{1}{\omega X_C} = \frac{1}{2\pi \times 50 \times 6} \ \text{F} = 530 \ \mu\text{F}$$

求 $\dot{I}_1$ 的大小及相位的电路图如图 4-31(c) 所示。将电流表、波特仪按图 4-31(c) 接好,在控制面板上,选择水平初值 I 为 45 Hz,水平终值 F 为 55 Hz。单击 Phase,启动右上角的 按钮,就可得到相频特性。调节游标的水平位置为输入电压的频率 50 Hz,纵轴数值就是要求的相位值。

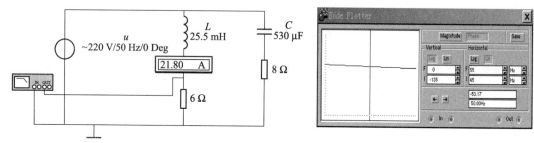

图 4-31(c)

求得

$$\dot{I}_1 = 22 \ \underline{/-53.1°} \ \text{A}$$

求 $\dot{I}_2$ 的大小及相位的电路图如图 4-31(d) 所示。所求结果

$$\dot{I}_2 = 22 \ \underline{/36.9°} \ \text{A}$$

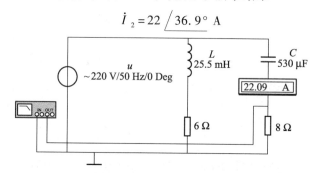

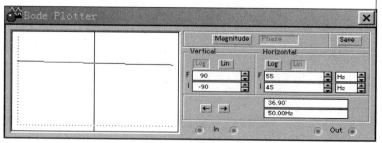

图 4-31(d)

求 $\dot{I}$ 的大小及相位的电路图如图 4-31(e) 所示。在电路中串入一个 0.01Ω 的电阻,将电流表、波特仪按图 4-31(e) 接好。

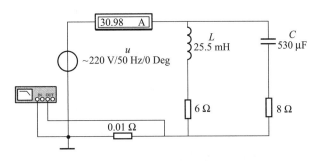

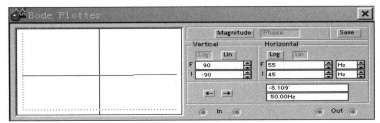

图 4-31(e)

所求结果

$$\dot{I} \approx 30.98 \underline{/-8.1°}\,\mathrm{A}$$

电路的有功功率

$$P = UI\cos(\varphi_u - \varphi_i) = 220 \times 31 \times \cos 8.1° \text{ W} = 6.751 \text{ kW}$$

电路的无功功率

$$Q = UI\sin(\varphi_u - \varphi_i) = 220 \times 31 \times \sin 8.1° \text{ var} = 0.961 \text{ kvar}$$

电路的视在功率

$$S = UI = 220 \times 31 \text{ V} \cdot \text{A} = 6.820 \text{ kV} \cdot \text{A}$$

功率因数

$$\cos\varphi = \cos(\varphi_u - \varphi_i) = \cos 8.1° = 0.99$$

例 4-5　电路如图 4-32(a) 所示。已知 $u_1 = 56\sin 400t$ V, $u_2 = 42\sin(400t + 90°)$ V,求 10 Ω 电阻两端的电压 $\dot{U}$。

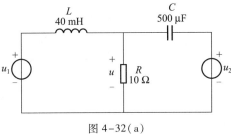

图 4-32(a)

解:用 EWB 软件中交流分析法求解此题。

仿真电路中,电源的大小应为有效值,频率是 $f=\dfrac{400}{2\pi}=63.7$ Hz。按图 4-32(b)接好电路。

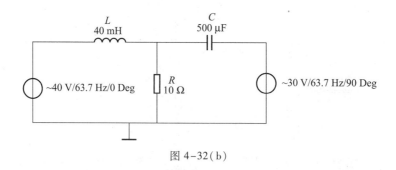

图 4-32(b)

设定分析电源,设定方法是:分别双击电源 u_1 和 u_2。在设置对话框内单击 Analysis Setup,u_1 和 u_2 的设置如图 4-32(c)和 4-32(d)所示。

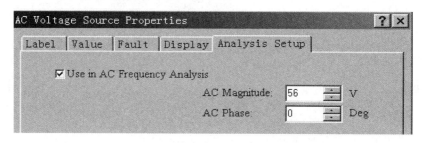

图 4-32(c)　交流电源 u_1 的设置

图 4-32(d)　交流电源 u_2 的设置

显示电路中的各个结点,选择 Analysis→AC Frequency 菜单命令,设定 Start frequency 为 50 Hz,End frequency 为 65 Hz,同时选择结点 9 为分析结点,单击 Add,如图 4-32(e)所示。

单击 Simulate 按钮,就可得到结点 9 的电压幅频特性和相频特性曲线如图 4-32(f)所示。

从图 4-32(f)所示游标的数据窗口可以看出:

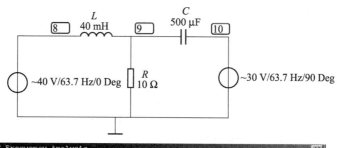

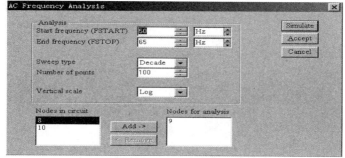

图 4-32(e) 分析功能的设置

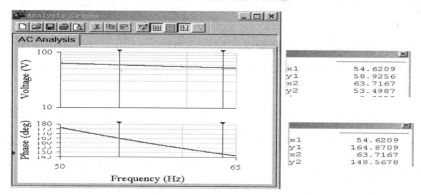

图 4-32(f) 10Ω 电阻两端的电压的幅频特性和相频特性曲线

频率为 63.7 Hz 的电压幅值为 53.5（即 Voltage 的 y2 值）。

频率为 63.7 Hz 的相位为 148.6°（即 Phase 的 y2 值）。

10 Ω 电阻两端的电压

$$\dot{U} = \frac{53.5}{\sqrt{2}} \underline{/148.6°} \text{ V}$$

4.4.3 功率因数的提高

1. 提高功率因数的意义

由 $\cos\varphi = \dfrac{P}{S}$ 可见，提高 $\cos\varphi$ 可以提高电源容量的利用率，使发电设备的容量得以充分利用，减小电源与负载间的无功功率互换规模。由 $P = UI\cos\varphi$ 可知，当负载的有功功率 P 和电压一定时，输电线路中 $I = \dfrac{P}{U\cos\varphi}$，提高功率因数 $\cos\varphi$，可减小线路电流 I，从而减小线损与发电机内耗。

2. 提高功率因数的方法

一般工矿企业的负载大多数为感性负载,感性负载一般采用并联电容的方法提高功率因数,如图 4-33(a)所示,以电压为参考相量画出如图 4-33(b)所示的相量图,其中 φ_1 为原感性负载的阻抗角,φ 为并联电容 C 后线路总电流 $\dot{I}$ 与 $\dot{U}$ 之间的相位差。显然并联电容 C 后,线路电流减小,负载电流与负载的功率因数仍不变,线路的功率因数提高。

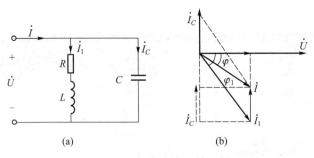

图 4-33 提高功率因数图例

由图 4-33(b)还可以看出,其有功分量(与 $\dot{U}$ 同相的分量)$I_1\cos\varphi_1 = I\cos\varphi$ 不变。无功分量变小,电容 C 补偿了一部分无功分量。有功功率 P 不变,无功功率 Q 减小,显然提高了电源容量的利用率。

注意:提高功率因数是指提高电源或电网的功率因数,而对具体感性负载的功率因数并没改变,即输出同样的有功功率,电源供给的总电流 I 减小,电源可以带更多的负载,输出更多的有功功率。

图 4-33(a)中,若 C 值继续增大,$\dot{I}_C$ 也将增大,$\dot{I}$ 将进一步减小,当 $\dot{I}$ 到达最小值后,再增大 C,$\dot{I}$ 将会再变大,将超前于 $\dot{U}$,成为容性负载。一般将补偿分为三种情况:补偿后仍为感性负载的称为欠补偿,而恰好补偿为阻性负载($\dot{I}$ $\dot{U}$ 同相位)称为全补偿,补偿后变为容性负载的称为过补偿。

根据国家颁布的《供电营业规则》,高压供电用户的功率因数为 0.90 以上,其他电力用户的功率因数为 0.85 以上,农业用电功率因数为 0.80。凡是功率因数不能达到上述规定的新用户,供电企业可拒绝供电。

提高感性负载功率因数的方法是在负载两端并联电容。 并联电容后各电量之间的关系如图 4-33(b)所示。图中无功分量为

$$I_C = I_1\sin\varphi_1 - I\sin\varphi = \frac{P}{U\cos\varphi_1}\sin\varphi_1 - \frac{P}{U\cos\varphi}\sin\varphi$$

$$= \frac{P}{U}(\tan\varphi_1 - \tan\varphi) = \omega CU$$

故
$$C = \frac{P}{\omega U^2}(\tan\varphi_1 - \tan\varphi) \tag{4-32}$$

式(4-32)为将功率因数从 $\cos\varphi_1$ 提高到 $\cos\varphi$ 所需并入电容器的电容量。

例 4-6 一个电压为 $u = 220\sqrt{2}\sin314t$ V,额定容量为 $S_N = 10$ kV·A 的正弦交流电源,向有功功率为 $P = 8$ kW,功率因数为 0.6 的感性负载供电。试问:(1)该供电电源可否满足负载的供

电要求?(2)将电路的功率因数提高到 0.95,应并联多大电容?(3)并联电容后,该电源可否向负载供电?

解:(1)由 $S_N = U_N I_N$ 得到:

电源的额定电流为

$$I_N = \frac{S_N}{U_N} = \frac{10 \times 10^3}{220} A = 45.5 \ A$$

由 $P = UI\cos\varphi$ 得到:

负载需要的电流

$$I = \frac{P}{U\cos\varphi} = \frac{8 \times 10^3}{220 \times 0.6} A = 60.6 \ A$$

负载需要的电流超过电源的额定电流,电源处于过载状态,不能满足负载的供电要求。

(2)$\cos\varphi_1 = 0.6$,即 $\varphi_1 = 53.13°$;$\cos\varphi = 0.95$,即 $\varphi = 18.19°$,则

$$C = \frac{P}{U^2 \omega}(\tan 53.13° - \tan 18.19°) = \frac{8 \times 1000}{220^2 \times 314}(\tan 53.13° - \tan 18.19°) F = 526 \ \mu F$$

将电路的功率因数提高到 0.95,应并联电容 526 μF。

(3)并电容后,负载需要的电流为

$$I' = \frac{P}{U\cos\varphi} = \frac{8000}{220 \times 0.95} A = 38.3 \ A$$

小于电源的额定电流 45.5 A,电源不再过载工作,可以向该负载供电。

用 EWB 仿真。

求解例 4-6 感性负载的等效电路,即感性负载等效为电阻和电感的串联。

$$I = \frac{P}{U\cos\varphi} = \frac{8 \times 10^3}{220 \times 0.6} A = 60.6 \ A \quad |Z| = \frac{220}{60.6} \Omega = 3.6 \ \Omega$$

$$R = |Z|\cos\varphi = 3.6 \times 0.6 \ \Omega = 2.16 \ \Omega \quad L = \frac{|Z|\sin\varphi}{\omega} = \frac{3.6 \times 0.8}{314} H = 9.17 \ mH$$

并电容前流过负载的电流的仿真电路如图 4-34(a)所示。

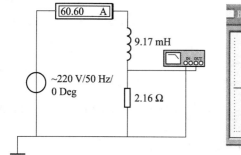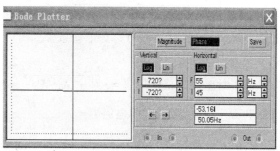

图 4-34(a)

功率因数角 $\varphi_1 = 53.13°$,电流 $I = 60.6$ A,负载需要的电流超过电源的额定电流。

并电容后的仿真电路如图 4-34(b)所示。

功率因数角 $\varphi = 18.83°$,电流 $I = 38$ A,负载需要的电流小于电源的额定电流。

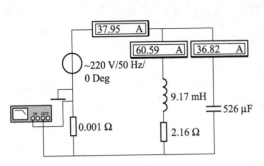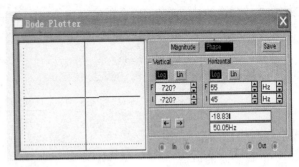

图 4-34(b)

4.5　串联谐振与并联谐振

含有电感和电容的交流电路,当调节元件的参数或电源频率,使电路的电压与电流同相位,无功功率完全补偿,电路的 $\cos\varphi = 1$ 的状态,称电路为谐振状态。按发生谐振的电路不同,可分为串联谐振和并联谐振。下面分别讨论这两种电路的谐振条件及谐振特性。

4.5.1　串联谐振

如图 4-35 所示的 RLC 串联电路,若 $X_L = X_C$,则总阻抗 $Z = R$,$\dot{U}$ 与 $\dot{I}$ 同相位,$\cos\varphi = 1$,则电路发生谐振,称为串联谐振。

由 $X_L = X_C$ 得

$$2\pi f_0 L = \frac{1}{2\pi f_0 C}$$

可得电路的谐振频率为

$$f_0 = \frac{1}{2\pi\sqrt{LC}} \tag{4-33}$$

电路出现谐振,将式(4-33)称为谐振条件。

图 4-35　RLC 串联电路

1. 串联谐振的特点

(1)谐振时电路的阻抗 $|Z_0| = \sqrt{R^2 + (X_L - X_C)^2} = R$ 为最小值,呈纯电阻性。

(2)电压一定时,谐振时的电流 $I_0 = \dfrac{U}{\sqrt{R^2 + (X_L - X_C)^2}} = \dfrac{U}{R}$ 为最大值,且与电源电压同相,其随频率变化的关系如图 4-36 所示(X_L、X_C、$|Z|$ 关于频率的关系也在其中)。

(3)谐振时电感与电容上的电压大小相等、相位相反,即 $\dot{U}_L = -\dot{U}_C$,且谐振时若 $X_L = X_C \gg R$,则电压 $U_L = U_C \gg U$,将使电路出现过压现象,所以串联谐振又称为电压谐振。串联谐振时电路的相量图如 4-37 所示。

通常把谐振时 U_L 或 U_C 与 U 之比,称为串联谐振电路的品质因数,也称为 Q 值。

$$Q = \frac{U_L}{U} = \frac{U_C}{U} = \frac{\omega_0 L}{R} = \frac{1}{\omega_0 RC}$$

　　电力工程中一般应尽量避免发生串联谐振,以防止高电压和大电流对设备和人身安全造成危害。但在电子技术工程应用中,常利用串联谐振来获得一个与电源频率相同,幅值高于电源电压 Q 倍的电压。

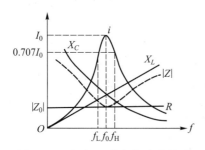 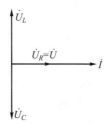

　　　　图 4-36　电流、阻抗与频率的关系　　　　图 4-37　串联谐振时的相量图

　　2. 串联谐振的应用

　　电压一定时,电路中的电阻 R 越小,Q 值越大,谐振时的电流 $I_0 = \dfrac{U}{R}$ 就越大,所得到的 $I \sim f$ 曲线就越尖锐,如图 4-36 所示。在电子技术中,常用这种特性来选择信号或抑制干扰。显然,曲线越尖锐其选频特性就越强,但不是越尖锐越好。

　　通常也用通频带宽度来反映谐振曲线的尖锐程度或者选择性优劣,与 $0.707 I_0$ 对应的两频率 f_H、f_L 之间的宽度 Δf 定义为通频带宽度,即

$$\Delta f = f_H - f_L = \frac{f_0}{Q} \tag{4-34}$$

　　可见 Q 值的大小与选频特性的优劣有着直接的联系,Q 值越大,通频带 Δf 越窄,选频性越强。

　　串联谐振电路用于频率选择的典型例子便是收音机的调谐电路(选台),如图 4-38 所示。其作用是将由天线接收到的无线电信号,经磁棒感应到 $L_2 C$ 的串联电路中,调节可变电容 C 的值,便可选出 $f = f_0$ 的电台信号,它在 C 两端的电压最高,然后经放大电路放大处理,扬声器就播出该电台的节目,这就是收音机的调谐过程。

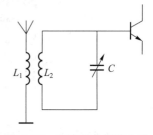

图 4-38　收音机的调谐电路

　　例 4-7　将一线圈与电容器串联,线圈的 $L = 4$ mH,$R = 50$ Ω,电容 $C = 160$ pF,接在 $U = 25$ V 的电源上。求:(1)电路的谐振频率;(2)谐振电流 I_0 与电容电压 U_C;(3)当输入频率增加 10% 时的电流 I 与电容电压 U_C。

　　解:(1)电路的谐振频率为

$$f_0 = \frac{1}{2\pi\sqrt{LC}} = \frac{1}{2 \times 3.14 \times \sqrt{4 \times 10^{-3} \times 160 \times 10^{-12}}} \ \text{Hz} = 199 \ \text{kHz}$$

　　(2)谐振电流 I_0 与电容电压 U_C 为

$$I_0 = \frac{U}{R} = \frac{25}{50} \ \text{A} = 0.5 \ \text{A}$$

$$X_C = X_L = 2\pi f_0 L = 5000 \ \Omega$$
$$U_C = I_0 X_C = 0.5 \times 5000 \ \text{V} = 2500 \ \text{V}$$

（3）当输入频率增加 10% 时有

$$X_L = 5500 \ \Omega \qquad X_C = 4500 \ \Omega$$

$$|Z| = \sqrt{R^2 + (X_L - X_C)^2} = \sqrt{50^2 + (5500-4500)^2} \ \Omega \approx 1000 \ \Omega$$

电流 I 与电容电压 U_C 为

$$I = \frac{U}{|Z|} = \frac{25}{1000} \ \text{A} = 0.025 \ \text{A}$$

$$U_C = I X_C = 0.025 \times 4500 \ \text{V} = 112.5 \ \text{V}$$

可见，偏离谐振频率 10%，电流 I 与电容电压 U_C 大大减小。

用 EWB 软件对此题仿真。

（1）求电路的谐振频率。

设定输入电压为 25 V/50 Hz/0 Deg，按图 4-39（a）接好电路，并设定好结点。

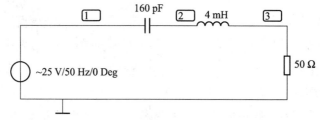

图 4-39（a）

电源的 Analysis Setup 设置如图 4-39（b）所示。

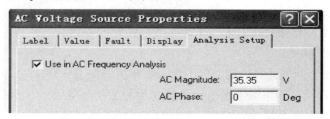

图 4-39（b）

选择 Analysis→AC Frequency 菜单命令，设定 Start frequency 为 100 kHz，End frequency 为 300 kHz，同时选择结点 3 为分析结点，单击 Add，如图 4-39（c）所示。

图 4-39（c）

单击 Simulate 按钮,就可得到结点 3 的幅频特性曲线如图 4-39(d)所示。

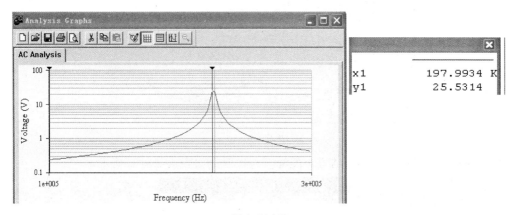

图 4-39(d)

因为电路发生谐振时,电阻两端的电压与电源电压的有效值相同,约为 25 V。从游标的 Voltage 数据窗口可以看出,25.53 V 对应的谐振频率大约为 198 kHz。

(2) 求解谐振电流 I_0 与电容电压 U_C。

按图 4-39(e)接好电路,将图 4-39(a)中的 50 Ω 电阻用 49 Ω 和 1 Ω 电阻代替(因为用 Analysis→AC Frequency 菜单命令只能分析结点相对参考结点的电压特性,1 Ω 电阻的电压与电流是相同的),并设定好结点。

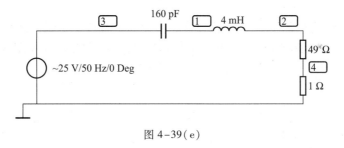

图 4-39(e)

电源的 Analysis Setup 设置如图 4-39(f)所示。

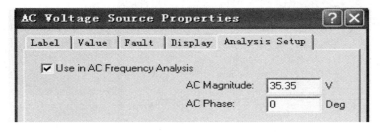

图 4-39(f)

选择 Analysis→AC Frequency 菜单命令,设定 Start frequency 为 100 kHz,End frequency 为 300 kHz,同时选择结点 4 为分析结点,单击 Add,如图 4-39(g)所示。

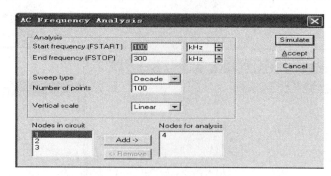

图 4-39(g)

单击 Simulate 按钮,就可得到结点 4 的幅频特性曲线如图 4-39(h)所示。

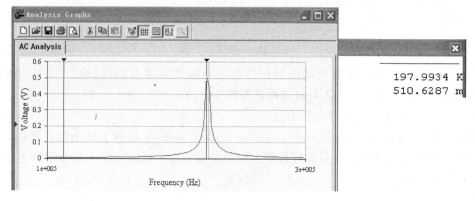

图 4-39(h)

结果:当频率为 198 kHz 时,1 Ω 电阻两端的电压为 0.5 mV,即谐振电流 $I_0 = 0.5$ mA。

按图 4-39(i)接好电路,选择结点 3 为分析结点,得到电容电压 U_C 如图 4-39(j)所示。

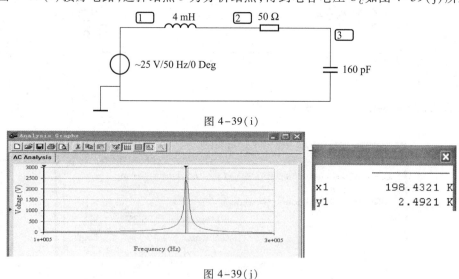

图 4-39(i)

图 4-39(j)

结果:当频率为 198 kHz 时,电容电压 $U_C = 2492$ V ≈ 2500 V。

(3) 当输入频率偏离 10% 时,如图 4-39(k)所示。

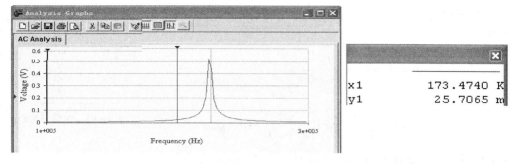

图 4-39(k)

$$I = 25 \text{ mA}, U_C = IX_C = 0.025 \times 4500 \text{ V} = 112.5 \text{ V}$$

例 4-8　某收音机选频电路的电阻为 10 Ω，电感为 0.26 mH，当电容调至 238 pF 时，与某电台的广播信号发生串联谐振。(1) 求谐振频率;(2) 求该电路的品质因数;(3) 若信号输入为 10 μV，求电路中的电流及电容的端电压;(4) 某电台的频率是 960 kHz，若它也在该选频电路中感应出 10 μV 的电压，电容两端该频率的电压是多少?

解:(1) 谐振频率

$$f_0 = \frac{1}{2\pi\sqrt{LC}} = \frac{1}{2\pi\sqrt{0.26 \times 10^{-3} \times 238 \times 10^{-12}}} \text{ Hz} = 640 \text{ kHz}$$

即与中波段 $f = 640$ kHz 的电台信号发生谐振。

(2) 品质因数

$$Q = \frac{X_L}{R} = \frac{2\pi f_0 L}{R} = \frac{2\pi \times 640 \times 10^3 \times 0.26 \times 10^{-3}}{10} = 105$$

(3) 当信号电压为 10 μV 时，电流为

$$I = I_0 = \frac{U}{R} = \frac{10 \text{ μV}}{10 \text{ Ω}} = 1 \text{ μA}$$

电容两端电压为

$$U_C = U_L = QU = 105 \times 10 \text{ μV} = 1.05 \text{ mV}$$

(4) 电台频率为 960 kHz 时，电路对该频率的阻抗为

$$|Z| = \sqrt{R^2 + X^2} = \sqrt{R^2 + \left(2\pi fL - \frac{1}{2\pi fC}\right)^2} = \sqrt{10^2 + 870^2} \text{ Ω} \approx 870 \text{ Ω}$$

当信号的感应电压为 10 μV 时，与该频率对应的电流为

$$I' = \frac{10 \times 10^{-6}}{870} \text{A} = 0.0115 \text{ μA}$$

电容上与该频率对应的电压为

$$U_C' = X_C I' = 8.01 \text{ μV}$$

可见，电容两端 640 kHz 信号与 960 kHz 信号相对应的电压比为 131.1 倍。也就是说，$f = 960$ kHz 的电台受到了抑制(同理也抑制了其他电台)，只选择了频率为 640 kHz 的电台。

4.5.2　并联谐振

LC 并联情况下发生的谐振称为并联谐振。实用的并联谐振电路如图 4-40 所示。

1. 谐振条件

由 KCL

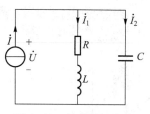

图 4-40 并联谐振电路

$$\dot{I} = \dot{I}_1 + \dot{I}_2 = \frac{\dot{U}}{R+\mathrm{j}\omega L} + \frac{\dot{U}}{-\mathrm{j}\dfrac{1}{\omega C}}$$

$$= \dot{U}\left[\frac{R}{R^2+\omega^2 L^2} - \mathrm{j}\left(\frac{\omega L}{R^2+\omega^2 L^2} - \omega C\right)\right]$$

谐振时，$\dot{I}$ 与 $\dot{U}$ 同相位，电路为纯电阻性，上式中虚部

$$\frac{\omega L}{R^2+\omega^2 L^2} - \omega C = 0 \qquad (4-35)$$

由此式可得谐振频率为

$$\omega_0 = \sqrt{\frac{1}{LC} - \frac{R^2}{L^2}} \quad 或 \quad f_0 = \frac{1}{2\pi}\sqrt{\frac{1}{LC} - \frac{R^2}{L^2}} \qquad (4-36)$$

在电子技术中，R 一般只是电感线圈的内阻，$R \ll \omega_0 L$，式中 $\dfrac{R^2}{L^2}$ 项可以忽略，故

$$\omega_0 \approx \frac{1}{\sqrt{LC}} \quad 或 \quad f_0 \approx \frac{1}{2\pi\sqrt{LC}} \qquad (4-37)$$

这就是并联谐振电路的谐振频率（或谐振条件）。

2. 并联谐振的特点

（1）谐振时的电路阻抗 $|Z_0| = \dfrac{R^2+\omega^2 L^2}{R}$ 是最大值。

由式（4-36）推得

$$R^2 + \omega_0^2 L^2 = \frac{L}{C}$$

可得

$$|Z_0| = \frac{L}{RC} \qquad (4-38)$$

其随频率变化的关系如图 4-41 所示。

（2）理想电流源供电时，谐振电路的端电压 $U = I|Z_0|$ 也是最大值，其随频率变化的关系也如图 4-41 所示。

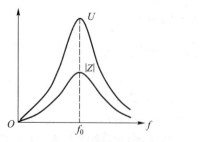
图 4-41 并联谐振的频率特性

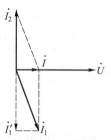
图 4-42 并联谐振时的相量图

（3）并联谐振时电路的相量关系如图 4-42 所示。可见，$\dot{I}_1$ 的无功分量 $\dot{I}_1' = -\dot{I}_2$，当 $R \ll \omega_0 L$ 时，可近似认为 $\dot{I}_1 \approx -\dot{I}_2 \gg \dot{I}$，电路中的谐振量是电流，故又称电流谐振。

这种谐振电路在电子技术中也常作选频使用。电子音响设施中的中频变压器(中周)便是其典型的应用例子。正弦信号发生器,也是利用此电路来选择频率的。

可以推证,此电路的品质因数为($R \ll \omega_0 L$ 时)

$$Q = \frac{I_2}{I} = \frac{I_1'}{I} \approx \frac{I_1}{I} \approx \frac{\omega_0 L}{R} \approx \frac{1}{\omega_0 RC} \tag{4-39}$$

同样,R 值越小,Q 值越大,其选频特性就越强。

4.6　三相交流电路

电力系统中提供的交流电源大多都是三相交流电源。由三相交流电源供电的电路称为三相交流电路,三相交流电路是目前电力系统中普遍采用的一种电路形式。

三相交流电源是由三个频率相同、幅值相同、相位差各为 120° 的电源按一定的连接方式组合而成的供电系统。与单相电路相比较,三相交流电路在发电、输电和用电方面有很多优点。在相同尺寸的情况下,三相发电机的容量比单相发电机的容量要大。传输电能时,三相电路比单相电路可节省 25% 的有色金属。目前世界各国电力系统几乎都是三相制。

4.6.1　三相交流电源

1. 三相交流电的产生

三相交流电是由三相交流发电机产生的,图 4-43 所示为一台三相交流发电机的示意图。其中 U_1-U_2、V_1-V_2、W_1-W_2 为三个完全相同、彼此空间相差 120° 的绕组。如图 4-44 所示,每相电枢绕组对称分布在定子凹槽内。当转子(磁极)由原动机(汽轮机、涡轮机等)带动,以角速度 ω 匀速旋转时,就会产生三个幅值相等、频率相同、相位上相差 120° 的三相交变感应电动势(三相对称电动势),规定其参考方向为末端指向始端。若以 e_1 为参考量,则

$$\left. \begin{aligned} e_1 &= E_m \sin \omega t \\ e_2 &= E_m \sin(\omega t - 120°) \\ e_3 &= E_m \sin(\omega t + 120°) \end{aligned} \right\} \tag{4-40}$$

其波形如图 4-45 所示。不难证明

$$e_1 + e_2 + e_3 = 0 \tag{4-41}$$

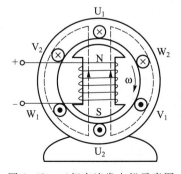

图 4-43　三相交流发电机示意图

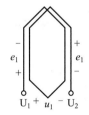

图 4-44　每相电枢绕组

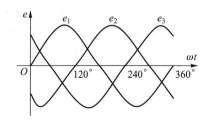

图 4-45　三相对称电源的波形

这样的三相电源称为三相对称电源。

三相电源达到同一值(零值或幅值)的先后顺序,称为三相电源的相序。在图 4-43 中,转子磁极按顺时针旋转,三相感应电动势依次滞后 120°,其相序为 U→V→W,称为顺序;若转子磁极逆时针旋转,则其相序为 U→W→V,称为逆序。工程上通用的相序为顺序。将三相感应电动势以有效值相量表示为

$$\left.\begin{aligned}
\dot{E}_1 &= E \underline{/0°} = E \\
\dot{E}_2 &= E \underline{/-120°} = E\left(-\frac{1}{2} - j\frac{\sqrt{3}}{2}\right) \\
\dot{E}_3 &= E \underline{/+120°} = E\left(-\frac{1}{2} + j\frac{\sqrt{3}}{2}\right)
\end{aligned}\right\} \qquad (4-42)$$

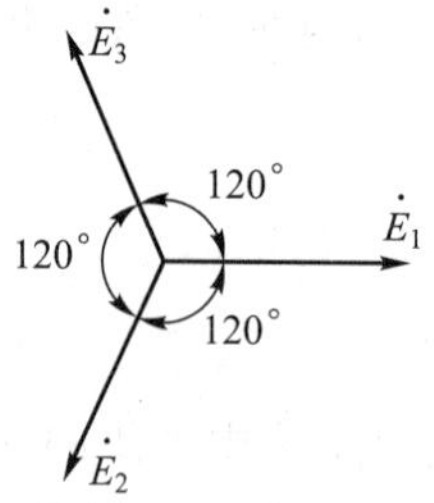

更易看出

$$\dot{E}_1 + \dot{E}_2 + \dot{E}_3 = 0 \qquad (4-43)$$

其相量图如 4-46 图所示。

图 4-46   三相对称电动势相量图

2. 三相电源的连接

三相交流电源的连接方式有两种:星形(Y)和三角形(△)。星形联结,即三个末端 U_2、V_2、W_2 连在一起,称为中性点或零点。由中性点引出的导线称为中性线,俗称零线,用 N 表示;三个始端 U_1、V_1、W_1 作为与外电路相连接的端点,由端点引出的导线称为相线或端线,俗称火线,如图 4-47 所示。这种具有中性线的三相供电系统称为三相四线制,若不引出中性线则称为三相三线制。

在三相电路中,相线与中线之间的电压 $\dot{U}_1$、$\dot{U}_2$、$\dot{U}_3$,称为相电压,有效值用 U_P 表示;任意两条相线间电压 $\dot{U}_{12}$、$\dot{U}_{23}$、$\dot{U}_{31}$,称为线电压,有效值用 U_L 表示。相电压的参考方向从相线指向中线;线电压的参考方向,例如 $\dot{U}_{12}$,则由 L_1 端指向 L_2 端,如图 4-47 中所示,由图可得

$$\left.\begin{aligned}
\dot{U}_{12} &= \dot{U}_1 - \dot{U}_2 \\
\dot{U}_{23} &= \dot{U}_2 - \dot{U}_3 \\
\dot{U}_{31} &= \dot{U}_3 - \dot{U}_1
\end{aligned}\right\} \qquad (4-44)$$

由于三相电动势是对称的,所以三相相电压也是对称的,作相量如图 4-48 所示。可见其线电压也是对称的,在相位上超前相应的相电压 30°。

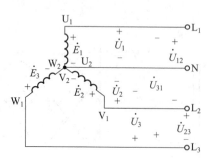

图 4-47   三相电源的星形联结

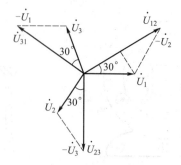

图 4-48   相、线电压间关系

由图 4-48 的几何关系可得

$$U_L = \sqrt{3}\, U_P \tag{4-45}$$

我国低压供电系统的标准规定:线电压为 380 V,相电压为 220 V,用 380/220 V 标示;一般生活用电为 220 V,动力用电为 380 V。

用 EWB 软件仿真:

三个电压的接法如图 4-49(a)所示。其中 L_1、L_2、L_3 为相线,N 为中性线。

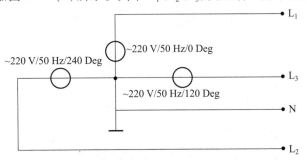

图 4-49(a)　三相交流电源的 Y 联结

Y 联结中,线电压 U_L(即相线与相线间的电压)是相电压(即相线与中性线之间的电压)U_P 的 $\sqrt{3}$ 倍,如图 4-49(b)所示。

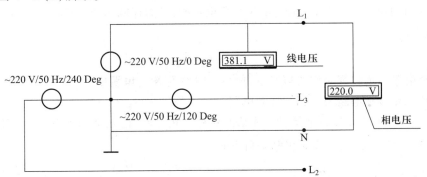

图 4-49(b)　三相交流电源线电压与相电压之间的关系

4.6.2　负载的星形联结

三相负载的连接方式也有两种,即星形联结和三角形联结。负载星形联结的三相四线制电路如图 4-50 所示,三相负载分别为 Z_1、Z_2、Z_3,由于中性线的存在,负载的相电压即为电源的相电压,负载中通过的电流(相电流)等于相线中电流(线电流)。

下面分别讨论负载对称与不对称两种情况。

1. 负载对称时的 Y 联结

所谓对称负载,是指三相阻抗完全相同,亦即

$$Z_1 = Z_2 = Z_3 = |Z|\underline{/\varphi}$$

一般的三相电气设备(如三相电动机),大都是对称负载。

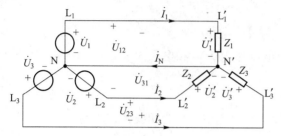

图 4-50 三相四线制电路

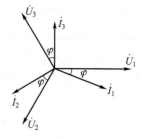

图 4-51 负载对称时的相量图

设 $\dot{U}_1$ 为参考相量,则

$$
\left.
\begin{aligned}
\dot{I}_1 &= \frac{\dot{U}_1}{Z_1} = \frac{U_P \angle 0°}{|Z| \angle \varphi} = \frac{U_P}{|Z|} \angle -\varphi = I_P \angle -\varphi \\
\dot{I}_2 &= \frac{\dot{U}_2}{Z_2} = \frac{U_P \angle -120°}{|Z| \angle \varphi} = \frac{U_P}{|Z|} \angle -120°-\varphi = I_P \angle -120°-\varphi \\
\dot{I}_3 &= \frac{\dot{U}_3}{Z_3} = \frac{U_P \angle 120°}{|Z| \angle \varphi} = \frac{U_P}{|Z|} \angle 120°-\varphi = I_P \angle 120°-\varphi
\end{aligned}
\right\}
\tag{4-46}
$$

设 $\varphi>0$,相量图如图 4-51 所示。因三个相电流也对称,只需计算其中一相即可。

中性线电流

$$
\dot{I}_N = \dot{I}_1 + \dot{I}_2 + \dot{I}_3 = 0
$$

显然,在电源和负载都对称的情况下,负载的中性点 N′ 与电源中性点 N 等电位,中性线完全可以省去,故三相对称电路为三相三线制电路。

例 4-9 有一电源和负载都是星形联结的对称三相电路,已知电源相电压为 220 V,负载每相阻抗 $Z = 22 \angle 0° \ \Omega$,试求负载的相电流和线电流。

解:设 $\dot{U}_1$ 电压初相位为零,则

$$
\dot{U}_1 = 220 \angle 0° \text{V}
$$

因三相电路为对称且星形联结,电源的相电压即为负载的相电压,负载的相电流与线电流相等,且只需计算一相即可,所以

$$
\dot{I}_{P1} = \dot{I}_{L1} = \frac{\dot{U}_1}{Z} = \frac{220 \angle 0°}{22 \angle 0°} = 10 \angle 0° \text{ A}
$$

其他两相电流为

$$
\dot{I}_{P2} = \dot{I}_{L2} = 10 \angle -120° \text{ A}
$$

$$
\dot{I}_{P3} = \dot{I}_{L3} = 10 \angle 120° \text{ A}
$$

各相线电流的有效值为 10 A。

用 EWB 软件对此题仿真。

当三相负载对称时,负载的相电流与中性线电流如图 4-52 所示。

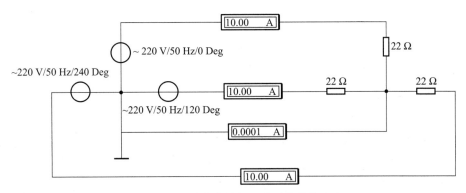

图 4-52　对称负载的相电流及中性线电流

结果:$I_U = I_V = I_W = 10$ A,$I_N = 0$。

结论:对称负载的相电流相等,中性线电流为 0。

2. 负载不对称时的 Y 联结

三相负载不完全相同时,称为不对称负载。在三相四线制电路中,由于有中性线,则负载的相电压总是等于电源的相电压,可分别计算各相电流。此时负载的相电压对称,但相电流不对称,中性线电流等于三个相电流的相量和,即

$$\dot{I}_N = \dot{I}_1 + \dot{I}_2 + \dot{I}_3 \neq 0$$

由于中性线有电流,故不能取消,负载不对称时,必须有中性线。

下面通过例题进一步说明中性线的作用。

例 4-10　在图 4-53 的电路中,$U_L = 380$ V,三相电源对称,负载为电灯,电阻分别为 $R_1 = 11$ Ω,$R_2 = R_3 = 22$ Ω(电灯的额定电压为 220 V)。(1)求负载的相电流与中性线电流;(2)若 L_1 相短路,求负载的相电压;(3)L_1 相短路而中性线又断开时(图 4-54),求负载的相电压。

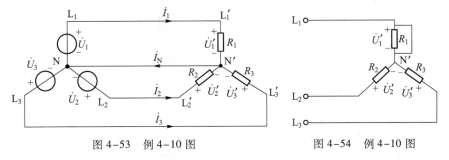

图 4-53　例 4-10 图　　　　　　　　　图 4-54　例 4-10 图

解:(1)因有中性线,迫使负载相电压对称且等于电源相电压

$$U_P = \frac{U_L}{\sqrt{3}} = 220 \text{ V}$$

以 $\dot{U}_1$ 为参考,则

$$\dot{I}_1 = \frac{\dot{U}_1}{R_1} = 20 \underline{/0°} \text{ A}$$

$$\dot{I}_2 = \frac{\dot{U}_2}{R_2} = 10 \underline{/-120°} \text{ A}$$

$$\dot{I}_3 = \frac{\dot{U}_3}{R_3} = 10 \big/ 120° \text{ A}$$

中性线电流 $\dot{I} = \dot{I}_1 + \dot{I}_2 + \dot{I}_3 = 10 \big/ 0° \text{ A}$

画相量图如图 4-55 所示。

（2）L_1 相短路，由于熔断器的作用，L_1 相的对应负载与电源断开，电压为零，而 L_2 相和 L_3 相未受影响，其电压仍为 220 V。

（3）L_1 相短路而中性线又断开时，由图 4-53 电路可见，此时负载中性点 N' 即为 L_1，因此各相负载电压为

$$U'_1 = 0, U'_2 = U'_3 = 380 \text{ V}$$

这种情况下，R_2、R_3 上的电压都远远超过了电灯的额定电压，过不了多久，电灯会烧毁。为了保证负载的相电压对称，中性线不能断开。

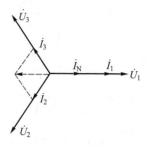

图 4-55　例 4-10 相量图

用 EWB 软件对此题仿真。

（1）三相负载为 $R_1 = 11 \ \Omega, R_2 = R_3 = 22 \ \Omega$，负载的相电流与中性线电流如图 4-56（a）所示。

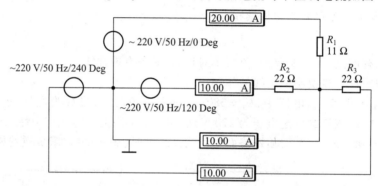

图 4-56（a）　测量不对称负载有中性线的负载相电流及中性线电流

结果：$I_U = 20 \text{ A}, I_V = I_W = 10 \text{ A}, I_N = 10 \text{ A}$。

结论：不对称负载的相电流不相等，中性线电流不为 0。

负载的相电压如图 4-56（b）所示。

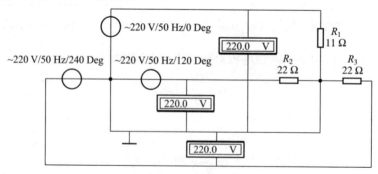

图 4-56（b）　测量不对称负载有中性线的负载相电压

结果：$U_U = U_V = U_W = 220 \text{ V}$。

结论：只要有中性线，各相电压都相等。

（2）L_1 相短路后，各相电压如图 4-56（c）所示。

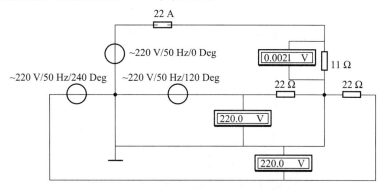

图 4-56（c）　测量有中性线，L_1 相短路时，各相电压

结论：L_1 相对应的负载与电源断开，电压为零，而 L_2 相和 L_3 相未受影响，其电压仍为 220 V。

（3）中性线断开、L_1 相短路时的相电压，如图 4-56（d）所示。

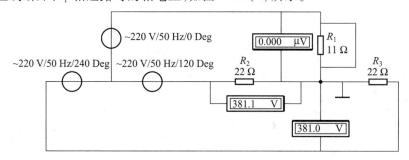

图 4-56（d）　测量无中性线，且 L_1 相短路的相电压

结果：$U_U = 0$ V，$U_V = U_W = 380$ V。

例 4-11　图 4-57 所示，由一只电容器和两只电灯连接成星形的电路是一种相序指示器，用来测定电源的相序 U、V、W。如果电容器所接的是 U 相，则灯光较亮的是 V 相。已知 $\dot{U}_1 = 220\ \underline{/0°}$ V，电源对称，设 $\dfrac{1}{\omega C} = R$，试求中性点电压 $\dot{U}_{N'N}$ 及各负载的电压 $\dot{U}_1'$、$\dot{U}_2'$、$\dot{U}_3'$，并画出相量图。

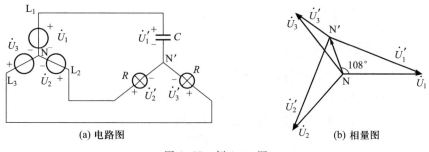

(a) 电路图　　　　　　　　　　　(b) 相量图

图 4-57　例 4-11 图

解：以电源的中性点 N 为参考点，利用结点电压法求负载中性点电压 $\dot{U}_{N'N}$。

$$\dot{U}_{N'N} = \frac{\dfrac{\dot{U}_1}{-jX_C} + \dfrac{\dot{U}_2}{R} + \dfrac{\dot{U}_3}{R}}{\dfrac{1}{-jX_C} + \dfrac{1}{R} + \dfrac{1}{R}} = \frac{\dfrac{220\ \underline{/90°}}{R} + \dfrac{220\ \underline{/-120°}}{R} + \dfrac{220\ \underline{/120°}}{R}}{\dfrac{j}{R} + \dfrac{1}{R} + \dfrac{1}{R}}$$

$$= (-43 + j132)\ V = 139\ \underline{/108°}\ V$$

由 KVL 可知,各相负载的相电压为

$$\dot{U}'_1 = \dot{U}_1 - \dot{U}_{N'N} = 294\ \underline{/-26.7°}\ V$$

$$\dot{U}'_2 = \dot{U}_2 - \dot{U}_{N'N} = 329\ \underline{/-101°}\ V$$

$$\dot{U}'_3 = \dot{U}_3 - \dot{U}_{N'N} = 89\ \underline{/139°}\ V$$

由于 $U'_2 > U'_3$,故上述电路中 L_1、L_2、L_3 对应的相序为 U、V、W。相量图如 4–57(b)所示。
用 EWB 软件对此题仿真。

选择 $R = 10\ k\Omega$,$C = \dfrac{1}{\omega R} = \dfrac{1}{314 \times 10 \times 10^3}F \approx 318\ nF$。仿真电路如图 4–58 所示。

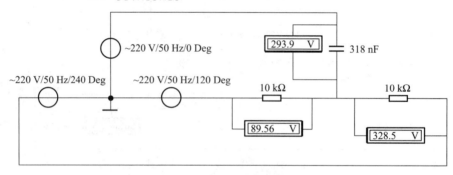

图 4–58   例 4–11 仿真电路

可得:$U_1 = 293.9\ V$,$U_2 = 328.5\ V$,$U_3 = 89.56V$,与计算结果相同。

由上面几个例题可见,负载不对称又无中性线时,中性点电压 $\dot{U}_{N'N}$ 就不等于零,即负载的中性点由 N 移动到 N' 点,发生了中性点位移现象,使得负载的相电压不对称,尤其当某一相负载发生开路或短路故障时,负载电压的不平衡情况越严重,以至造成严重的事故。为保证三相负载的相电压对称,中性线必须存在,中性线的作用是使星形联结的不对称负载的相电压对称。主干中性线上不允许安装熔断器和开关。

4.6.3   负载的三角形联结

如果将三相负载首尾相接,再将三个连接点与三相电源相线 L_1、L_2、L_3 相接,则构成负载的三角形联结,如图 4–59 所示。电压与电流的参考方向如图中所标,由图 4–59 可见,三相负载的电压即为电源的线电压,且无论负载对称与否,电压总是对称的,或者说

$$U_P = U_L \tag{4-47}$$

而三个负载中的电流 $\dot{I}_{12}$、$\dot{I}_{23}$、$\dot{I}_{31}$(相电流)与三条相线中的电流 $\dot{I}_1$、$\dot{I}_2$、$\dot{I}_3$(线电流)间关系,据 KCL 有

$$\left.\begin{array}{l} \dot{I}_1 = \dot{I}_{12} - \dot{I}_{31} \\ \dot{I}_2 = \dot{I}_{23} - \dot{I}_{12} \\ \dot{I}_3 = \dot{I}_{31} - \dot{I}_{23} \end{array}\right\} \qquad (4\text{-}48)$$

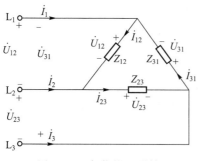
图 4-59　负载的 △ 联结

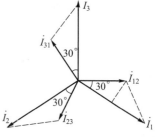
图 4-60　相、线电流间关系

1. 负载对称时的 △ 联结

三相负载对称时，$Z_1 = Z_2 = Z_3 = |Z| \underline{/\varphi}$，则三个相电流

$$I_P = I_{12} = I_{23} = I_{31} = \frac{U_P}{|Z|} = \frac{U_L}{|Z|} \qquad (4\text{-}49)$$

也是对称的，即相位互差120°。若以 $\dot{I}_{12}$ 为参考相量，则其相量图如图 4-60 所示。由式（4-48），画出三个线电流如图 4-60 所示，可见其也是对称的，且线电流比相应的相电流滞后30°，有

$$I_L = \sqrt{3} I_P \qquad (4\text{-}50)$$

2. 负载不对称时的 △ 联结

负载不对称时，尽管三个相电压对称，但三个相电流因阻抗不同而不再对称，式（4-50）的关系不再成立，只能逐相计算，并依式（4-48）计算各线电流。

由上述可知，当负载为三角形联结时，相电压对称。若某一相负载断开，并不影响其他两相的工作。

例4-12　在如图 4-61（a）所示的三相对称电路中，电源线电压为 380 V。负载 $Z_Y = 22 \underline{/-30°}\ \Omega$，负载 $Z_\triangle = 38 \underline{/60°}\ \Omega$。求：（1）Y 联结的负载相电压；（2）△ 联结的负载相电流；（3）线路电流 $\dot{I}_1$、$\dot{I}_2$、$\dot{I}_3$。

解：（1）$U_1 = U_2 = U_3 = \dfrac{U_L}{\sqrt{3}} = 220$ V

（2）$I_{12} = I_{23} = I_{31} = \dfrac{U_L}{|Z_\triangle|} = 10$ A

（3）设 $\dot{U}_1 = 220 \underline{/0°}$ V，则 $\dot{U}_{12} = 380 \underline{/30°}$ V（由于对称，只取一相即可）。

Y 联结时相电流（线电流）为

$$\dot{I}_{1Y} = \frac{\dot{U}_1}{Z_Y} = \frac{220 \underline{/0°}}{22 \underline{/-30°}}\ \text{A} = 10 \underline{/30°}\ \text{A}$$

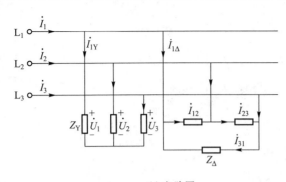
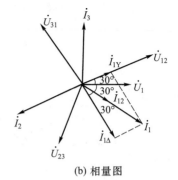

(a) 电路图   (b) 相量图

图 4-61   例 4-12 图

Δ 联结时相电流为

$$\dot{I}_{12} = \frac{\dot{U}_{12}}{Z_{\Delta}} = \frac{380 \underline{/30°}}{38 \underline{/60°}} \text{A} = 10 \underline{/-30°} \text{A}$$

则 Δ 联结时线电流为 $\dot{I}_{1\Delta} = 10\sqrt{3} \underline{/-60°} \text{A}$

故线路电流为 $\dot{I}_1 = \dot{I}_{1Y} + \dot{I}_{1\Delta} = (10 \underline{/30°} + 10\sqrt{3} \underline{/-60°}) \text{A} = 20 \underline{/-30°} \text{A}$

根据对称性 $\dot{I}_2 = 20 \underline{/-150°} \text{A}$ $\dot{I}_3 = 20 \underline{/90°} \text{A}$

画相量图如图 4-61(b) 所示。

用 EWB 软件对此题仿真。

假设电源的频率为 50Hz, Z_Y 可等效为一个电阻 $R = 22\cos(-30°) = 19\Omega$ 和一个电容 $C = \dfrac{1}{2\pi \times 50 \times 22\sin 30°} \approx 290\mu\text{F}$; Z_{Δ} 等效为一个电阻 $R = 38\cos(60°) = 19\Omega$ 和一个电感 $L = \dfrac{38\sin 60°}{2\pi \times 50} \approx 105\text{mH}$。

(1) 测量 Y 联结负载的相电压   因为是对称负载,所以只测其中一相,如图 4-62(a) 所示。

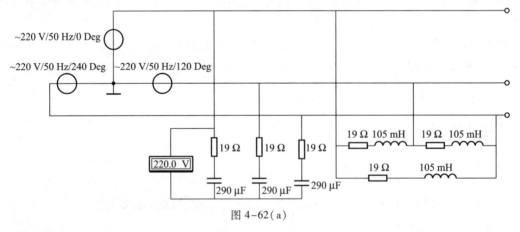

图 4-62(a)

结果: $U_1 = U_2 = U_3 = 220\text{V}$。

(2) 测量 Δ 联结的相电流   因为是对称负载,所以只测一相,如图 4-62(b) 所示。

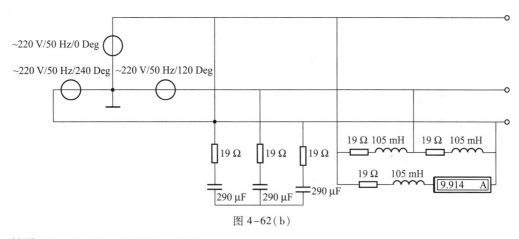

图 4-62(b)

结果: $I_{12} = I_{23} = I_{31} = 9.914\text{A} \approx 10\text{A}$。

(3)测量线路电流 $\dot{I}_1$、$\dot{I}_2$、$\dot{I}_3$。

方法一: 设相电压为 $\dot{U}_P = 220 \underline{/0°}$ V,线电压 $\dot{U}_{12} = 380 \underline{/30°}$ V,在电路中接一个 0.01Ω 的电阻,按图 4-62(c)接好电路。

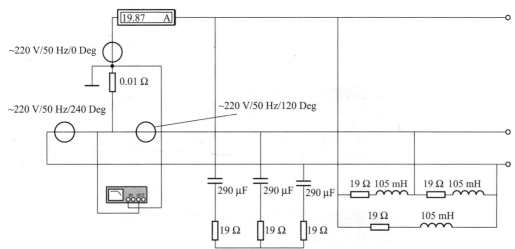

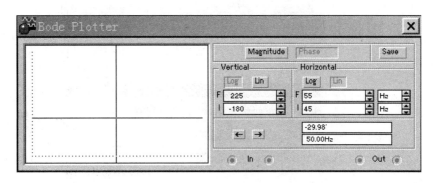

图 4-62(c)

在波特仪的控制面板上,选择水平初值 I 为 45Hz,水平终值 F 为 55Hz。单击 Phase 按钮,单击右上角的 ▢ 按钮,就可得到 $\dot{i}_1$ 的相频特性。调节游标的水平位置为输入电压的频率50Hz,纵轴数值就是要求的相位值。

结果:$\dot{i}_1 \approx 20\,\underline{/-30°}\,$ A。

因为电路是对称电路,所以 $\dot{i}_2 \approx 20\,\underline{/90°}\,$ A,$\dot{i}_3 \approx 20\,\underline{/210°}\,$ A $= 20\,\underline{/-150°}\,$ A。

方法二: 可以选择 Analysis→AC Frequency 菜单命令,首先设置结点,再设定电源的 Analysis Setup,如图 4-62(d)所示。

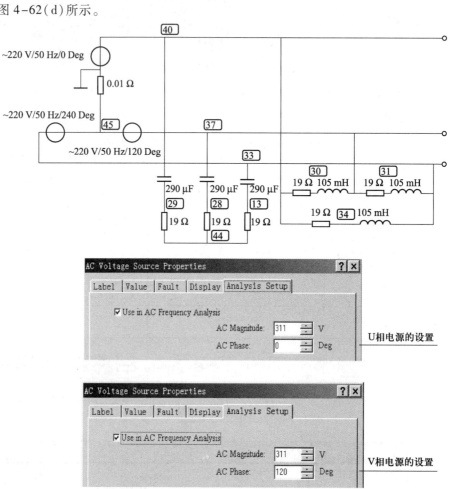

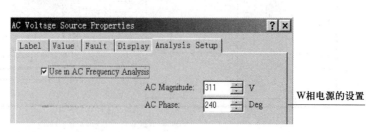

图 4-62(d)

选择 Analysis 中的 AC Frequency 菜单命令,在弹出的控制面板中设置 Start frequency 为 45Hz,End frequency 为 55Hz,选定结点为图 4-62(d)中结点 45 为分析结点,如图 4-62(e)所示。

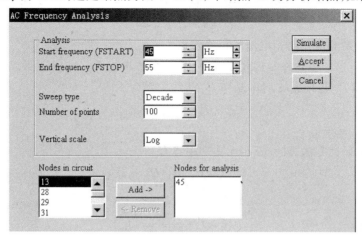

图 4-62(e)

单击 Simulate,得到结点 45 电压的相频特性和幅频特性,如图 4-62(f)所示。

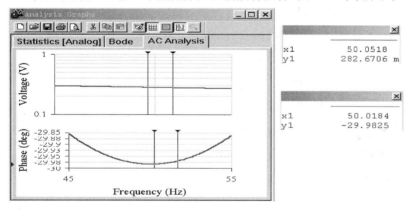

图 4-62(f)

结果:$\dot{I}_1 = \dfrac{0.283}{\sqrt{2} \times 0.01} \underline{/-30°}$ A $= 20 \underline{/-30°}$ A,所以 $\dot{I}_2 \approx 20 \underline{/90°}$ A,$\dot{I}_3 \approx 20 \underline{/210°}$ A $= 20 \underline{/-150°}$ A,与方法一结果相同。

4.6.4 三相电路的功率

1. 有功功率

单相电路的有功功率 $P = UI\cos\varphi = U_{\mathrm{P}}I_{\mathrm{P}}\cos\varphi$,三相电路,无疑是三个单相的组合,故三相电路的有功功率为各相有功功率之和,即

$$P = P_1 + P_2 + P_3 = U_{1P}I_{1P}\cos\varphi_1 + U_{2P}I_{2P}\cos\varphi_2 + U_{3P}I_{3P}\cos\varphi_3 \quad (4\text{-}51)$$

当三相负载对称时 $\qquad\qquad P = 3P_1 = 3U_{\mathrm{P}}I_{\mathrm{P}}\cos\varphi \qquad\qquad\qquad (4\text{-}52)$

式中 φ 是每相负载 U_{P} 与 I_{P} 间的相位差,亦即负载的阻抗角。

　　一般为方便起见,常用线电压 U_L 和线电流 I_L 计算三相对称负载的功率。当负载星形联结时, $U_L=\sqrt{3}U_P$, $I_L=I_P$;当负载三角形联结时, $U_L=U_P$, $I_L=\sqrt{3}I_P$ 。将上述关系代入式(4-52)可得

$$P=\sqrt{3}U_LI_L\cos\varphi \qquad\qquad (4-53)$$

式中 φ 仍为每相负载相电压与相电流的相位差角。

　　但需注意的是,这样表达并非负载接成 Y 或 Δ 时功率相等。可以证明, U_L 一定时,同一负载接成 Y 时的功率 P_Y 与接成 Δ 时的功率 P_Δ 间的关系为

$$P_\Delta=3P_Y \qquad\qquad (4-54)$$

　　2. 无功功率与视在功率

　　与有功功率的研究方法类同,三相无功功率也有

负载不对称时 $\qquad\qquad\qquad Q=Q_1+Q_2+Q_3 \qquad\qquad (4-55)$

负载对称时 $\qquad\qquad\qquad Q=\sqrt{3}U_LI_L\sin\varphi \qquad\qquad (4-56)$

三相视在功率 $\qquad\qquad S=\sqrt{P^2+Q^2}\xrightarrow{(对称)}\sqrt{3}U_LI_L \qquad\qquad (4-57)$

　　例 4-13　某三相对称负载 $Z=6+j8\Omega$,接于线电压 $U_L=380V$ 的三相对称电源上。试求:(1)负载星形联结时的有功功率、无功功率、视在功率;(2)负载三角形联结时的有功功率、无功功率、视在功率,并比较结果。

　　解: $\qquad\qquad\qquad Z=(6+j8)\Omega=10\underline{/53.13°}\,\Omega$

　　(1)负载星形联结时

$$U_P=\frac{U_L}{\sqrt{3}}=\frac{380}{\sqrt{3}}\text{ V}=220\text{ V}\qquad I_L=I_P=\frac{U_P}{|Z|}=\frac{220}{10}\text{ A}=22\text{ A}$$

三相有功功率为 $\quad P=\sqrt{3}U_LI_L\cos\varphi=\sqrt{3}\times380\times22\cos53.13°\text{W}=8.688\text{ kW}$

三相无功功率为 $Q=\sqrt{3}U_LI_L\sin\varphi=\sqrt{3}\times380\times22\sin53.13°\text{var}=11.58\text{ kvar}$

三相视在功率为 $S=\sqrt{3}U_LI_L=\sqrt{3}\times380\times22\text{ V}\cdot\text{A}=14.48\text{ kV}\cdot\text{A}$

　　(2)负载三角形联结时

$$U_L=U_P=380V\qquad I_P=\frac{U_P}{|Z|}=\frac{380}{10}\text{ A}=38\text{ A}\qquad I_L=\sqrt{3}I_P=65.82A$$

三相有功功率为 $P=\sqrt{3}U_LI_L\cos\varphi=\sqrt{3}\times380\times65.82\cos53.13°\text{W}=26\text{ kW}$

三相无功功率为 $Q=\sqrt{3}U_LI_L\sin\varphi=\sqrt{3}\times380\times65.82\sin53.13°\text{var}=34.66\text{kvar}$

三相视在功率为 $S=\sqrt{3}U_LI_L=\sqrt{3}\times380\times65.82\text{ V}\cdot\text{A}=43.32\text{ kV}\cdot\text{A}$

　　用 EWB 软件对此题仿真。

　　假设电源的频率为 $50Hz$, Z 可等效为一个电阻 $R=6\Omega$ 和一个电感 $L=\dfrac{8}{2\pi\times50}\text{H}\approx25.4\text{ mH}$ 。

　　(1)负载星形联结时,按图 4-63(a)接好电路,测试结果如图 4-63(a)所示。

　　结论:

相电压 $\qquad\qquad\qquad\qquad \dot{U}=220\underline{/0°}\text{ V}$

相电流=线电流 $\qquad\qquad\qquad \dot{I}=21.86\underline{/-53.09°}\text{ A}$

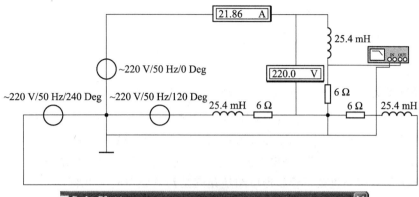

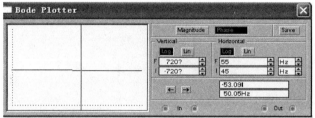

图 4-63(a)

三相有功功率为　$P = 3U_\text{P}I_\text{P}\cos[0° - (-53.09°)] = 3 \times 220 \times 22 \cos 53.09° \text{W} = 8.688 \text{ kW}$

三相无功功率为　$Q = 3U_\text{P}I_\text{P}\sin[0° - (-53.09)] = 3 \times 220 \times 22 \sin 53.09° \text{var} = 11.58 \text{ kvar}$

三相视在功率为　$S = 3U_\text{P}I_\text{P} = 3 \times 220 \times 22 \text{ V} \cdot \text{A} = 14.48 \text{ kV} \cdot \text{A}$

(2) 负载三角形联结时,按图 4-63(b)接好电路,测试结果如图 4-63(b)所示。

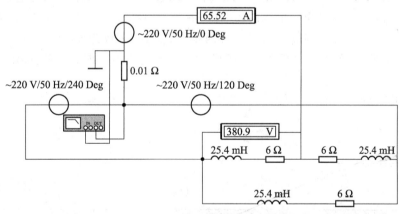

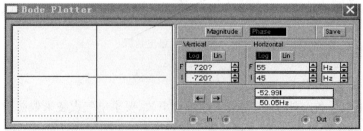

图 4-63(b)

结论：

线电压 $\qquad \dot{U}_L = 380 \underline{/0°}$ V

线电流 $\qquad \dot{I}_L = 65.52 \underline{/-53.09°}$ A

三相有功功率为 $\quad P = \sqrt{3}\,U_L I_L \cos\varphi = \sqrt{3} \times 380 \times 65.82 \cos 53.13° \text{W} = 26 \text{ kW}$

三相无功功率为 $\quad Q = \sqrt{3}\,U_L I_L \sin\varphi = \sqrt{3} \times 380 \times 65.82 \sin 53.13° \text{var} = 34.66 \text{ kvar}$

三相视在功率为 $\quad S = \sqrt{3}\,U_L I_L = \sqrt{3} \times 380 \times 65.82 \text{ V} \cdot \text{A} = 43.32 \text{kV} \cdot \text{A}$

与计算结果相同。由上可见，当电源的线电压相同时，负载三角形联结时的功率是星形联结时的 3 倍。要想保证相同负载不管星形联结还是三角形联结都得到相同的功率，必须改变线电压值，即 $U_L = 380$ V 时，采用星形；$U_L = 220$ V 时，采用三角形。

4.6.5 安全用电

1. 安全用电常识

1）安全电流与安全电压

通过人体的电流一般不能超过 $7 \sim 10\text{mA}$，有的人对 5mA 的电流就有感觉，当通过人体的电流在 30mA 以上时，就有生命危险。36V 以下的电压，一般不会在人体中产生超过 30mA 的电流，故把 36V 以下的电压称为安全电压。触电的后果还与触电持续时间及触电部位有关，触电时间愈长愈危险。

2）触电方式

常见的触电情况如图 4-64 所示，其中图（a）为双线触电，人体将直接承受电源的线电压；图（b）、图（c）为单相触电，人体承受电源的相电压；图（c）所示电源的中性点不接地，因为导线与大地之间存在分布电容，会有电流经人体与另外两相构成通路，形成跨步电压触电。当有电线落地时，有电流流入大地，在落地点周围产生电压降，当人体接近落地点时，两脚之间承受跨步电压而触电。

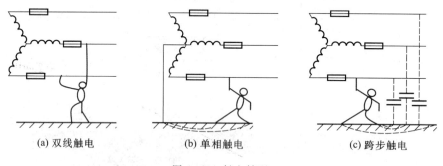

| (a) 双线触电 | (b) 单相触电 | (c) 跨步触电 |

图 4-64 触电情况

2. 接地和接零

为了防止电气设备意外带电，造成人体触电事故，要求电气设备采取防护措施。按接地的目的不同，主要分为工作接地、保护接地和保护接零三种。

1）工作接地

　　将中性点接地,这种接地方式称为工作接地,如图4-65所示。其作用是保持系统电位的稳定性,降低人体的接触电压,减轻高压窜入低压等故障条件下产生的过电压危险,并迅速切断故障设备。

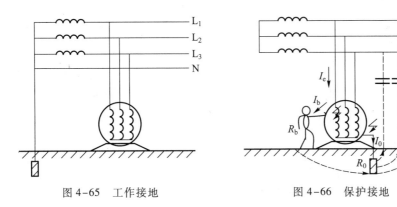

图 4-65　工作接地　　　　　　　图 4-66　保护接地

　　2）保护接地

　　对中性点不接地的供电系统,将电气设备的外壳用足够粗的导线与接地体可靠连接,称为保护接地,如图4-66所示。

　　当电气设备的某相绕组因绝缘损坏而与外壳相碰时,由于其外壳与大地有良好接触,当人体触及带电的外壳时,仅仅相当于很大的电阻(人体电阻 R_b,大于 $1\mathrm{k}\Omega$)与接地体并联的支路,而接地体电阻 R_0(规定不大于 4Ω)很小,人体中几乎无电流流过,从而大大减少了触电的危险。

　　需要指出的是,在中性点接地的供电系统中,若只采用保护接地是不能可靠地防止触电事故的,如图4-67所示。当绝缘设备损坏时,接地电流

$$I_e = \frac{U_P}{R_0 + R_0'}$$

式中 U_P 为系统的相电压,R_0、R_0'分别为保护接地和工作接地的接地电阻。

　　若 $R_0 = R_0' = 4\Omega$,则接地外壳对地电压

$$U_e = \frac{U_P}{R_0 + R_0'}R_0 = \frac{U_P}{2}$$

接地电流　　　　　　　　　　$$I_e = \frac{U_P}{R_0 + R_0'} = \frac{U_P}{2R_0}$$

若供电系统相电压为220V,则 $I_e = 27.5\ \mathrm{A}$,$U_e = 110\ \mathrm{V}$,这对人体是极不安全的。

　　3）保护接零

　　对中性点接地的三相四线制供电系统,还需将电气设备的外壳与电源的中性线连接起来,这样的连接称为保护接零,如图4-68所示。当电气设备某一相的绝缘损坏而与外壳相接时,形成单相短路,短路电流能促使线路上的保护装置迅速动作,使故障点脱离电源,消除人体触及电气设备外壳时的触电危险。

　　4）三相五线制供电系统

　　图4-69所示,这种供电系统有五条引出电线,分别为三条相线 L_1、L_2、L_3,一条工作零线 N 及一条保护零线 PE。保护零线 PE 与系统中各设备或线路的金属外壳、接地母线连接,以防止触

电事故的发生。正常情况下,工作零线 N 中有电流,保护零线 PE 中无电流流过(不闭合)。当绝缘损坏,外壳带电时,短路电流经过保护零线 PE,将熔断器熔断,切断电源,消除触电事故。这种系统比三相四线制系统更安全、更可靠,家用电器都应设置此种系统。

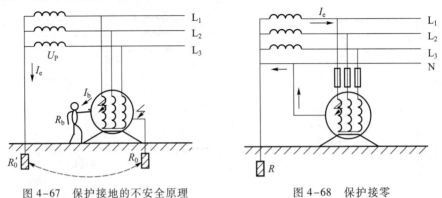

图 4-67 保护接地的不安全原理   图 4-68 保护接零

金属外壳的单相电器,必须使用三眼插座和三角插头,如图 4-69 所示,外壳可靠接零,可保证人体触及时不会触电。

5)重复接地

在中性点接地系统中,除采用保护接零外,还可采用重复接地,就是将零线相隔一定距离多处进行接地,如图 4-70 所示。由于多处重复接地的接地电阻并联,使电气设备外壳对地电压大大降低,减小了危险程度。

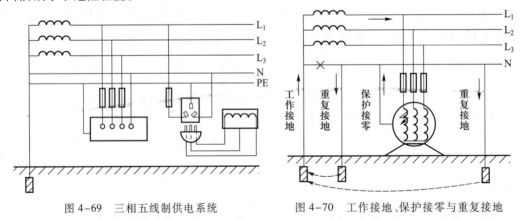

图 4-69 三相五线制供电系统   图 4-70 工作接地、保护接零与重复接地

总之,为确保用电安全,必须采取一系列措施,如保护接地、保护接零,安装漏电保护装置等。当有人发生触电事故时,还必须采取科学的救治方法,以确保人身、设备、电力系统三方面的安全。

习 题

【概念题】

4-1 指出 $u = 110\sqrt{2}\sin(314t - 60°)$ V 的幅值、有效值、周期、频率、角频率及初相位。

4-2 $u=110\sqrt{2}\sin(314t-40°)$V，与 $i=10\sqrt{2}\cos(314t-40°)$A 之间的相位差为多少？

4-3 R、L、C 三种元件分别在正弦电源作用下，当电源电压为零时，各自的电流是否为零？

4-4 已知 $A_1=3+\text{j}4$，$A_2=3-\text{j}4$，$A_3=-3+\text{j}4$，$A_4=-3-\text{j}4$。试计算 $A_1\times A_2$ 与 $\dfrac{A_3}{A_4}$。

4-5 感性负载串联电容能否提高电路的功率因数？为什么？

4-6 在 R、L、C 串联的交流电路中，若 $R=X_L=X_C$，$U=10$ V，则 U_R 和 U_X 各是多少？如 U 不变，而改变 f，I 如何变化？

4-7 若题 4-7 图中的线圈电阻 R 趋于零，试分析发生谐振时的 $|Z_0|$、I_1、I_2 及 U。

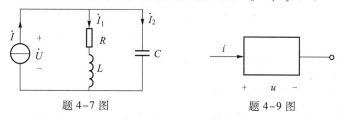

題 4-7 图　　　　　　　　題 4-9 图

4-8 某单位一座三层住宅楼采用三相四线制供电线路，每层各使用其中一相。有一天，突然第二、三层的照明灯都暗淡下来，一层仍正常，试分析故障点在何处。若三层比二层更暗些，又是什么原因？

4-9 题 4-9 图所示为一交流电路中的元件，已知 $u=220\sqrt{2}\sin314t$V。（1）元件为纯电阻 $R=100\Omega$ 时，求 i 及元件的功率；（2）元件为纯电感 $L=100$mH 时，求 i 及各元件的功率；（3）元件为纯电容 $C=100\mu$F 时，求 i 及元件的功率。

【分析仿真题】

4-10 在题 4-10 图所示电路中 $u=110\sqrt{2}\sin(314t+30°)$V，$R=30$，$L=254$mH，$C=80\mu$F。（1）计算 i_R、i_L、i_C；（2）作电压、电流相量图；（3）计算各元件的功率。

4-11 题 4-11 图所示电路中，已知 $R=30\Omega$，$C=25\mu$F，且 $i_S=10\sin(1000t-30°)$A。试求：（1）U_R、U_C、U 及 $\dot{U}_R$、$\dot{U}_C$、$\dot{U}$；（2）电路的复阻抗与相量图；（3）各元件的功率。

4-12 有一 RLC 串联电路，已知 $R=30\Omega$，$X_L=80\Omega$，$X_C=40\Omega$，电路中的电流为 2A，求电路的阻抗及 S、P 和 Q，画出元件上的电压相量及总电压相量图。

4-13 试求题 4-13 图中 A_0 与 V_0 的读数。

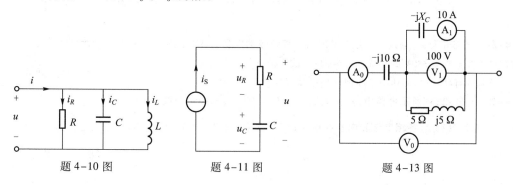

題 4-10 图　　　　　　題 4-11 图　　　　　　題 4-13 图

4-14 在题 4-14 图电路中，$\dot{U}_s=100\underline{/0°}$V，$\dot{U}_L=50\underline{/60°}$V。试确定复阻抗 Z 的性质。

4-15 在题 4-15 图所示电路中，已知 $U=220$ V，$R_1=10\ \Omega$，$X_L=10\sqrt{3}\ \Omega$，$R_2=20\Omega$。试求各个电流与平均

功率。

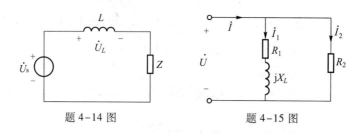

题 4-14 图   题 4-15 图

4-16 题 4-16 图所示电路中,已知 $R = X_C$,$U = 220\text{V}$,总电压 $\dot{U}$ 与总电流 $\dot{I}$ 相位相同。求 U_L 和 U_C。

4-17 题 4-17 图电路中,电压 $u = 220\sqrt{2}\sin 314t\ \text{V}$,$RL$ 支路的平均功率为 40W,功率因数 $\cos\varphi_1 = 0.5$。为提高电路的功率因数,并联电容 $C = 5.1\mu\text{F}$。求并联电容前、后电路的总电流各为多少,并联电容后的功率因数为多少,并说明电路的性质。

4-18 有一 RLC 串联电路,接于 100V、50Hz 的交流电源上。$R = 4\Omega$,$X_L = 6\Omega$,C 可以调节。问:(1)当电路的电流为 20A 时,电容是多少?(2)C 调节至何值时,电路的电流最大?这时的电流是多少?

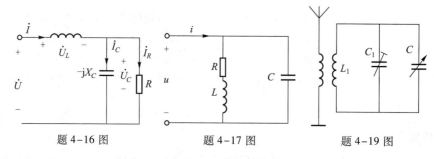

题 4-16 图   题 4-17 图   题 4-19 图

4-19 收音机的调谐电路如题 4-19 图所示,利用改变电容 C 的值出现谐振来达到选台的目的。已知 $L_1 = 0.3\text{mH}$,可变电容 C 的变化范围为 $7 \sim 20\text{pF}$,C_1 为微调电容,是为调整波段覆盖范围而设置的,设 $C_1 = 20\text{pF}$。试求该收音机的波段覆盖范围。

4-20 三相四线制 380V/220V 的电源供电给一座三层楼,每层作为一相负载,装有数目相同的 220V 的日光灯,每层总功率都为 2000W,总功率因数为 0.91。(1)说明负载应如何接入电路;(2)如第一层仅开有 $\frac{1}{2}$ 的灯,第二层有 $\frac{3}{4}$ 的灯亮,第三层全亮,各层的功率因数不变,各线电流和中性线电流为多少?(3)求三相平均功率。

4-21 某三相负载,额定相电压为 220V,每相负载的电阻为 4Ω,感抗为 3Ω,接于线电压为 380V 的对称三相电源上,试问该负载应采用什么联结方法?负载的有功功率、无功功率和视在功率是多少?

4-22 题 4-22 图所示电路中,三相电源电压 $U_L = 380\ \text{V}$,每相负载的阻抗均为 10Ω。(1)求各相电流和中性线电流;(2)设 $\dot{U} = 220\ \underline{/0°}\ \text{V}$,作相量图。

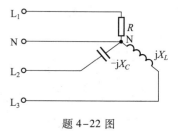

题 4-22 图

第5章　二极管及直流稳压电源

5.1　PN结和二极管

当纯净的四价半导体材料中掺入微量的五价(如磷)元素后,半导体在形成共价键时就会多出电子,这种杂质半导体称为电子型半导体或N型半导体;当纯净的四价半导体材料中掺入微量的三价(如硼)元素后,半导体在形成共价键时就会多出空穴,这种杂质半导体称为空穴型半导体或P型半导体。电子、空穴都将参与导电,故统称它们为载流子,在杂质半导体中,多的载流子简称多子,少的载流子简称少子。

5.1.1　PN结及其单向导电性

1. PN结的形成

在一块半导体基片上通过特殊工艺使两边分别形成P型半导体和N型半导体,交界面两侧的异性多子相互扩散,如图5-1(a)所示,使本来电中性的杂质原子成为带异性电荷的离子,同时建立内电场,如图5-1(b)所示。内电场阻碍多子的继续扩散,但促使少子移动,这种移动称为漂移运动。当扩散运动与漂移运动达到动态平衡时,交界面两侧便形成了一定厚度的空间电荷区,即PN结。显然,PN结的厚度取决于掺杂浓度的大小。

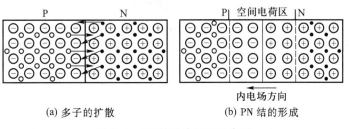

(a) 多子的扩散　　　　　　(b) PN结的形成

图5-1　PN结形成过程示意图

2. PN结的单向导电性

当PN结加正向电压,即P端电位高于N端时,内电场被削弱,PN结变薄,少子漂移运动受阻,多子则穿过PN结形成较大的正向电流,如图5-2(a)所示。当PN结加反向电压,即N端电位高于P端时,内电场增强,PN结加厚,多子扩散运动受阻,尽管可使漂移运动加强,但由少子形成的电流极小(μA量级),视为截止(不导通),如图5-2(b)所示。这就是PN结的单向导电性。

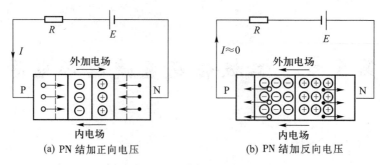

(a) PN 结加正向电压　　　　　(b) PN 结加反向电压

图 5-2　PN 结的单向导电性

5.1.2　二极管及其简单应用

1. 二极管的结构特点

二极管是由一个 PN 结加上相应的电极引线及管壳封装而成,由 P 区引出的电极称为阳极,N 区引出的电极称为阴极,符号如图 5-3 形示。按材料来分,二极管有硅管和锗管;按结构来分,有点接触型和面接触型。

2. 二极管的伏安特性

二极管的内部是一个 PN 结,所以它一定具有单向导电性,其伏安特性曲线 $i=f(u)$ 如图 5-4 所示。

1）正向特性

当二极管外加正向电压很低时,外电场不足以抵消 PN 结的内电场。当正向电压超过一定数值后,内电场被大大削弱,电流增长很快,这个电压值称为死区电压。通常硅管的死区电压约为 0.5 V,锗管的死区电压约为 0.2 V,当正向电压大于死区电压后,正向电流迅速增长,此时二极管的正向压降变化很小,硅管为 0.6 ~ 0.7 V,锗管为 0.2 ~ 0.3 V。因此,二极管的正向电阻很小。

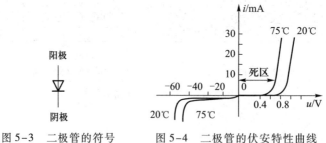

图 5-3　二极管的符号　　　图 5-4　二极管的伏安特性曲线

2）反向特性

当二极管加上反向电压时,形成很小的反向饱和电流。温度升高时,反向电流增大。

3）反向击穿特性

当二极管的外加反向电压大于一定数值时,反向电流突然剧增,二极管失去单向导电性,这种现象称为击穿。普通二极管被反向击穿后,便不能恢复原来的性质。

3. 二极管的应用

1）整流

例 5-1　电路如图 5-5（a）所示。已知 $u = 10\sin314t\,\text{V}$，负载电阻 $R_L = 240\ \Omega$，试画出 u_O、i_D 的波形，并求 I_o、U_o。

解：用 EWB 软件仿真。选择二极管型号及参数。

双击二极管，出现属性/模型标签页，如图 5-5（b）所示，选择 national 公司或 motorol2 公司，然后选择二极管型号 1N4150，接下来使用编辑（Edit）按钮查看二极管的参数，二极管的参数很多，但最重要的参数有两个，即正向压降 VJ 和反向耐压参数 BV，因为正向压降会影响输出电压的大小，而耐压不够，则会出现击穿。

当二极管型号选定后，连接如图 5-5（c）所示的测量电路，从电流表、电压表直接读数，即可得出 I_o、U_o 的值。

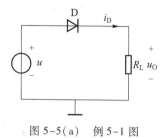

图 5-5（a）　例 5-1 图

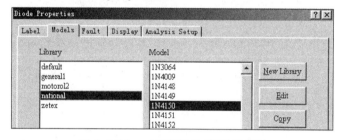

图 5-5（b）　二极管属性/模型标签页

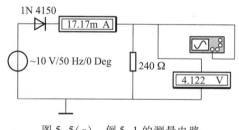

图 5-5（c）　例 5-1 的测量电路

然后双击示波器，就会观察到半波整流的输出电压波形，如图 5-5（d）所示。由于 $u_O = i_D \cdot R_L$，故 i_D 波形的形状和 u_O 的相同。

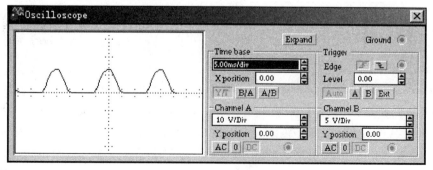

图 5-5（d）　半波整流的输出电压波形

注意:用示波器观察波形时,要选择合适的 Time base 挡和 V/Div 挡,否则观察不到真实的波形。

若将二极管参数中的 BV 值改为 10 V,那么二极管就会反向击穿,波形如图 5-5(e)所示。

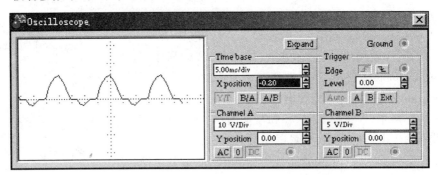

图 5-5(e)　二极管反向击穿后的波形

结论:该半波整流电路中,测得输出电压为 4.122 V,整流电流平均值为 17.17 mA,与理论值

$$U_o = 0.45 U_2 = 4.5 \text{ V} \quad , \quad I_o = \frac{U_o}{R_L} = 0.45 \frac{U_2}{R_L} = 17.18 \text{ mA}$$

近似吻合。

2) 限幅

例 5-2　求如图 5-6 所示电路中 AO 两端的电压 U_{AO},并判断二极管 D_1、D_2 是导通,还是截止。

解:用 EWB 软件仿真。测量时将电压表直接接到 A、O 两端,如图 5-6 所示,电压表显示 $U_{AO} = -5.262$ V,二极管 D_2 两端为正向电压,故该电路中 D_2 优先导通,所以使 U_{AO} 被钳制在 -6 V 左右,这样 D_1 两端为反向电压,故截止。

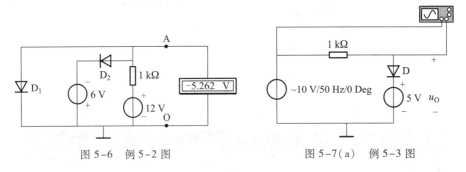

图 5-6　例 5-2 图　　　　　　　　图 5-7(a)　例 5-3 图

3) 开关

二极管正向导通时相当于开关闭合,二极管反向截止时相当于开关断开。

例 5-3　电路如图 5-7(a)所示,已知 $E = 5$ V,$u_i = 10\sin\omega t$ V,试画出输出电压 u_0 的波形。

解:用 EWB 软件仿真。为便于输出波形和输入波形对应观察,本例中示波器接入了两路信号,即 A 通道接输入信号、B 通道接输出信号,观察波形时除了要选择合适的 Time base 挡和 V/Div 挡外,还要调节两个通道的水平位置,即 Channel A 和 Channel B 的 Y position,这样两路信号才能上下错开,测量电路及示波器的挡位选择如图 5-7(a)、图 5-7(b)所示。

双击示波器,观察到的波形如图 5-7(b)所示。

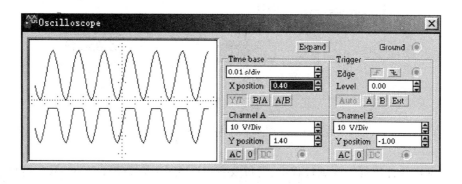

图 5-7(b)　例 5-3 示波器挡位选择及测量波形

从波形可以看出,当输入信号高于约 5 V 电压时,二极管导通,可近似认为短路,故输出电压近似等于 E 值;当输入信号低于约 5 V 电压时,二极管截止,可近似认为开路,故输出电压等于输入电压。

5.1.3　特殊二极管

除了上述普通二极管外,还有一些特殊二极管,如稳压二极管、发光二极管、光电二极管等,分别介绍。

1. 稳压二极管

稳压二极管是一种特殊的面接触型硅二极管,具有稳定电压的作用,简称稳压管。图 5-8(a)为稳压管在电路中的一般连接方法,图(b)和图(c)分别为稳压管的伏安特性曲线和符号。

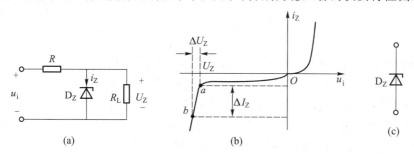

图 5-8　稳压管电路、伏安特性曲线及符号

稳压管通常工作在 PN 结的反向击穿状态。它的反向击穿是可逆的,只要不超过稳压管的允许电流值,PN 结就不会过热损坏,当外加反向电压去除后,稳压管恢复原性能,所以稳压管具有良好的重复击穿特性。从稳压管的反向特性曲线可以看出,当反向电压增高到击穿电压 U_Z 时,反向电流 i_Z 急剧增加,稳压管反向击穿。在特性曲线 ab 段,当 i_Z 在较大范围内变化时,稳压管两端电压 U_Z 基本不变,具有恒压特性,利用这一特性可以起到稳定电压的作用。

当稳压管正偏时,它相当于一个普通二极管,稳压值仅有 0.5 ~ 0.7 V。

例5-4　测量如图5-9所示电路中的各支路电流,并观察负载电阻变化对各支路电流及输出电压的影响。

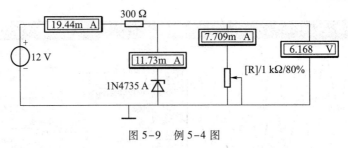

图5-9　例5-4图

解:用EWB软件仿真。测试过程中,通过改变负载大小(按键R或Shift+R),可以观察到各支路电流及输出电压的变化情况。测试结果见表5-1。

表5-1　例5-4的测试结果

R(最大值的百分比)	负载电流/mA	稳压管电流/mA	电源电流/mA	输出电压/V
95%	6.495	12.94	19.55	6.17
80%	7.709	11.73	19.44	6.168
50%	12.31	7.173	19.44	6.155
35%	17.50	2.093	19.48	6.123
30% (反向饱和与击穿的临界状态)	19.99	0.017	20.12	5.998

从测量结果可以看出,负载电流小,稳压管电流就大,负载电流大,稳压管电流则小,但无论负载电阻如何变化,电源电流总是等于稳压管电流与负载电流之和,而输出电压则基本保持不变。

2. 发光二极管

发光二极管(Light Emitting Diode)是一种将电能直接转换成光能的半导体显示器件,简称LED。和普通二极管相似,发光二极管的PN结封装在透明塑料壳内,广泛用于信号指示等电路中。发光二极管正向偏置时会发出一定波长的可见光,其符号如图5-10所示,伏安特性和普通二极管相似。

图5-10　发光二极管符号

例5-5　电路如图5-11所示,观察发光二极管的发光情况。

解:电路接好后,单击屏幕右上角的电源按钮,让开关S动作,就会观察到发光二极管的发光情况。

3. 光电二极管

光电二极管又称光敏二极管。它的管壳上备有一个玻璃窗口,以便于接受光照。其特点是,当光线照射于它的PN结时,可以成对地产生自由电子和空穴,使半导体中少数载流子的浓度提高。这些载流子在一定的反向偏置电压作用下可以产生漂移电流,使反向电流增加。因此,它的反向电流随光照强度的增加而线性增加,这时光电二极管等效于一个理想电流源。当无光照时,

光电二极管的伏安特性与普通二极管一样。光电二极管的等效电路及符号如图 5-12(a)、(b)
所示。

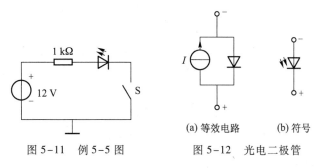

图 5-11　例 5-5 图　　　　　图 5-12　光电二极管

5.2　直流稳压电源

5.2.1　整流电路

如前所述,二极管具有整流的功能,即利用二极管的单向导电性可将正弦交流电压转换成单向脉动电压。从形式上讲,整流电路有半波整流、全波整流、桥式整流等。这里重点讨论单相桥式整流电路。为简单起见,以下分析把二极管当做理想元件来处理。

单相桥式整流电路如图 5-13(a)所示,图 5-13(b)是它的简化画法。

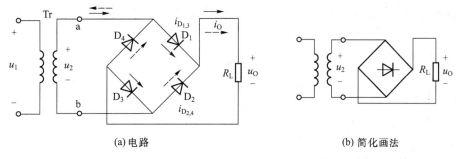

(a)电路　　　　　　　　　　　　　　(b)简化画法

图 5-13　单相桥式整流电路

在电源电压 u_2 的正、负半周内(设 a 端为正,b 端为负时是正半周)电流通路分别用图 5-13(a)中实线和虚线箭头表示。负载 R_L 上的电压 u_o 的波形如图 5-14 所示。电流 i_o 的波形与 u_o 的波形相同,但它们都是单方向的全波脉动波形。

1. 输出电压的平均值 U_o

$$U_o = \frac{1}{\pi}\int_0^\pi \sqrt{2}\,U_2\sin\omega t\mathrm{d}\omega t = \frac{2\sqrt{2}}{\pi}U_2 = 0.9U_2 \tag{5-1}$$

电流为

$$I_o = \frac{0.9U_2}{R_L} \tag{5-2}$$

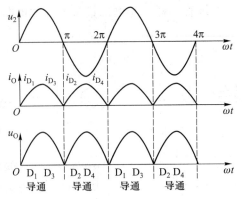

图 5-14　单相桥式整流电路波形图

2. 流过二极管的正向平均电流 I_D

$$I_D = \frac{1}{2}I_{R_L} = \frac{0.45U_2}{R_L} \tag{5-3}$$

3. 二极管承受的最大反向电压 U_{DRM}

$$U_{DRM} = \sqrt{2}\,U_2 \tag{5-4}$$

5.2.2　滤波电路

　　滤波电路的作用是滤除整流电压中的纹波。常用的滤波电路有电容滤波、电感滤波、复式滤波及有源滤波。这里以电容滤波为例讨论。

　　电容滤波电路是最简单的滤波器,电路如图 5-15(a)所示,它是在整流电路的负载上并联一个电容 C。

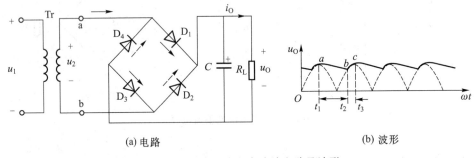

(a) 电路　　　　　　　　　　　　　　(b) 波形

图 5-15　桥式整流电容滤波电路及波形

1. 滤波原理

　　电容滤波是通过电容器的充电、放电来滤掉交流分量的。图 5-15(b)的波形图中虚线波形为桥式整流的波形。并入电容 C 后,在 $u_2>0$ 时,D_1、D_3 导通,D_2、D_4 截止,电源在向 R_L 供电的同时,又向 C 充电储能,由于充电时间常数 τ_1 很小(绕组电阻和二极管的正向电阻都很小),充电很快,输出电压 u_O 随 u_2 上升,当 $u_C=\sqrt{2}\,U_2$ 后,u_2 开始下降 $u_2<u_C$,$t_1\sim t_2$ 时段内,$D_1\sim D_4$ 全部反偏截止,由电容 C 向 R_L 放电,由于放电时间常数 τ_2 较大,放电较慢,输出电压 u_O 随 u_C 按指数规

律缓慢下降,如图中的 ab 实线段所示。b 点以后,负半周电压 $u_2 > u_c$,D_1、D_3 截止,D_2、D_4 导通,C 又被充电至 c 点,充电过程形成 $u_0 = u_2$ 的波形为 bc 实线段。c 点以后,$u_2 < u_c$,$D_1 \sim D_4$ 又截止,C 又放电,如此不断地充电、放电,使负载获得如图 5-15(b) 中实线所示的 u_0 波形。由波形可见,桥式整流接电容滤波后,输出电压的脉动程度大为减小。

2. U_o 的大小与元件的选择

由以上讨论可见,输出电压平均值 U_o 的大小与 τ_1、τ_2 的大小有关,τ_1 越小,τ_2 越大,U_o 也就越大。当负载 R_L 开路时,τ_2 无穷大,电容 C 无放电回路,U_o 达到最大,即 $U_o = \sqrt{2}\,U_2$;若 R_L 很小时,输出电压几乎与无滤波时相同。在工程上,输出平均电压可按下述工程估算取值

$$\left. \begin{array}{l} U_o = U_2（半波） \\ U_o = 1.2U_2（全波） \end{array} \right\} \qquad\qquad (5-5)$$

对于单相桥式整流电路而言,无论有无滤波电容,二极管的最高反向工作电压都是 $\sqrt{2}\,U_2$。

例 5-6　电路如图 5-16(a) 所示,测量下列几种情况下的输出电压,并观察输出电压波形。(1) 可变电容 $C = 0\ \mu F$;(2) 可变电容 C 为 1% 最大值($C = 10\ \mu F$);(3) 可变电容 C 为 25% 最大值;(4) 可变电容 C 为 95% 最大值;(5) 可变电容 $C = 1\ 000\ \mu F$,且负载开路(去掉 $R_L = 100\ \Omega$)。

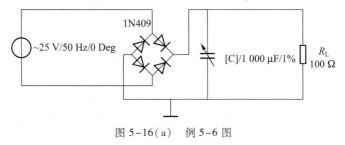

图 5-16(a)　例 5-6 图

解:用 EWB 软件仿真。测量电路如图 5-16(b) 所示。

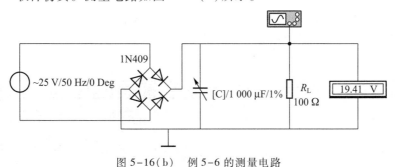

图 5-16(b)　例 5-6 的测量电路

测量结果为:

该题使用了可变电容,通过改变可变电容的电容量(按键 C 或 Shift+C),可以观察到桥式整流、桥式整流并带有电容滤波以及负载开路三种不同情况下输出电压大小的变化,同时还可以观察到电容容量的大小对输出电压纹波的影响。下面是题目中五种不同情况下测出的输出电压和用示波器观察到的输出电压波形。

(1) 桥式整流、无电容滤波时,输出电压为 19.41 V,波形如图 5-16(c) 所示。

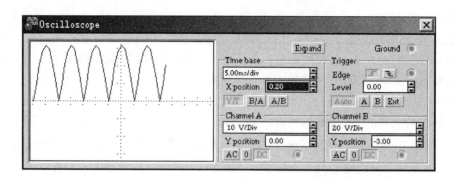

图 5-16(c)　桥式整流、无电容滤波时的输出电压波形

（2）桥式整流、用较小的电容（$C = 10\ \mu F$）滤波时，输出电压为 19.80 V，波形如图 5-16(d)所示。

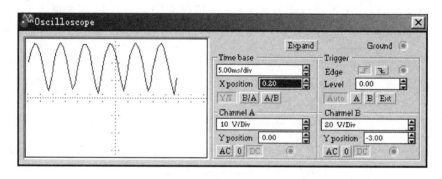

图 5-16(d)　桥式整流、小电容滤波时的输出电压波形

注意：此时的波形不同于第(1)种情况，它是高于水平线的。

（3）桥式整流、用稍大一点的电容（$C = 250\ \mu F$）滤波时，输出电压为 25.86 V，波形如图 5-16(e)所示。

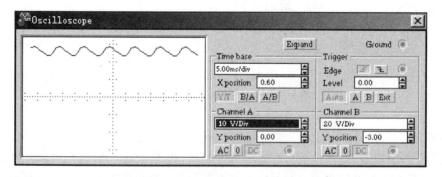

图 5-16(e)　桥式整流、较大电容滤波时的输出电压波形

（4）桥式整流、用再大一点的电容（$C = 950\ \mu F$）滤波时，输出电压为 26.32 V，波形如图

5-16(f)所示。

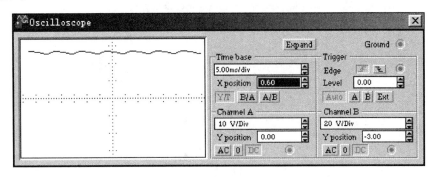

图 5-16(f)　桥式整流、大电容滤波时的输出电压波形

（5）桥式整流、电容（$C = 1\ 000\ \mu\mathrm{F}$）滤波，且负载开路（去掉 $R_\mathrm{L} = 100\ \Omega$）时，输出电压为 33.74 V，波形如图 5-16(g)所示。

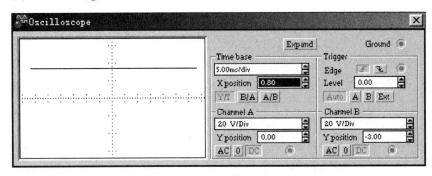

图 5-16(g)　桥式整流、电容滤波、负载开路时的输出电压波形

注意：上述示波器的 V/Div 挡已由原来的 10 V/Div 调为 20 V/Div。

结论：

（1）桥式整流、无电容滤波时，测得输出电压为 19.41 V，与理论值 $U_\mathrm{o} = 0.9U_2 = 22.5$ V 近似吻合。

（2）桥式整流、电容滤波时，随着电容值的增加，输出电压的平均值增大，纹波减小。

（3）桥式整流、电容滤波，但负载开路时，输出电压为一条直线，其值为 33.74 V，与理论值 $U_\mathrm{o} = \sqrt{2}\,U_2 = 35.35$ V 近似吻合。

5.2.3　稳压管稳压电路

经过整流和滤波后的电压往往还是波动、不稳定的，要使电路正常工作，就必须经过稳压环节。常用的稳压电路有四种：并联型稳压电路、串联型稳压电路、集成稳压电路、开关稳压电路。图 5-17 所示是并联型稳压电路，即稳压管稳压电路。

例 5-7　电路如图 5-18(a)所示，测量输出电压，并观察输出电压波形。

解：用 EWB 软件仿真。测量电路及输出电压结果如图 5-18(b)所示。

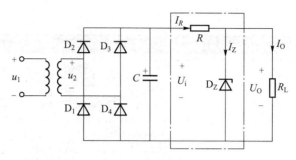

图 5-17 稳压管稳压电路

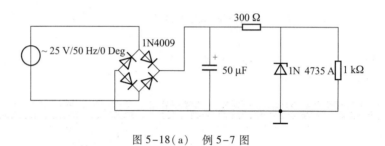

图 5-18(a) 例 5-7 图

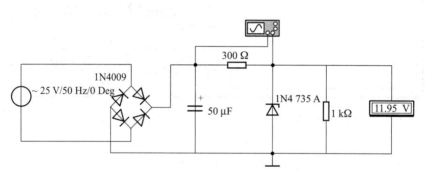

图 5-18(b) 例 5-7 的测量电路

稳压管型号及参数的选择：

双击二极管,界面如图 5-18(c)所示,选择 national 公司或 motorola 公司,然后选择稳压管型号 1N4735,接下来使用编辑(Edit)按钮设置稳定电压为 12 V,如图 5-18(d)所示。

测量波形如图 5-18(e)所示,图中显示了滤波电压和稳压后的电压。

此外,输出电压可调的串联型稳压电路是集成稳压电路的基本组成,但集成稳压电路克服了分立元件稳压电路体积大、成本高、功能单一、使用不方便等弊端,具有体积小、可靠性高、使用方便灵活、价格低廉等特点,近几年应用广泛并且发展很快,如三端固定式集成稳压器 7800/7900 系列、三端可调式集成稳压器 LM317、LM337 系列以及高精度、低温漂、采用激光修正的带隙基准电压源 MC1403 等。

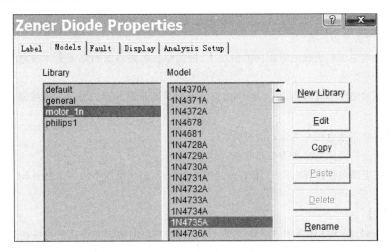

图 5-18(c)　稳压管型号的选择

图 5-18(d)　稳定电压值的设置

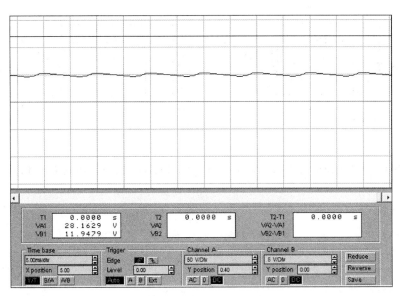

图 5-18(e)　例 5-7 的测量波形

习　　题

【概念题】

5-1　（1）如何使用指针式万用表电阻挡判别二极管的好坏与极性？

（2）为什么二极管的反向电流与外加反向电压基本无关,而当环境温度升高时会明显增大？

（3）把一节 1.5 V 的干电池直接接到二极管的两端,会发生什么情况?

5-2 判断下列说法是否正确

（1）在变压器二次电压和负载电阻相同的情况下,桥式整流电路的输出电流是半波整流电路输出电流的 2 倍。

（2）若变压器二次电压的有效值为 U_2,则半波整流电容滤波电路和全波整流滤波电路在空载时的输出电压均为 $\sqrt{2}\,U_2$。

（3）整流电路可将正弦电压变为脉动的直流电压。

（4）整流的目的是将高频电流变为低频电流。

（5）在单项桥式整流电容滤波电路中,若有一只整流管断开,输出电压平均值变为原来的一半。

【分析仿真题】

5-3 二极管电路如题 5-3 图所示,D_1、D_2 为理想二极管,判断图中的二极管是导通还是截止,并求 AB 两端的电压 U_{AB}。

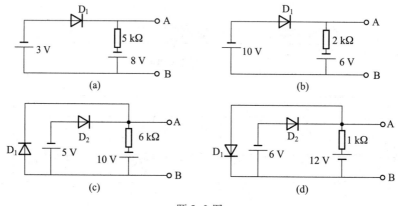

题 5-3 图

5-4 在题 5-4 图所示电路中,已知 $E=2$ V,$u_i=8\sin\omega t$ V,二极管的正向压降可忽略不计,试分别画出输出电压 u_O 的波形。

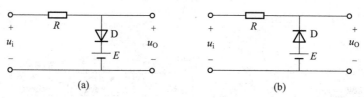

题 5-4 图

5-5 题 5-5 图所示电路中,稳压管 D_{Z1} 的稳定电压为 6 V,D_{Z2} 的稳定电压为 8 V,正向压降均为 0.7 V,试求图中输出电压 U_0。

5-6 题 5-6 图所示为单相桥式整流电容滤波电路。用交流电压表测得变压器二次电压 $U_2=20$ V。$R_L=40$ Ω,$C=1\,000$ MF。试问:（1）正常时 $U_0=$?（2）如果电路中有一个二极管开路,U_0 是否为正常值的一半?（3）如果测得的 U_0 为下列数值,可能出了什么故障?并指出原因。

  A. $U_0=28$ V   B. $U_0=18$ V   C. $U_0=9$ V

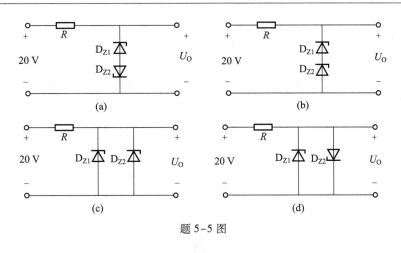

题 5-5 图

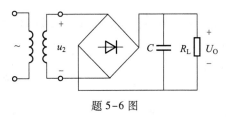

题 5-6 图

第6章 晶体管及放大电路

6.1 晶 体 管

6.1.1 晶体管的基本结构和电流放大作用

晶体管按结构可分为 NPN 型和 PNP 型,如图 6-1(a)、6-1(b)所示。图形符号中发射极箭头表示基极到发射极电流的方向。

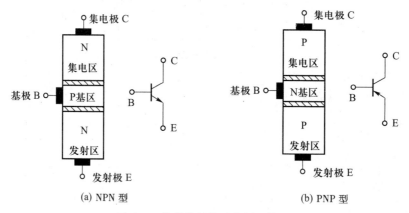

(a) NPN 型   (b) PNP 型

图 6-1　晶体管结构示意图及符号

晶体管具有电流放大作用的内部条件是:① 发射区掺杂浓度很高;② 基区掺杂浓度很低且很薄;③ 集电区掺杂浓度较低,结面积很大。外部条件是:发射结加正向电压;集电结加反向电压。

晶体管中各极间电流分配关系为:

(1) $I_E = I_B + I_C$　符合基尔霍夫电流定律。

(2) I_E 和 I_C 几乎相等,但远远大于基极电流 I_B。I_B 的微小变化会引起 I_C 较大的变化,这就是晶体管的电流放大作用。

6.1.2 晶体管的特性曲线

1. 输入特性曲线

晶体管的输入特性曲线表示了 U_{CE} 为参考变量时,i_B 和 u_{BE} 的关系,即

$$i_B = f(u_{BE}) \big|_{U_{CE}=常数} \tag{6-1}$$

如图 6-2 所示。

2. 输出特性曲线

晶体管的输出特性曲线表示以 I_B 为参考变量时，i_C 和 u_{CE} 的关系，即

$$i_C = f(u_{CE}) \Big|_{I_B = 常数} \tag{6-2}$$

如图 6-3 所示。输出特性曲线可分为放大、截止和饱和三个区域。

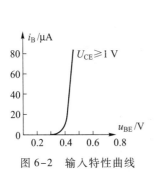

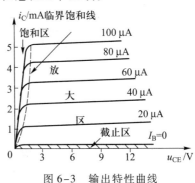

图 6-2　输入特性曲线　　　　　图 6-3　输出特性曲线

（1）截止区　$I_B = 0$ 以下区域称为截止区。在这个区域中，集电结反偏，由于 $U_{BE} \leq 0$，发射结也反偏或零偏，即 $U_C > U_E \geq U_B$。电流 I_C 很小，工作在截止区时的晶体管犹如一个断开的开关。

（2）饱和区　特性曲线靠近纵轴的区域是饱和区。当 $U_{CE} < U_{BE}$ 时，发射结、集电结均处于正偏，即 $U_B > U_C > U_E$。在饱和区 I_B 增大，I_C 几乎不再增大，晶体管失去放大作用。管子深度饱和时，硅管 U_{CE} 约为 0.3 V，锗管约为 0.1 V。由于深度饱和时 U_{CE} 约等于 0，故此时的晶体管在电路中犹如一个闭合的开关。

（3）放大区　特性曲线近似水平直线的区域称为放大区。在这个区域里发射结正偏，集电结反偏，即 $U_C > U_B > U_E$。其特点是 I_C 的大小受 I_B 的控制，$\Delta I_C = \beta \Delta I_B$，晶体管具有电流放大作用。此时的晶体管可看作受 I_B 控制的理想电流源。

6.2　共发射极放大电路

连接方式以发射极作为公共端的放大电路即为共发射极放大电路。

6.2.1　固定偏置放大电路

1. 电路的组成

如图 6-4（a）所示，共发射极放大电路的主要组成元器件有晶体管、集电极电源 U_{CC}、基极电阻 R_B、集电极负载 R_C、耦合电容 C_1、C_2。

2. 静态分析

直流通路如图 6-4（b）所示，静态工作点的估算公式为

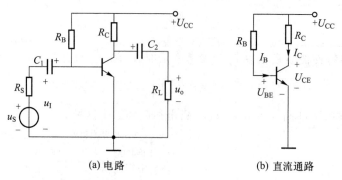

(a) 电路   (b) 直流通路

图 6-4 共发射极放大电路

$$\left.\begin{array}{l} I_{B} = \dfrac{U_{CC} - U_{BE}}{R_{B}} \approx \dfrac{U_{CC}}{R_{B}} \\[3mm] I_{C} = \beta I_{B} \\[3mm] U_{CE} = U_{CC} - I_{C} R_{C} \end{array}\right\} \qquad (6-3)$$

3. 动态分析

动态分析通常采用微变等效分析法。

在小信号作用下,晶体管可用如图 6-5(b) 所示的线性模型等效。

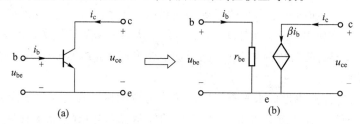

(a)   (b)

图 6-5 晶体管的线性模型

图 6-6(a)、(b) 为图 6-4(a) 所示放大电路的交流通路和微变等效电路。

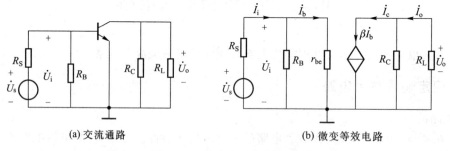

(a) 交流通路   (b) 微变等效电路

图 6-6 图 6-4(a) 的交流通路及微变等效电路

放大电路的动态性能指标计算如下:

(1) 电压放大倍数 A_u

$$A_u = \frac{\dot{U}_o}{\dot{U}_i} = \frac{-\beta \, \dot{I}_b (R_C // R_L)}{\dot{I}_b r_{be}} = -\beta \frac{R'_L}{r_{be}} \tag{6-4}$$

其中，$R'_L = R_C // R_L$。当放大电路输出端开路时，电压放大倍数为

$$A_{u0} = -\beta \frac{R_C}{r_{be}} \tag{6-5}$$

（2）输入电阻 r_i　输入电阻 r_i 就是输入电压与输入电流之比，即

$$r_i = \frac{\dot{U}_i}{\dot{I}_i} = R_B // r_{be} \approx r_{be} \tag{6-6}$$

一般输入电阻越大越好。

（3）输出电阻 r_o　输出电阻 r_o 即从放大电路输出端看进去的戴维宁等效内阻。对于图 6-4（a）所示的放大电路，输出电阻 $r_o = R_C$。

一般输出电阻越小越好。

4. 非线性失真与静态工作点的设置

如果静态工作点太低，如图 6-7 所示 Q' 点，会引起截止失真。

如果静态工作点太高，如图 6-7 所示 Q'' 点，会引起饱和失真。

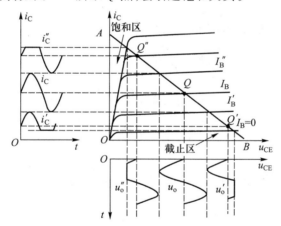

图 6-7　静态工作点与非线性失真的关系

6.2.2　分压式偏置放大电路

分压式偏置放大电路是稳定静态工作点的典型电路，如图 6-8（a）所示。当 $I_1 \approx I_2 \gg I_B$ 时，R_{B1}、R_{B2} 的分压为基极提供了一个固定电压

$$U_B = \frac{R_{B2}}{R_{B1} + R_{B2}} U_{CC} \tag{6-7}$$

该电路静态工作点的稳定过程如下：

$$温度\ T \uparrow \to I_C \uparrow \to I_E \uparrow \to U_E \uparrow \to U_{BE} \downarrow \to I_B \downarrow \to I_C \downarrow$$

1. 静态分析

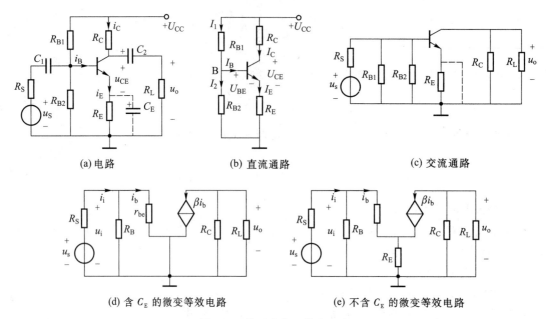

(a) 电路 (b) 直流通路 (c) 交流通路

(d) 含 C_E 的微变等效电路   (e) 不含 C_E 的微变等效电路

图 6-8　分压式偏置放大电路

直流通路如图 6-8(b) 所示，由此得

$$U_B = \frac{R_{B2}}{R_{B1}+R_{B2}} U_{CC}$$

$$I_C \approx I_E = \frac{U_B - U_{BE}}{R_E} \approx \frac{U_B}{R_E} \tag{6-8}$$

$$U_{CE} \approx U_{CC} - I_C(R_C + R_E)$$

2. 动态分析

(1) 微变等效电路如图 6-8(d) 所示，图中 $R_B = R_{B1}//R_{B2}$。

(2) 电压放大倍数

$$A_u = \frac{\dot{U}_o}{\dot{U}_i} = \frac{-\beta(R_L//R_C)}{r_{be}}$$

其中

$$r_{be} = 300 + (1+\beta)\frac{26\text{mV}}{I_{EQ}(\text{mA})} \tag{6-9}$$

(3) 输入、输出电阻

$$r_i = R_{B1}//R_{B2}//r_{be}$$

$$r_o = R_C$$

(4) 当 R_E 两端未并联旁路电容时其微变等效电路如图 6-8(e) 所示。

① 电压放大倍数

$$A_u = \frac{\dot{U}_o}{\dot{U}_i} = \frac{-\beta \dot{I}_b R'_L}{\dot{I}_b r_{be} + (1+\beta)\dot{I}_b R_E}$$

② 输入、输出电阻

$$r_i = R_{B1} // R_{B2} // [r_{be} + (1+\beta)R_E]$$
$$r_o = R_C$$

上述公式表明,去掉旁路电容后,电压放大倍数降低了,输入电阻提高了。这是因为电路引入了串联负反馈,负反馈内容下一章讨论。以上分析可用仿真方法加以验证。

例 6-1　电路如图 6-9(a)所示,要求:(1)测量静态工作点,并观察可变电阻 R_P 的变化对静态参数的影响;(2)测量电压放大倍数、输入电阻、输出电阻;(3)测量幅频特性,求出上、下限截止频率 f_H、f_L;(4)用示波器观察输入、输出电压波形,比较其相位关系。

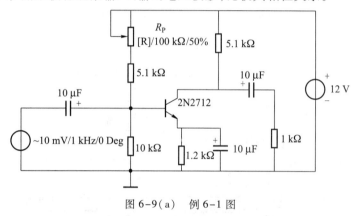

图 6-9(a)　例 6-1 图

解:用 EWB 软件仿真。晶体管型号及参数的设置方法:

双击晶体管,出现如图 6-9(b)所示的界面,在上面一行的属性中要选择 Models,然后选择 national 2 或 motorol 3,再选择型号 2N2712,接下来使用编辑(Edit)按钮修改晶体管的 β 参数(Forward Current Gain Coefficient),设为 50,晶体管其他参数的修改方法和 β 的相同。

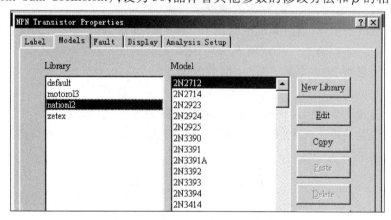

图 6-9(b)　选择晶体管型号、修改晶体管参数

输入信号的选择:

双击信号源,出现如图 6-9(c)所示的界面,在上面一行的属性中选择 Value,然后设定信号源频率(Frequency)为 1 kHz,幅值(Voltage)为 10 mV。

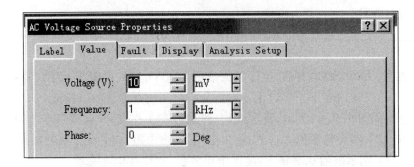

图 6-9(c)　设置信号源的幅值、频率

（1）静态工作点的测试　测试电路如图 6-9(d)所示。

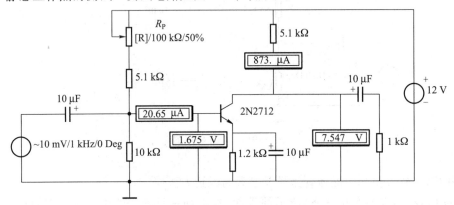

图 6-9(d)　静态工作点的测试电路及测试结果

打开仿真开关,各电压、电流的静态值便显示出来,判断静态工作点 Q 的位置是否合适(即 Q 是否在交流负载线的中点,这时集电极电位 U_{CC} 为 6 ~ 8 V)。若不合适,试作调整。然后改变可变电阻 R_P 的阻值,观察静态工作点随 R_P 的变化。

（2）电压放大倍数、输入电阻、输出电阻的测量。

电压放大倍数的测量:

用电压表直接接到放大电路的输出端,即可测得输出电压值,如图 6-9(e)所示。输出电压与输入电压的比值就是电压放大倍数。注意,这时的电压表要选择交流(AC)挡。

测量结果为

$$A_u = -\frac{235.9 \text{ mV}}{10 \text{ mV}} = -23.6$$

输入电阻的测量:

测试电路如图 6-9(f)所示。

输入电阻＝输入电压/输入电流

$$r_i = \frac{10 \text{ mV}}{7.372 \text{ μA}} = 1.36 \text{ kΩ}$$

输出电阻的测量:

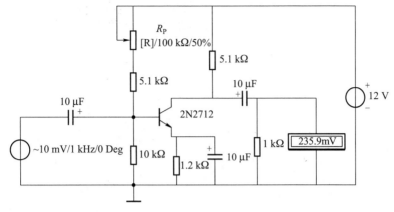

图 6-9(e)　输出电压测量电路

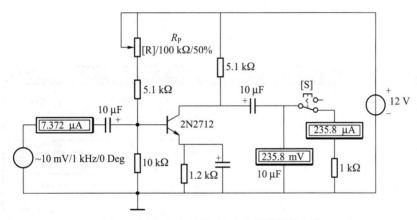

图 6-9(f)　输入电阻、输出电阻的测量电路

测试电路如图 6-9(f)所示,因为输出电阻=(空载电压-负载电压)/负载电流,所以只要测出空载电压、负载电压、负载电流这三个值就可求得输出电阻。这里采用一个切换开关 S 来分别测量空载电压和有载电压。注意图 6-9(f)中的电流表、电压表全部选交流(AC)挡。测量结果为

$$r_o = \frac{(1\,371-235.8)\,\text{mV}}{235.8\ \mu\text{A}} = 4.81\ \text{k}\Omega$$

(3) 幅频特性的测量　测量电路如图 6-9(g)所示。

双击波特图仪,在波特图仪的控制面板上,设定垂直轴的终值 F 为 60 dB,初值 I 为-60 dB,水平轴的终值 F 为 100 GHz,初值 I 为 25 mHz,且垂直轴和水平轴的坐标全设为对数方式(Log),观察到的幅频特性曲线如图 6-9(h)所示。用控制面板上的右移箭头将游标移到中频段,测得电压放大倍数为 28.77 dB,然后再用左移、右移箭头移动游标找出电压放大倍数下降 3 dB 时所对应的两处频率——下限截止频率 f_L 和上限截止频率 f_H,这里测得下限截止频率 f_L 为 582.1 Hz,上限截止频率 f_H 为 49.38 MHz,两者之差即为电路的通频带 f_{BW},这里 $f_{BW}=f_H-f_L$,约为 49.38 MHz。可见电路的通频带很宽。

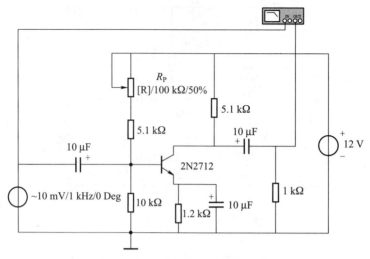

图 6-9(g)　幅频特性的测量电路

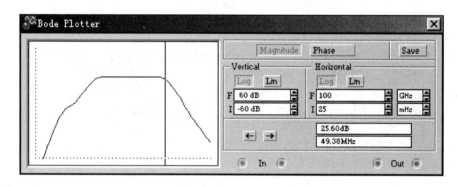

图 6-9(h)　幅频特性曲线

（4）输入、输出波形的测量。

将示波器的 A 通道接放大电路的输入端，B 通道接放大电路的输出端，如图 6-9(i) 所示。双击示波器，调小 Time base，使屏幕上出现清晰的波形，再分别调节 A 通道和 B 通道的水平位置（Y position），使两路波形上下错开，然后两通道分别选择合适的 V/Div 挡，即可观察到清晰的输入、输出电压波形，并能测出输入电压幅值约为 28 mV，输出电压幅值约为 400 mV，两者相比得到的就是电压放大倍数-14。波形显示，输出电压与输入电压反相位。示波器面板参数的选择如图 6-9(j) 所示。

输入、输出电压波形如图 6-9(j) 所示。

另外，改变可变电阻器 R_p 的阻值，可观察到截止失真和饱和失真。将 R_p 增大到 100% 最大值时，可观察到截止失真，波形如图 6-9(k) 所示；当 R_p 减小到 20% 最大值时，可观察到饱和失真，波形如图 6-9(l) 所示。

结论：

（1）单管共发射极放大电路的输出电压与输入电压反相位，且输出电压随负载电阻值的增

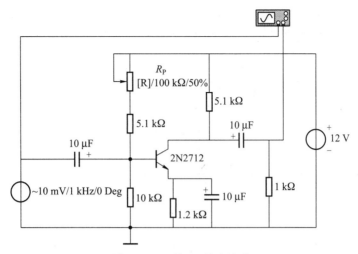

图 6-9(i)　输入、输出波形

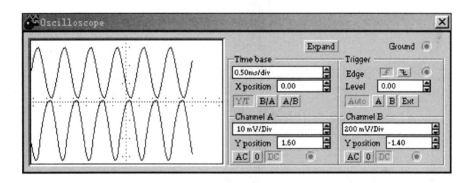

图 6-9(j)　输入、输出电压波形

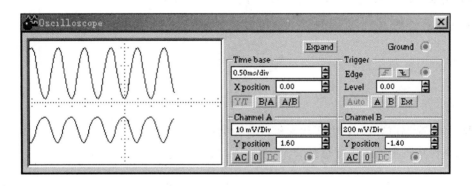

图 6-9(k)　截止失真波形

加而增大。

（2）改变 R_P 的阻值，电路的静态参数和电压放大倍数都会改变。

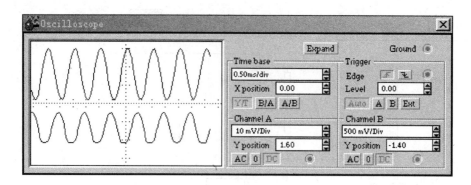

图 6-9(1)　饱和失真波形

例 6-2　电路如图 6-10 所示,已知 $\beta=50$,测量该放大器的电压放大倍数 A_u 及源电压放大倍数 A_{us},并观察发射极旁路电容对电压放大倍数的影响。

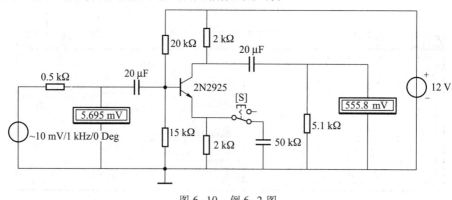

图 6-10　例 6-2 图

解:采用 EWB 软件仿真。测量电路如图 6-10 所示,由测量结果可知:

没有旁路电容时,电压放大倍数　　　$A_u = -\dfrac{6.542}{9.401} = -0.70$

有旁路电容时,电压放大倍数　　　$A_u = -\dfrac{555.8}{5.695} = -97.6$

源电压放大倍数　　　$A_{us} = -\dfrac{555.8}{10} = -55.6$

可见,加上旁路电容以后,电压放大倍数可大大提高。

注意:本例中的电压表全部选择交流(AC)挡。

6.3　共集电极放大电路

共集电极放大电路如图 6-11(a)所示,因从发射极经耦合电容输出,故又名射极输出器。其直流通路、交流通路、微变等效电路分别如图 6-11(b)、(c)、(d)所示。

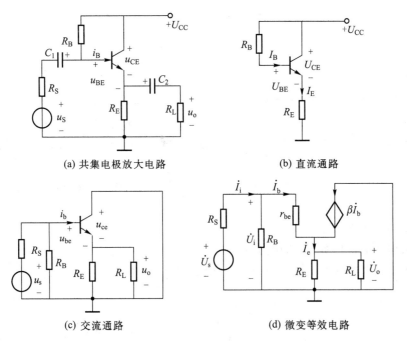

(a) 共集电极放大电路　　　　　　(b) 直流通路

(c) 交流通路　　　　　　　　(d) 微变等效电路

图 6-11　共集电极放大电路

6.3.1　分析计算

1. 静态工作点的估算

$$I_B = \frac{U_{CC} - U_{BE}}{R_B + (1+\beta)R_E}$$

$$I_C = \beta I_B \tag{6-10}$$

$$U_{CE} = U_{CC} - I_E R_E$$

2. 电压放大倍数

$$A_u = \frac{\dot{U}_o}{\dot{U}_i} = \frac{(1+\beta)\dot{I}_b(R_E//R_L)}{\dot{I}_b r_{be} + (1+\beta)\dot{I}_b(R_E//R_L)} = \frac{(1+\beta)(R_E//R_L)}{r_{be} + (1+\beta)(R_E//R_L)} \tag{6-11}$$

其中　　　　　　　　　　$$r_{be} = 300 + (1+\beta)\frac{26 \text{ mV}}{I_{EQ}(\text{mA})}$$

3. 输入 r_i、输出电阻 r_o

$$r_i = R_B//[r_{be} + (1+\beta)(R_E//R_L)]$$

$$r_o \approx \frac{r_{be}}{\beta}$$

6.3.2　特点

（1）输出 u_o 与输入 u_i 同相位，且其电压放大倍数 A_u 近于小于 1。

（2）输入电阻 r_i 很大，高达几十千欧到几百千欧。

（3）输出电阻 r_o 很小，一般在几欧到几十欧。

6.3.3 应用

由于射极输出器输入电阻大，常被用于多级放大电路的输入级。

由于射极输出器输出电阻小，常被用于多级放大电路的输出级。

射极输出器也常作为多级放大电路的中间级，起阻抗变换作用，从而提高多级共射放大电路的总电压放大倍数，改善其工作性能。

例6-3 电路如图6-12(a)所示，已知 $U_{CC}=12$ V, $R_B=120$ kΩ, $R_E=4$ kΩ, $R_L=4$ kΩ, 晶体管的 $\beta=40$。

（1）测量静态工作点；

（2）测量电压放大倍数、输入电阻、输出电阻；

（3）用示波器观察输入、输出电压波形，比较其相位关系。

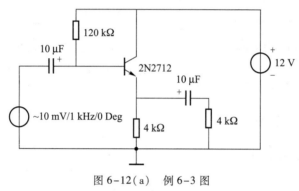

图6-12(a) 例6-3图

解：用 EWB 软件仿真。按例6-1方法选择晶体管型号并设参数 $\beta=40$，如图6-12(b)所示。

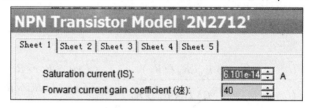

图6-12(b) 设置晶体管参数 $\beta=40$

（1）静态工作点的测试 测试电路及结果如图6-12(c)所示。

（2）电压放大倍数的测量 将电压表选择交流(AC)挡直接接到放大电路的输出端，即可测得输出电压值，如图6-12(d)所示。输出电压与输入电压的比值就是电压放大倍数。

测量结果为
$$A_u = \frac{9.912 \text{ mV}}{10 \text{ mV}} = 0.99$$

输入电阻的测量：

测试电路如图6-12(e)所示，注意图中的电流表、电压表全部选交流(AC)挡。

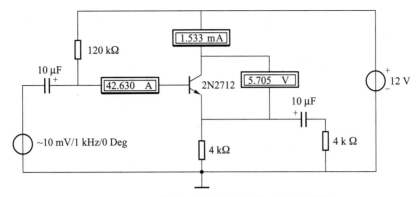

图 6-12(c)　静态工作点的测试电路及测试结果

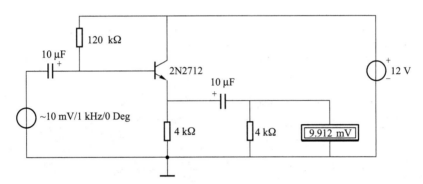

图 6-12(d)　电压放大倍数测量电路

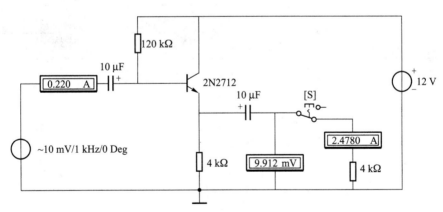

图 6-12(e)　输入电阻、输出电阻的测量电路

输入电阻=输入电压/输入电流,即

$$r_i = \frac{10 \ mV}{0.22 \ \mu A} = 45.5 \ k\Omega$$

输出电阻的测量:

测试电路如图 6-12(e)所示,方法如例 6-1 所述,测量结果为

$$r_o = \frac{(9.95 - 9.912)\,\text{mV}}{2.478\,\mu\text{A}} = 0.015\ 3\ \text{k}\Omega = 15.3\ \Omega$$

所有测量均与理论值基本吻合。

（3）观察输入、输出电压波形　示波器连接与调节方法同例 6-1，电路如图 6-12(f)所示。

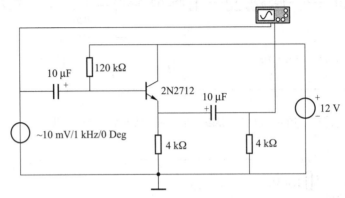

图 6-12(f)　输入、输出波形的测量电路

输入、输出电压波形如图 6-12(g)所示。

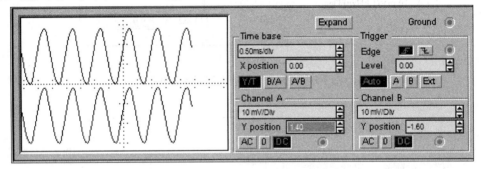

图 6-12(g)　输入、输出电压波形的测量结果

波形显示，输入、输出电压相位相同，大小基本相等。

本例直观地验证了射极输出器的三个特点。

6.4　差分放大电路

6.4.1　差分放大电路结构特点及抑制零漂原理

多级放大电路直接耦合最大的问题是存在零点漂移，而抑制零点漂移最有效的措施就是第一级采用差分放大电路。典型差分放大电路如图 6-13 所示。它由两个共射放大电路组成，共用一个发射极电阻 R_E。它具有镜像对称的特点，在理想情况下，两只晶体管的参数对称，集电极电阻对称，基极电阻对称，而且两只管子感受完全相同的温度，因而两管的静态工作点必然相同。

信号从两管的基极输入,从两管的集电极输出。若两边输入端短路($u_{I1}=u_{I2}=0$),则电路工作在静态,此时 $I_{B1}=I_{B2}$,$I_{C1}=I_{C2}$,$U_{C1}=U_{C2}$,输出电压为 $u_O=U_{C1}-U_{C2}=0$。当温度变化引起两管集电极电流发生变化时,两管的集电极电压也随之变化,这时两管的静态工作点都发生变化,由于对称性,两管的集电极电压变化的大小、方向相同,所以输出电压 $u_O=\Delta U_{C1}-\Delta U_{C2}$ 仍然等于 0,因此差分放大电路抑制了温度引起的零点漂移。

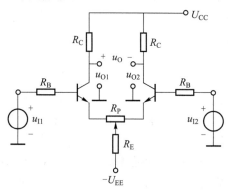

图 6-13　典型差分放大电路

6.4.2　差分放大电路的输入信号

差分放大电路的输入信号,一般有以下三种情况。

1. 共模输入

大小相等、极性相同,即 $u_{I1}=u_{I2}$,称为共模输入。这时两管的工作情况完全相同,所以输出电压 $u_o=\Delta u_{C1}-\Delta u_{C2}=0$,可见差分放大电路能抑制共模信号。

2. 差模输入

大小相等、极性相反,即 $u_{I1}=-u_{I2}$,称为差模输入。设 $u_{I1}<0$,$u_{I2}>0$,这时 u_{I1} 使 T_1 管的集电极电流减小 Δi_{C1},集电极电位增加 Δu_{C1};u_{I2} 使 T_2 管的集电极电流增加 Δi_{C2},集电极电位减小 Δu_{C2}。这样,两个集电极电位一增一减,呈现异向变化,其差值便是输出电压 $u_o=\Delta u_{C1}-(-\Delta u_{C2})=2\Delta u_{C1}$,可见差分放大电路能放大差模信号。

3. 差分输入(任意输入)

非共也非差,即 u_{I1}、u_{I2} 为任意信号时,为便于分析、处理,可将其分解为一对共模信号和一对差模信号的组合,即

$$u_{I1}=u_{Id}+u_{Ic}$$
$$u_{I2}=-u_{Id}+u_{Ic}$$

式中 u_{Id} 是差模信号,u_{Ic} 是共模信号。

例如 $u_{I1}=9\ \text{mV}$,$u_{I2}=-3\ \text{mV}$,则有 $u_{Ic}=3\ \text{mV}$,$u_{Id}=6\ \text{mV}$,即 $u_{I1}=6\ \text{mV}+3\ \text{mV}$,$u_{I2}=-6\ \text{mV}+3\ \text{mV}$。由于差分放大电路只能放大差模分量,亦即 u_{I1} 与 u_{I2} 的差,故其输出电压为

$$u_o=A_u(u_{I1}-u_{I2}) \tag{6-12}$$

从而称为差分输入信号。差分放大电路名称的含义也在于此。

6.4.3 差分放大电路的共模抑制能力

差分放大电路在共模信号作用下的输出电压与输入电压之比称为共模电压放大倍数,用 A_{oc} 表示。理想情况下,电路完全对称,$u_0 = 0$,$A_{oc} = 0$。

但实际上,由于每管的零点漂移依然存在,电路不可能完全对称,因此共模电压放大倍数并不为零。通常将差模电压放大倍数 A_{od} 与共模电压放大倍数 A_{oc} 之比定义为差分放大电路的共模抑制比,用 K_{CMRR}(Common Mode Rejection Ratio)表示,即

$$K_{CMRR} = \frac{A_{od}}{A_{oc}} \tag{6-13}$$

共模抑制比反映了差分放大电路抑制共模信号的能力,其值越大,电路抑制共模信号(零点漂移)的能力越强。对于差分放大电路,要求既要有大的差模放大倍数、又要有小的共模放大倍数,即共模抑制比 K_{CMRR} 越大越好。

例6-4 电路如图6-14(a)所示,已知晶体管型号为2N2712,$\beta = 50$,测量其静态工作点,并求差模放大倍数、共模放大倍数及共模抑制比。

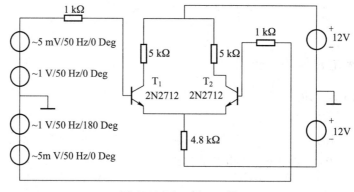

图6-14(a) 例6-4图

解:用 EWB 软件仿真。

(1)静态工作点的测量 测量静态工作点时需将输入信号短路,如图6-14(b)所示。

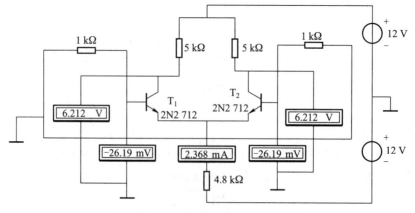

图6-14(b) 静态工作点的测量电路

测量结果为
$$U_{B_1} = U_{B_2} = -26.19 \text{ mV}$$
$$U_{C_1} = U_{C_2} = 6.212 \text{ V}$$
$$I_E = 2.368 \text{ mA}$$

（2）差模放大倍数的测量 测量电路如图6-14(c)所示。

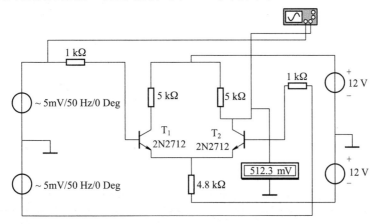

图 6-14(c) 差模放大倍数的测量电路

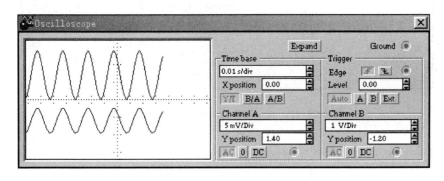

图 6-14(d) 差模输入时的输入、输出电压波形

由测量结果可知,单端输出时差模放大倍数
$$A_{od} = \frac{512.3}{10} = 51.23$$

这里输出电压与输入电压同相位,若输出电压从 T_1 管的集电极取出,则输出电压与输入电压反相位。差模输入时的输入、输出电压波形如图6-14(d)所示。

（3）共模放大倍数及共模抑制比的测量 测量电路如图6-14(e)所示。

由测量结果可知,共模放大倍数
$$A_{oc} = \frac{0.5039}{1} = 0.50$$

于是可知,共模抑制比为
$$K_{CMRR} = \frac{A_{od}}{A_{oc}} = \frac{51.23}{0.50} = 102.46$$

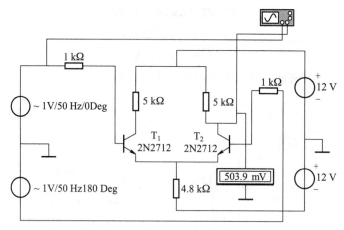

图 6-14(e)　共模放大倍数的测量电路

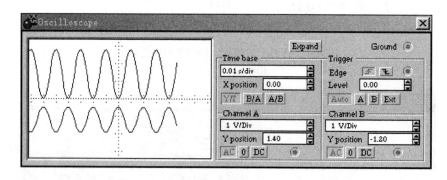

图 6-14(f)　共模输入时的输入、输出电压波形

共模输入时的输入、输出电压波形如图 6-14(f)所示。

6.5　功率放大电路

功率放大电路一般置于多级放大电路的末级或末前级。与电压放大电路不同,功率放大电路希望以尽可能小的失真和尽可能高的效率输出尽可能大的功率。

6.5.1　功率放大电路的类型

功率放大电路按静态工作点 Q 的不同设置,分为甲类功放、乙类功放和甲乙类功放。

1. 甲类功放

Q 点设在放大区的中间,Q 点和电流波形如图 6-15(a)所示。管子的静态电流 I_C 较大,所以,甲类功率放大器的缺点是损耗大、效率低。

2. 乙类功放

Q 点如图 6-15(b)示,Q 点在截止区时,管子只在信号的半个周期内导通。乙类状态下,信

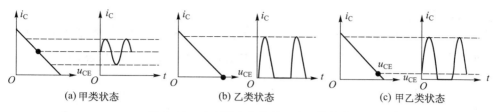

图 6-15　功率放大电路的三种工作状态

号等于零时,电源输出的功率也为零,信号增大时,电源供给的功率也随着增大,因而效率得到了提高,但此时波形严重失真。

3. 甲乙类功放

Q 点设在接近截止区的放大区。管子在信号的半个周期以上的时间内导通。甲乙类工作状态接近乙类工作状态。甲乙类状态下的 Q 点与电流波形如图 6-15(c)所示。

功率放大电路按输出方式的不同有:不用变压器耦合的功放 OTL(Output Transformer Less);不需要输出电容的功放 OCL(Output Capacitor Less)。

6.5.2　互补对称功率放大电路

1. 乙类互补对称功率放大电路

图 6-16 为工作于乙类状态的 OCL 互补对称功率放大电路。电路由两只特性及参数完全对称、类型却不同(NPN 和 PNP)的晶体管组成射极输出器。输入信号接于两管的基极,负载 R_L 接于两管的发射极,由正、负等值的双电源供电。

静态时($u_i = 0$),两管均无直流偏置,A 点电位 $V_A = 0$,两管处于乙类工作状态。

动态时($u_i \neq 0$),设输入为正弦信号。当 $u_i > 0$ 时,T_1 导通,T_2 截止;当 $u_i < 0$ 时,T_2 导通,T_1 截止,这样,一个周期内 T_1、T_2 两管轮流导通,使输出 u_o 获得完整的正弦信号。采用射极输出器的形式,提高了电路的输入电阻和带负载能力。

互补对称电路中,一管导通、一管截止,截止管承受的最高反向电压接近 $2U_{CC}$。

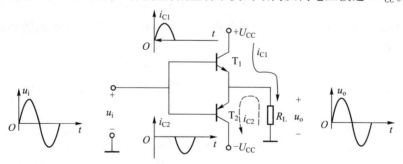

图 6-16　乙类 OCL 互补对称功率放大电路

2. 甲乙类 OCL 互补对称功率放大电路

工作在乙类状态的 OCL 互补对称功率放大电路,由于发射结存在"死区"。当 $|u_{be}| < U_T$ 时,T_1、T_2 都截止,此时负载电阻上电流为零,出现一段死区,使输出波形在正、负半周交界处出现失

真,如图 6-17 所示,这种失真称为交越失真。

为了克服交越失真,静态时,给两只管子提供较小的能消除交越失真所需的正向偏置电压,使两管均处于微导通状态,如图 6-18 所示。放大电路处在甲乙类工作状态,因此,称为甲乙类 OCL 互补对称功率放大电路。

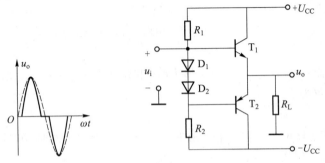

图 6-17　交越失真　　图 6-18　甲乙类 OCL 互补对称功率放大电路

3. 单电源 OTL 互补对称功率放大电路

图 6-19 所示为单电源的 OTL 互补对称功率放大电路。电路中放大元件仍是两只不同类型但特性和参数对称的晶体管,其特点是由单电源供电,输出端通过大电容量的耦合电容 C_L 与负载电阻 R_L 相连。

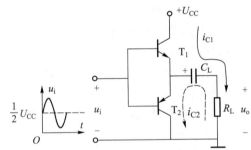

图 6-19　单电源的 OTL 互补对称功率放大电路

例 6-5　OCL 互补对称功率放大电路如图 6-20(a)所示,分别观察甲乙类和乙类工作状态下输出电压的波形。

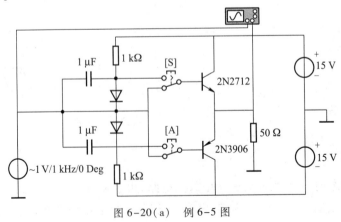

图 6-20(a)　例 6-5 图

解:用 EWB 软件仿真。测量结果如图 6-20(b)、图 6-20(c)所示。

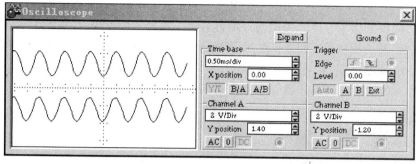

图 6-20(b)　甲乙类工作状态下输入、输出电压波形

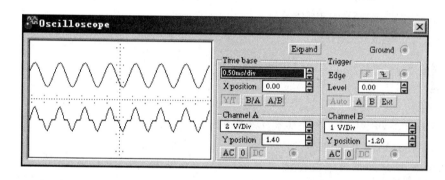

图 6-20(c)　乙类工作状态下输入、输出电压波形

可见,在甲乙类工作状态下输出电压波形没有失真,但在乙类工作状态下输出电压波形在正负半周交界的地方出现了交越失真。

6.6　绝缘栅型场效应管

场效应管是一种电压控制器件,它输入电阻高(可达 $10^9\Omega \sim 10^{15}\Omega$),噪声低,受温度、辐射影响小,耗电低,制作工艺简单,便于集成,因此应用广泛。

场效应管按结构的不同可分为结型和绝缘栅型,结型场效应管因其漏电流较大已基本不用。绝缘栅型场效应管具有金属(Metal)-氧化物(Oxide)-半导体(Semiconductor)结构,简称为 MOS 管。MOS 管按工作性能可分为耗尽型和增强型;按所用基片(衬底)材料不同,又可分为 P 沟道和 N 沟道导电型。本节以 N 沟道增强型 MOS 管为例简要介绍。

6.6.1　N 沟道增强型 MOS 管

1. 结构与工作原理

图 6-21(a)是 N 沟道增强型 MOS 管的结构示意图。用一块 P 型半导体为衬底,在衬底上面

的左、右两边制成两个高掺杂浓度的 N 型区,用 N⁺表示,在这两个 N⁺区各引出一个电极,分别称为源极 S 和漏极 D,管子的衬底也引出一个电极称为衬底引线 b。工作时 b 通常与 S 相连接。在这两个 N⁺区之间的 P 型半导体表面做出一层很薄的二氧化硅绝缘层,再在绝缘层上面喷一层金属铝并引出电极,称为栅极 G。图 6-21(b)是 N 沟道增强型 MOS 管的符号。P 沟道增强型 MOS 管是以 N 型半导体为衬底,再制作两个高掺杂浓度的 P⁺区做源极 S 和漏极 D,其符号如图 6-21(c),衬底 b 的箭头方向是区别 N 沟道和 P 沟道的标志。

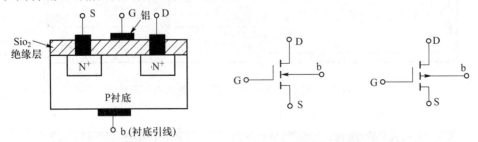

(a) N 沟道增强型 MOS 管结构　　　(b) N 沟道增强型 MOS 管的符号　(c) P 沟道增强型 MOS 管的符号

图 6-21　增强型 MOS 管的结构和符号

如图 6-22 所示,当 $U_{GS}=0$ 时,由于漏源极之间有两个背向的 PN 结而不存在导电(载流子)沟道,所以即使 D、S 间电压 $U_{DS}\neq0$,也有 $I_D=0$;只有 U_{GS} 增大到某一值时,在由栅极指向 P 型衬底的电场作用下,衬底中的电子被吸引到两个 N⁺区之间形成了漏源极之间的(载流子)导电沟道,电路中才有电流 I_D。与此对应的 U_{GS} 称为开启电压 $U_{GS(th)}$。U_{GS} 值越大,电场作用越强,能导电的载流子数越多,沟道越宽,沟道电阻越小,一定 U_{DS} 下的 I_D 就越大,这就是增强型的含义。

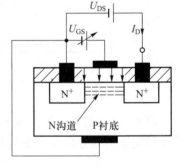

图 6-22　U_{GS} 对沟道的影响

2. 输出特性与转移特性

输出特性是指 U_{GS} 为一固定值时,i_D 与 u_{DS} 之间的关系,即

$$i_D=f(u_{DS})\Big|_{U_{GS}=常数} \tag{6-14}$$

与晶体管类似,输出特性也有三个区:可变电阻区,恒流区和截止区,如图 6-23 所示。

(1) 可变电阻区　图 6-23(a)的 Ⅰ 区。该区对应 $U_{GS}>U_{GS(th)}$,u_{DS} 很小的情况。该区的特点是:若 U_{GS} 不变,i_D 随着 u_{DS} 的增大而线性增加,可以看成是一个电阻,对应不同的 U_{GS} 值,各条特性曲线直线部分的斜率不同,即阻值发生改变。因此该区是一个受 U_{GS} 控制的可变电阻区,工作在这个区的场效应管相当于一个压控电阻。

(2) 恒流区(亦称饱和区,放大区)　图 6-23(a)的 Ⅱ 区。该区对应 $U_{GS}>U_{GS(th)}$,u_{DS} 较大,该区的特点是若 U_{GS} 固定为某个值时,i_D 基本不随 u_{DS} 的变化而变化,特性曲线近似为水平线,因此称为恒流区。而不同的 U_{GS} 值可感应出不同宽度的导电沟道,产生不同大小的漏极电流 I_D,可以用一个参数——跨导 g_m 来表示 U_{GS} 对 I_D 的控制作用。g_m 定义为

$$g_m=\frac{\Delta I_D}{\Delta U_{GS}}\Big|_{U_{DS}=常数} \tag{6-15}$$

(3) 截止区(夹断区)　该区对应于 $U_{GS}\leq U_{GS(th)}$ 的情况,这个区的特点是:由于没有感生出

沟道,故电流 $i_D = 0$,管子处于截止状态。

另外,图 6-23(a) 的 Ⅲ 区为击穿区,当 u_{DS} 增大到某一值时,栅漏极间的 PN 结会反向击穿,使 i_D 急剧增加。如不加限制,会造成管子损坏。

转移特性是指 U_{DS} 为固定值时,i_D 与 u_{GS} 之间的关系,表示了 u_{GS} 对 i_D 的控制作用,即

$$i_D = f(u_{GS}) \Big|_{U_{DS}=常数} \tag{6-16}$$

由于工作在恒流区,不同的 u_{DS} 所对应的转移特性曲线基本上是重合在一起的,如图 6-23(b) 所示。这时 i_D 可以近似地表示为

$$i_D = I_{DSS} \left(1 - \frac{u_{GS}}{U_{GS(th)}} \right)^2 \tag{6-17}$$

其中 I_{DSS} 是 $U_{GS} = 2U_{GS(th)}$ 时的 i_D 值。

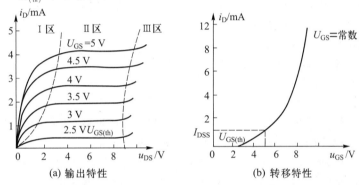

图 6-23　N 沟道增强型 MOS 管的特性曲线

6.6.2　CMOS 管简介

集成 MOS 管的结构与分立元件 MOS 管的结构完全相同,在集成 MOS 管电路中,常采用 N 沟道 MOS 管与 P 沟道 MOS 管组成互补电路,简称 CMOS(Complementary Metal Oxide Semiconductor)管,其符号如图 6-24 所示。该电路功耗小,工作电源电压范围宽,输入电流非常小,连接方便,是目前应用最广泛的集成电路之一。

图 6-24　CMOS 管符号

习　题

【概念题】

6-1　(1) 如何用万用表电阻挡来判断一只晶体管的好坏?

(2) 如何用万用表电阻挡来判断一只晶体管的类型和区分三个管脚?

6-2　测得工作在放大电路中几只晶体管三个电极电位 U_1、U_2、U_3 分别为下列各组数值,判断它们是 NPN 型还是 PNP 型? 是硅管还是锗管? 确定 E、B、C。

(1) $U_1 = 3.5\text{ V}$,　$U_2 = 4.2\text{ V}$,　$U_3 = 12\text{ V}$　　　　(2) $U_1 = 3.5\text{ V}$,　$U_2 = 3.2\text{ V}$,　$U_3 = 9\text{ V}$

(3) $U_1 = -6\text{ V}$,　$U_2 = -6.7\text{ V}$,　$U_3 = -12\text{ V}$　　(4) $U_1 = -4.2\text{ V}$,　$U_2 = -3.5\text{ V}$,　$U_3 = -10\text{ V}$

6-3　(1) 放大电路为什么要设置静态工作点? 静态值 I_B 能否为零? 为什么?

(2) 在放大电路中,为使电压放大倍数 $A_u(A_{us})$ 大一些,希望负载电阻 R_L 大一些好,还是小一些好? 为什么? 希望信号源内阻 R_S 大一些好,还是小一些好? 为什么?

(3) 放大电路的输入电阻和输出电阻分别是大一些好,还是小一些好? 为什么?

(4) 什么是放大电路的非线性失真? 有哪几种? 如何消除?

【分析仿真题】

6-4　在题 6-4 图所示电路中,晶体管的 $\beta = 50$,$R_C = 3.2\text{ k}\Omega$,$R_B = 320\text{ k}\Omega$,$R_S = 100\ \Omega$,$R_L = 6.8\text{ k}\Omega$,$U_{CC} = 15\text{ V}$。(1) 求静态工作点;(2) 画出微变等效电路;(3) 计算 A_u、r_i 和 r_o。

6-5　电路如题 6-5 图所示。(1) 若 $U_{CC} = 12\text{ V}$,$R_C = 3\text{ k}\Omega$,$\beta = 75$,要将静态值 I_C 调到 1.5 mA,则 R_B 为多少? (2) 在调节电路时若不慎将 R_B 调到 0,对晶体管有无影响? 为什么? 通常采取何种措施来防止发生这种情况?

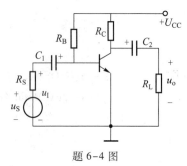

题 6-4 图

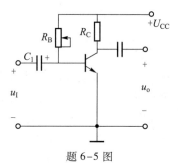

题 6-5 图

6-6　题 6-6 图所示的分压式偏置电路中,已知 $U_{CC} = 24\text{ V}$,$R_{B1} = 33\text{ k}\Omega$,$R_{B2} = 10\text{ k}\Omega$,$R_E = 1.5\text{ k}\Omega$,$R_C = 3.3\text{ k}\Omega$,$R_L = 5.1\text{ k}\Omega$,$\beta = 66$,硅管。试:(1) 求静态工作点;(2) 画出微变等效电路,计算电路的电压放大倍数、输入电阻、输出电阻。(3) 求放大电路输出端开路时的电压放大倍数,并说明负载电 R_L 对电压放大倍数的影响。

6-7　题 6-7 图所示电路为射极输出器。已知 $U_{CC} = 20\text{ V}$,$R_B = 200\text{ k}\Omega$,$R_E = 3.9\text{ k}\Omega$,$R_s = 100\ \Omega$,$R_L = 1.5\text{ k}\Omega$,$\beta = 60$,硅管。试:(1) 求静态工作点;(2) 画出微变等效电路,计算电路的电压放大倍数、输入电阻、输出电阻。(3) 说明射极输出器的特点及主要应用场合。

6-8　题 6-8 图所示电路中,已知 $U_{CC} = 12\text{ V}$,$R_B = 280\text{ k}\Omega$,$R_C = R_E$

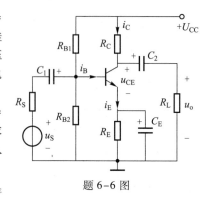

题 6-6 图

$=2$ kΩ, $r_{be} = 1.4$ kΩ, $\beta = 100$, 硅管。试：(1) 求在 A 端输出时的电压放大倍数 A_{uo1} 及输入、输出电阻；(2) 求在 B 端输出时的电压放大倍数 A_{uo2} 及输入、输出电阻；(3) 比较在 A 端、B 端输出时，输出与输入的相异处及输入电阻、输出电阻的情况。

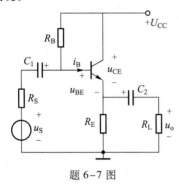

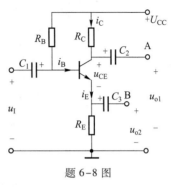

题 6-7 图　　　　　　　　　　题 6-8 图

第7章 集成运算放大器

集成电路是相对于分立元件电路而言的,就是将电路的所有元器件和连线都制作在同一半导体芯片上,组成一个不可分割的整体。集成运算放大器实质上是一种高增益的多级直接耦合放大电路,简称集成运放,常用来运算和处理各种模拟信号。

7.1 集成运算放大器简介

7.1.1 集成运放的组成、管脚功能与符号

1. 组成

集成运放一般由输入级、中间级、输出级、偏置电路四部分组成。其中输入级常用双端输入的差分放大电路,其静态电流小,输入电阻高,差模放大倍数大,抑制共模信号的能力强;中间级的主要任务是提供足够大的电压放大倍数;输出级要具有较低的输出电阻和较高的输入电阻,常用射极跟随器或互补对称输出电路;偏置电路向各级提供静态工作点。

2. 管脚功能

集成运放的内部电路结构虽然较复杂,但使用时主要掌握各管脚的含义和性能参数即可。集成运放的硅片密封在管壳之内,向外引出管脚(接线端)。管壳外形通常有双列直插式、扁平式和圆壳式三种。图 7-1 所示为 LM741 集成运放的外形结构和管脚排列图。它有八个管脚。

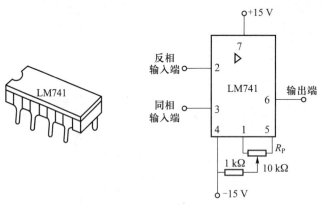

图 7-1 LM741 集成运放外形与管脚排列图

(1)输入端和输出端 LM741 的管脚 2、3 和 6 分别对应两个输入端 u_-、u_+ 和一个输出端 u_0,两个输入端分别称为反相输入端和同相输入端,信号从反相输入端输入时,输出信号与输入

信号反相;信号从同相输入端输入时,输出信号与输入信号同相。

（2）电源端 管脚 7 与 4 为外接电源端,为集成运放提供直流电源。

（3）调零端 管脚 1 和 5 为外接调零补偿可变电阻端。集成运放的输入级虽为差分电路,但当输入信号为零时,输出一般不为零。调节可变电阻 R_P,可使输入信号为零时输出信号也为零。

实际上,可以把集成运放看作是一个双端输入、单端输出,且具有高差模放大倍数、高输入电阻、低输出电阻且能抑制温度漂移的放大电路。不同型号集成运放各管脚的功能不同,使用时需查手册了解清楚。

3. 符号

理想运算放大器的符号如图 7-2 所示。

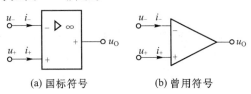

(a) 国标符号　　　　　　　(b) 曾用符号

图 7-2　理想运算放大器的符号

7.1.2　集成运放的电压传输特性与理想化模型

1. 集成运放的电压传输特性

输出电压 u_O 与输入电压 (u_+-u_-) 之间的关系曲线称为电压传输特性。对于采用正、负电源供电的集成运放,电压传输特性如图 7-3 所示。

从传输特性可以看出,集成运放有两个工作区,线性放大区和饱和区。在线性区,曲线的斜率就是放大倍数;在饱和区,输出电压不是 U_{O+} 就是 U_{O-}(U_{O+} 与 U_{O-} 为接近正电源与负电源的电压值)。

由传输特性可知,当集成运放在线性区工作时,输出电压 u_O 与输入电压 (u_+-u_-) 呈线性关系,即

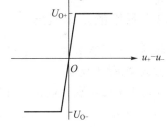

图 7-3　集成运放的电压传输特性

$$u_O = A_{od}u_I = A_{od}(u_+-u_-) \qquad (7-1)$$

集成运放是一个线性放大器件。由于 A_{od} 很高,即使输入毫伏级以下的信号,也足以使输出电压饱和而达到其饱和值(U_{O+} 或 U_{O-});另外,由于干扰,使电路难于稳定。所以要使集成运放工作于线性区,通常要引入深度电压负反馈。

2. 理想运算放大器

所谓理想的运算放大器,就是将集成运放的各项技术指标理想化,即:

（1）开环差模电压放大倍数 $A_{od}\to\infty$;

（2）输入电阻 $r_{id}\to\infty$;

（3）输出电阻 $r_o\to0$;

（4）共模抑制比 $K_{CMRR}\to\infty$。

由于实际集成运放的技术指标与理想运放比较接近,因此,在分析电路工作原理时,用理想

运放代替实际集成运放所带来误差并不严重,在一般的工程计算中是允许的。

3. 理想运放的工作特性

理想运放的电压传输特性如图 7-4 所示。工作于线性区和非线性区的理想运放具有不同的特性。

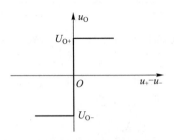

1)线性区

当理想运放工作于线性区时,$u_0 = A_{od}(u_+ - u_-)$,因 $A_{od} \to \infty$,所以 $u_+ - u_- = 0$,即 $u_+ = u_-$(称为"虚短");又因 $r_{id} \to \infty$,故流入理想运放同相输入端和反相输入端的电流 i_+、i_- 为 $i_+ = i_- = 0$(称为"虚断")。为稳定输出电压,理想运放需引入负反馈。

图 7-4　理想运放的电压传输特性

2)非线性区

(1)由于理想运放工作在开环状态,所以 $u_0 \neq A_{od}(u_+ - u_-)$,即 $u_+ \neq u_-$。

当 $u_+ > u_-$ 时,$u_0 = +U_{0+}$;

当 $u_+ < u_-$ 时,$u_0 = U_{0-}$;

而 $u_+ = u_-$ 为 U_{0+} 与 U_{0-} 的转折点。

(2)输入电阻 $r_{id} \to \infty$,因此 $i_+ = i_- = 0$。

7.2　放大电路中的反馈

工程实际中,为改善放大电路的工作性能,总要引入反馈。

7.2.1　反馈的基本概念

将输出量的部分或全部通过一定形式反送给输入回路并与输入信号一起共同作用于放大电路的输入端,称为反馈。

实际上大多数放大电路是由基本放大电路和反馈网络组成,如图 7-5 所示。在图中,X_i、X_d、X_o、X_f 分别表示输入信号、净输入信号、输出信号、反馈信号,它们可以是电压,也可以是电流,一般为相量。

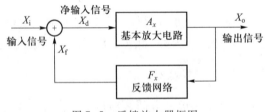

图 7-5　反馈放大器框图

7.2.2　反馈放大电路的基本类型及判断方法

1. 有无反馈的判断

根据定义,若放大电路中存在将输出信号的部分或全部反送给输入回路,并由此影响放大电路净输入的通路,则表明电路引入了反馈。

2. 反馈信号的极性及其判断

放大电路中的反馈有正、负之分。若反馈信号削弱了放大电路的净输入信号、导致放大电路放大倍数降低的,为负反馈;反之,若反馈信号使放大电路的净输入信号增强,导致放大电路放大倍数增大的,则为正反馈。

反馈极性即指正、负反馈,常采用瞬时极性法判断:首先假定输入信号在某一时刻的极性为⊕,然后沿着放大通路逐级判断电路中各相关点信号的极性,从而得到输出信号的极性;再沿着反馈通路将这一极性的信号反送到输入回路,若反馈信号使电路的净输入增加,就是正反馈,若反馈信号使电路的净输入减小,就是负反馈。

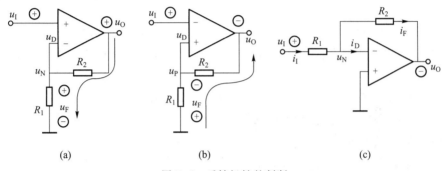

图 7-6　反馈极性的判断

例如,在图 7-6(a)所示的电路中,首先设输入信号瞬时极性为正,经集成运放放大,输出为正(因输入信号加在同相输入端),再将正的输出信号经电阻 R_2 反馈给输入回路一个正的 u_F,这时电路的净输入为 $u_D = u_I - u_F$,所以 $u_D < u_I$,净输入减小,说明该电路引入负反馈。

在图 7-6(b)所示的电路中,首先设输入信号瞬时极性为正,经集成运放放大,输出为负(因输入信号加在反相输入端),再将负的输出信号经电阻 R_2 反馈给输入回路一个负的 u_F,这时电路的净输入为 $u_D = u_I - u_F$,所以 $u_D > u_I$,净输入增加,说明该电路引入正反馈。

在图 7-6(c)所示的电路中,首先设输入信号瞬时极性为正,经集成运放放大,输出为负(因输入信号加在反相输入端),再将负的输出信号经电阻 R_2 反馈给输入回路一个负的 i_F,这时电路的净输入为 $i_D = i_I + i_F$,所以 $i_D < i_I$,净输入减小,说明该电路引入负反馈。

另外,在反馈放大电路中,若反馈回来的信号是直流,称为直流反馈;若反馈回来的信号是交流,称为交流反馈;若反馈信号中既有交流分量,又有直流分量,则为交、直流反馈。直流反馈的作用是稳定静态工作点,而交流反馈的作用主要是改善放大性能。

3. 电压反馈与电流反馈

电压与电流反馈是指从输出端所采样的反馈信号形式。若反馈量取自输出电压,称为电压反馈;若反馈量取自输出电流,称为电流反馈。

电压反馈与电流反馈常用短路法判断:即将放大电路输出端的负载短路,若反馈不存在就是电压反馈,否则就是电流反馈。

例如图 7-7(a)所示电路引入的是电压反馈,而图 7-7(b)所示电路引入的是电流反馈。

4. 串联反馈与并联反馈

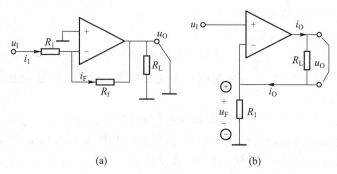

图 7-7　电压反馈与电流反馈的判断

串联与并联反馈是指在输入端反馈信号与输入信号的连接方式。若放大电路的输入信号与反馈信号是以串联形式连接,则为串联反馈;若放大电路的输入信号与反馈信号是以并联形式连接,则为并联反馈。

串联反馈与并联反馈的判断方法:从输入端看,若反馈信号反送到原输入支路上,则为并联反馈,如图 7-7(a)所示;若反馈信号未反送到原输入支路,而是反送到放大电路的另一输入端,则为串联反馈,如图 7-7(b)所示。

7.2.3　负反馈对放大电路性能的影响

引入负反馈后,放大倍数有所降低,但却可以改善放大电路的动态性能。

(1)提高放大倍数的稳定性。

(2)减小非线性失真。

(3)展宽放大电路的通频带。

(4)稳定输出电压或输出电流。

(5)对输出电阻和输入电阻产生影响。

串联负反馈使输入电阻 r_i 增大;并联负反馈使输入电阻 r_i 减小。

电压负反馈具有稳定输出电压的作用,因此输出电阻 r_o 减小。

电流负反馈具有稳定输出电流的作用,因此输出电阻 r_o 增大。

例 7-1　电路如图 7-8(a)、(b)所示,要求:(1)用示波器观察引入负反馈对非线性失真的改善;(2)测量输入电阻,并比较结果;(3)测量输出电阻,并比较结果。

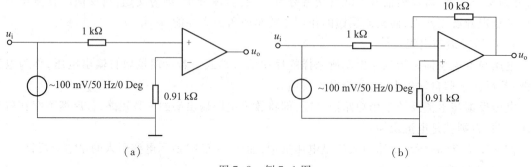

图 7-8　例 7-1 图

解：用 EWB 软件仿真。

（1）波形测量电路如图 7-8(c)、(d)所示,测量结果如图 7-8(e)、(f)所示。显然,引入负反馈后饱和失真得到了明显改善。

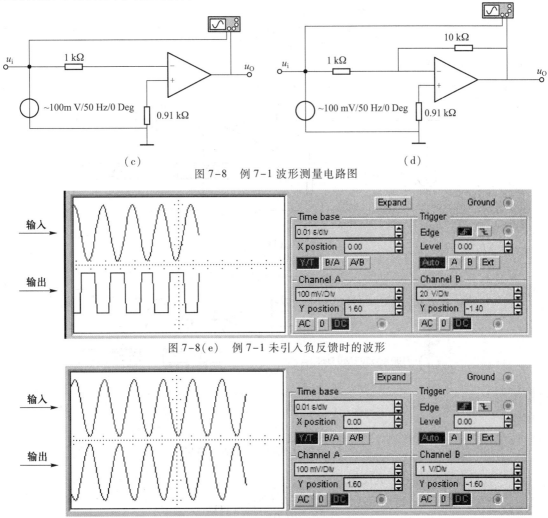

（c）　　　　　　　　　　　　　　　　　　　　　（d）

图 7-8　例 7-1 波形测量电路图

图 7-8(e)　例 7-1 未引入负反馈时的波形

图 7-8(f)　例 7-1 引入负反馈时的波形

（2）输入电阻的测量电路如图 7-8(g)、(h)所示。

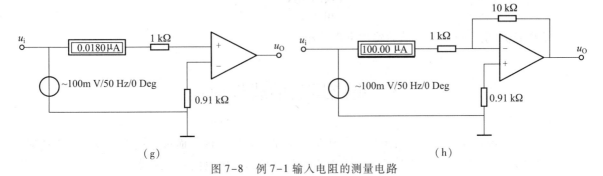

（g）　　　　　　　　　　　　　　　　　　　　（h）

图 7-8　例 7-1 输入电阻的测量电路

图 7-8(g)所示为未引入负反馈时

$$r_i = \frac{100\,\mathrm{mV}}{0.018\,\mu\mathrm{A}} \approx 5.56\ \mathrm{M\Omega}$$

图 7-8(h)所示为引入负反馈时

$$r_i = \frac{100\,\mathrm{mV}}{100\,\mu\mathrm{A}} = 1\,\mathrm{k\Omega}$$

结果表明,引入并联负反馈后输入电阻减小。

(3) 输出电阻的测量电路如图 7-8(i)、(j)所示。

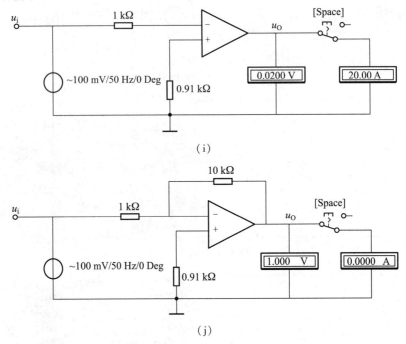

(i)

(j)

图 7-8　例 7-1 输出电阻的测量电路

图 7-8(i)所示为未引入负反馈时

$$r_o = \frac{20\,\mathrm{V} - 0.020\,\mathrm{V}}{20.0\,\mathrm{A}} \approx 1\,\Omega$$

图 7-8(j)所示为引入负反馈时

$$r_o = \frac{1\,\mathrm{V} - 0.020\,\mathrm{V}}{20.0\,\mathrm{A}} \approx 0.05\,\Omega$$

结果表明,引入电压负反馈后输出电阻减小。

7.3　集成运放的线性应用

在 7.1 中曾提到引入深度负反馈后集成运放会工作在线性区。而理想运放在线性区工作时具有两个特点——"虚短"和"虚断",这将作为本节分析运算电路的基本出发点。

7.3.1 比例运算电路

1. 反相比例运算电路

电路如图 7-9 所示,由于集成运放的同相端经电阻 R_2 接地,依据"虚断"的特性,该电阻上没

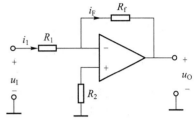

有电流,所以没有电压降,即集成运放的同相端是接地的;由"虚短"的概念可知,同相端与反相端的电位相同,所以反相端也相当于接地,由于没有实际接地,所以称为"虚地"。

为了使集成运放两输入端的外接电阻对称,同相输入端所接电阻 R_2 等于反相输入端对地的等效电阻,即 $R_2 = R_1 // R_f$,称为平衡电阻。

利用"虚断"概念,由图得

图 7-9 反相比例运算电路

$$i_1 = i_F$$

利用"虚地"概念

$$u_+ = u_- = 0$$

$$i_1 = \frac{u_1 - u_-}{R_1} = \frac{u_1}{R_1}$$

$$i_F = \frac{u_- - u_0}{R_f} = -\frac{u_0}{R_f}$$

最后得

$$u_0 = -\frac{R_f}{R_1} u_1 \qquad\qquad (7-2)$$

2. 同相比例运算电路

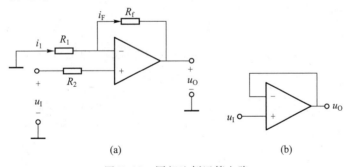

(a)   (b)

图 7-10 同相比例运算电路

同相比例运算电路如图 7-10(a)所示,利用"虚断"的概念有

$$i_1 = i_F$$

利用"虚短"的概念有

$$i_1 = \frac{0 - u_-}{R_1} = \frac{-u_+}{R_1} = \frac{u_1}{R_1}$$

$$i_F = \frac{u_- - u_0}{R_f} = \frac{u_1 - u_0}{R_f}$$

最后得到输出电压的表达式为

$$u_0 = \left(1 + \frac{R_f}{R_1}\right) u_1 \tag{7-3}$$

同理，R_2 也是为输入对称而设置的平衡电阻。

图 7-10(a) 中，若有 $R_1 = \infty$ 或 $R_f = 0$，则

$$u_0 = u_I \tag{7-4}$$

即输出电压跟随输入电压同步变化，该电路称为电压跟随器，如图 7-10(b) 所示。

7.3.2　加法与减法运算电路

1. 加法运算电路

反相加法运算电路由图 7-11 所示。由图得

$$i_1 + i_2 + i_3 = i_F$$

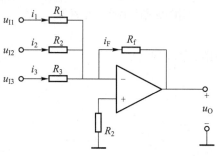

其中　　$i_1 = \dfrac{u_{I1}}{R_1}$　$i_2 = \dfrac{u_{I2}}{R_2}$　$i_3 = \dfrac{u_{I3}}{R_3}$　$i_F = -\dfrac{u_0}{R_f}$

所以有

$$u_0 = -R_f \left(\frac{u_{I1}}{R_1} + \frac{u_{I2}}{R_2} + \frac{u_{I3}}{R_3}\right) \tag{7-5}$$

若 $R_1 = R_2 = R_3 = R_f = R$，则有

$$u_0 = -\frac{R_f}{R}(u_{I1} + u_{I2} + u_{I3}) \tag{7-6}$$

又当 $R_1 = R_f$ 时，上式就成为

图 7-11　反相加法运算电路

$$u_0 = -(u_{I1} + u_{I2} + u_{I3}) \tag{7-7}$$

R_2 是平衡电阻，应保证 $R_2 = R_1 // R_2 // R_3 // R_f$。

2. 减法运算电路

利用差分放大电路实现减法运算的电路如图 7-12 所示。由图可得

$$i_1 = i_f$$

$$\frac{u_{I1} - u_-}{R_1} = \frac{u_- - u_0}{R_f}$$

$$\frac{u_{I2} - u_+}{R_2} = \frac{u_+}{R_3}$$

由于 $u_- = u_+$，所以

$$u_0 = \left(1 + \frac{R_f}{R_1}\right)\left(\frac{R_3}{R_2 + R_3}\right) u_{I2} - \frac{R_f}{R_1} u_{I1} \tag{7-8}$$

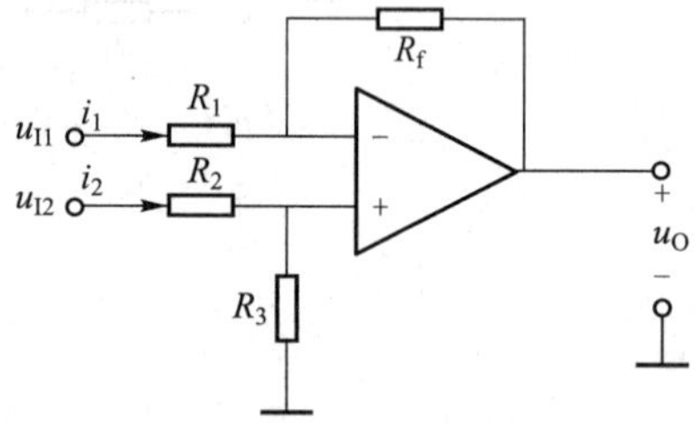

当 $R_1 = R_2 = R_3 = R_f$ 时

图 7-12　减法运算电路

$$u_0 = u_{I2} - u_{I1} \tag{7-9}$$

此时电路便为减法运算电路。

7.3.3　积分与微分运算电路

1. 积分运算电路

反相积分运算电路如图 7-13 所示。利用"虚地"的概念,有

$$i_1 = i_F = \frac{u_1}{R_1}$$

所以

$$u_O = -u_C = -\frac{1}{C_f}\int i_F \mathrm{d}t = -\frac{1}{C_f R_1}\int u_1 \mathrm{d}t \qquad (7-10)$$

若输入为阶跃电压,则有

$$u_O = -\frac{U_i}{R_1 C_f}t$$

注意,积分电路是受电源电压制约的,一定时间后输出
电压将趋于饱和。

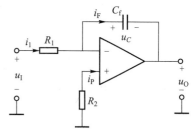

图 7-13　反相积分运算电路

2. 微分运算电路

微分运算电路如图 7-14 所示,下面介绍该电路输出电压的表达式。

根据"虚短"、"虚断"的概念,电容两端的电压 $u_C = u_I$,所
以有

$$i_F = i_C = C\frac{\mathrm{d}u_I}{\mathrm{d}t}$$

输出电压　　$$u_O = -i_F R_f = -R_f C\frac{\mathrm{d}u_I}{\mathrm{d}t} \qquad (7-11)$$

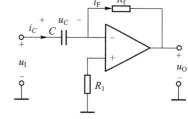

图 7-14　微分运算电路

例 7-2　电路如图 7-15(a)、(b)所示,分别测量两种输
入信号下对应的输出电压。

解：用 EWB 软件仿真。该电路给出了两种输入电压信号,一种为直流 0.5 V,另一种为交流
$U_i = 0.5$ V,$f = 1$ kHz。

测量电路及结果如图 7-15(a)、图 7-15(b)所示。

注意:测量时图 7-15(a)中的电压表要选择 DC 挡、图 7-15(b)中的电压表要选择 AC 挡。

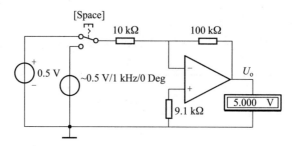

图 7-15(a)　反相比例运算电路(输入信号为直流电压)

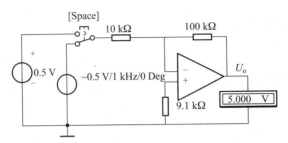

图 7-15(b) 反相比例运算电路(输入信号为交流电压)

结果表明:测量值与理论计算相吻合。

例7-3 由集成运放构成的反相积分运算电路如图7-16(a)所示,输入信号由信号发生器产生,观察输出波形。

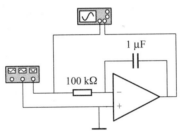

图 7-16(a) 反相积分运算电路

解:用 EWB 软件仿真。双击信号发生器,选择频率为 1Hz、幅值为 1V 的方波信号,将示波器接在放大电路的输出、输入端,如图 7-16(a)所示。打开仿真开关,双击示波器,即可观察到如图 7-16(b)所示的积分波形。注意:观察波形时示波器的 Time base 挡和 V/Div 挡要作相应的调整。

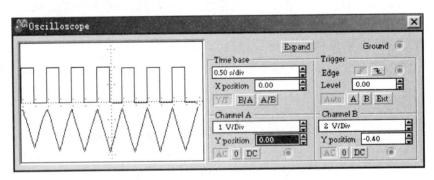

图 7-16(b) 积分电路的输入、输出波形

7.4　集成运放的非线性应用

集成运放的非线性应用中最常用的是电压比较器。所谓电压比较器就是通过比较输入电压与参考电压,使输出电压产生跃变的一种电路。当 $u_I > U_{REF}$ 时, $u_O = +U_{O+}$,输出为正向饱和值;当 $u_I < U_{REF}$ 时, $u_O = U_{O-}$,输出为负向饱和值,即输入电压 u_I 超过或低于门限电位 U_{REF} 时,比较器输出的逻辑电平发生转换。

7.4.1　单门限电压比较器

单门限电压比较器是比较器中最简单的一种电路,图 7-17 所示为它的电路图和电压传输特性。如果令参考电压 U_{REF} 为零,则输入信号每次经过零时,输出电压就要跳变,这种比较器称为过零比较器。

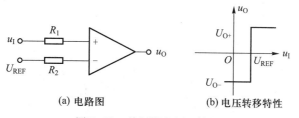

(a) 电路图　　　　　　(b) 电压转移特性

图 7-17　单门限电压比较器

例 7-4　观察图 7-18(a)所示过零比较器电路的电压传输特性及输入、输出电压波形。

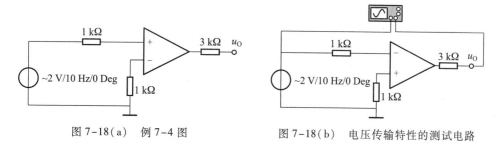

图 7-18(a)　例 7-4 图　　　　　图 7-18(b)　电压传输特性的测试电路

解:用 EWB 软件仿真。

(1)用示波器观察电压比较器的电压传输特性。

测试电路如图 7-18(b)所示,示波器的 A 通道接电路的输入端,示波器的 B 通道接电路的输出端,注意将示波器的工作方式(即坐标轴)设置成 B/A。双击示波器,即出现如图 7-18(c)所示的电压传输特性,为了使曲线清晰,观察时需调整两通道的 V/Div 挡。

(2)观察电压比较器的输入、输出电压波形。

测试电路如图 7-18(b)所示,将示波器的工作方式设置为 Y/T,双击示波器,即可观察到如图 7-18(d)所示的波形,注意调整 Time base 挡和 V/Div 挡。

由此可见,当输入电压大于零时,输出电压为负向饱和值-20V,当输入电压小于零时,输出

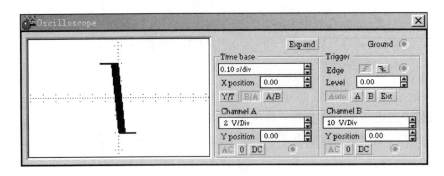

图 7-18(c)　过零比较器的电压传输特性

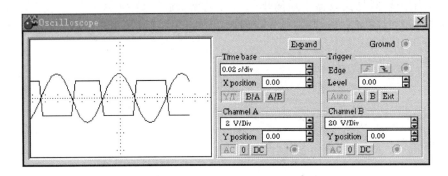

图 7-18(d)　电压比较器的输入、输出电压波形

电压为正向饱和值 20V,这正是电压比较器的显著特点。

例 7-5　已知集成运放的型号为 ideal,稳压二极管的型号为 1N753A,其稳定电压值为 6V,观察如图 7-19(a)所示电路的电压传输特性及输入、输出电压波形。

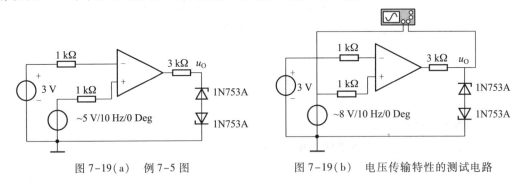

图 7-19(a)　例 7-5 图　　　　　　　图 7-19(b)　电压传输特性的测试电路

解:用 EWB 软件仿真。

(1) 选择集成运放的型号为 ideal,选择稳压二极管的型号为 1N753A,编辑(Edit)其稳定电压参数(Zener test voltage at IZT)为 6V。

(2) 观察电压传输特性,测试电路如图 7-19(b)所示,将示波器的工作方式设置为 B/A,双击示波器,即可观察到该电路的电压传输特性,测试结果如图 7-19(c)所示。

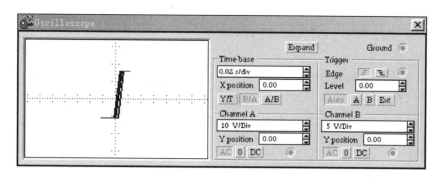

图 7-19(c)　电压传输特性的测试结果

（3）观察输入、输出电压波形，测试电路如图 7-19(b)所示，只要将示波器的工作方式设置为 Y/T，双击示波器，即可观察到该电路的输入、输出电压波形，测试结果如图 7-19(d)所示。

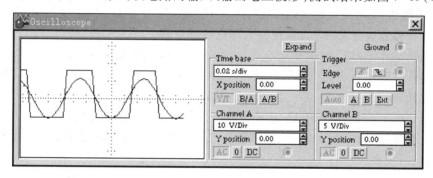

图 7-19(d)　输入、输出电压波形的测试结果

由上述测量结果可知，当输入电压大于 3V 时，输出电压为 +6V，当输入电压小于 3V 时，输出电压为 -6V。

单门限电压比较器的优点是电路简单，灵敏度高，但是抗干扰能力较差，当输入信号中伴有干扰（在门限电压值上下波动）时，比较器就会反复动作，如果去控制一个系统工作，势必会造成误动作。为了克服这一缺点，实际工作中常使用迟滞电压比较器。

7.4.2　迟滞电压比较器

从反相端输入的迟滞电压比较器电路如图 7-20(a)所示，迟滞电压比较器中引入了正反馈。

由集成运放输出端的限幅电路可以看出 $u_0 = \pm U_Z$，集成运放反相输入端电压为 u_1，同相端的电位为

$$u_+ = \pm \frac{R_1}{R_1 + R_2} U_Z$$

令 $u_- = u_+$，则有门限电压

$$U_T = \pm \frac{R_1}{R_1 + R_2} U_Z \tag{7-12}$$

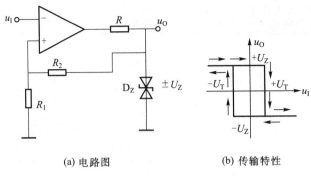

(a) 电路图   (b) 传输特性

图 7-20   迟滞电压比较器

该电路的传输特性如图 7-20(b)所示。其中 $U_{T2} = +\dfrac{R_1}{R_1+R_2}U_z$ 称为上门限电压,$U_{T1} = -\dfrac{R_1}{R_1+R_2}U_z$ 称为下门限电压,两者之差所得门限宽度 $U_{T2}-U_{T1}$ 称为回差电压。回差越大,电路的抗干扰能力越强。这类比较器也称为滞环比较电路或施密特触发器。

当输入电压 u_i 小于 $-U_T$,则 u_- 一定小于 u_+,所以 $u_o = +U_z$,于是 $u_+ = +U_T$。

当输入电压 u_i 增加并达到 $+U_T$ 后,在稍稍增加一点时,输出电压就会从 $+U_z$ 向 $-U_z$ 跃变。

当输入电压 u_i 大于 $+U_T$,则 u_- 一定大于 u_+,所以 $u_o = -U_z$,于是 $u_+ = -U_T$。

当输入电压 u_i 减小并达到 $-U_T$ 后,在稍稍减小一点时,输出电压就会从 $-U_z$ 向 $+U_z$ 跃变。

例 7-6   电路如图 7-21(a)所示,已知稳压二极管的稳定电压值为 6V,观察电压传输特性及输入、输出电压波形。

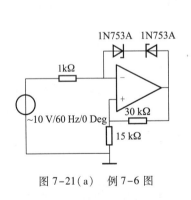

图 7-21(a)   例 7-6 图

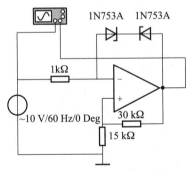

图 7-21(b)   电压传输特性的测试电路

解:用 EWB 软件仿真。

(1) 选择集成运放的型号为 ideal,选择稳压二极管的型号为 1N753A,编辑(Edit)其稳定电压参数(Zener test voltage at IZT)为 6V。

(2) 观察电压传输特性,测试电路如图 7-21(b)所示,将示波器的工作方式设置为 B/A,双击示波器,即可观察到该电路的电压传输特性,测试结果如图 7-21(c)所示。

(3) 观察输入、输出电压波形,测试电路如图 7-21(b)所示,只要将示波器的工作方式设置为 Y/T,双击示波器,即可观察到该电路的输入、输出电压波形,测试结果如图 7-21(d)所示。

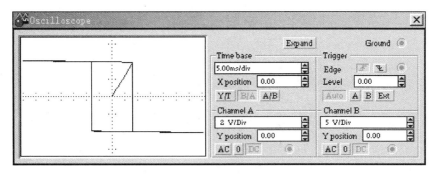

图 7-21(c)　电压传输特性的测试结果

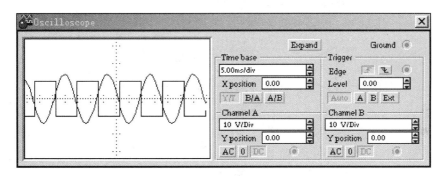

图 7-21(d)　输入、输出电压波形的测试结果

由上述测量结果可知,当输入电压大于 3V 时,输出电压进行负跳变,当输入电压小于 -3V 时,输出电压进行正跳变。

习　　题

【概念题】

7-1　理想运放有何特点?

7-2　简述各种类型反馈的判断方法及对电路放大性能的影响。

7-3　理想运放工作在线性区有何特点?

【分析仿真题】

7-4　在题 7-4 图所示的电路中,已知 $R_f = 2R_1$,求 u_O 与 u_{I1} 和 u_{I2} 的关系式。

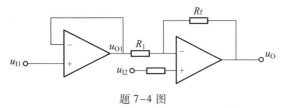

题 7-4 图

7-5　由理想运放构成的电路如题 7-5 图所示,试计算 u_0。

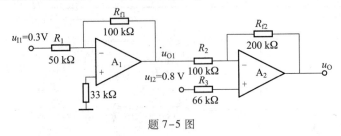

题 7-5 图

7-6　题 7-6 图所示的两个电路是电压-电流变换电路,R_L 是负载电阻(一般 $R \ll R_L$)。试求负载电流 i_0 与输入电压 u_1 的关系,并说明它们各是何种类型的负反馈电路。

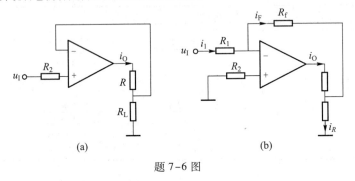

题 7-6 图

7-7　题 7-7 图所示电路,设集成运放的最大输出电压为 ±12V,稳压管稳定电压为 $U_Z = \pm 6$V,输入电压 u_1 是幅值为 ±3V 的对称三角波。试分别画出 U_{REF} 为 +2V、0V、−2V 三种情况下的电压传输特性和 u_0 的波形。

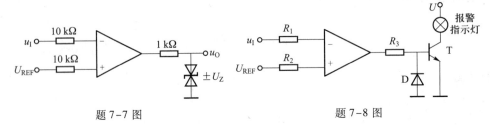

题 7-7 图　　　　　　　　　　　　　　　题 7-8 图

7-8　题 7-8 图所示是监控报警装置。如需对某一参数(如温度、压力等)进行监控时,可由传感器取得监控信号 u_1,U_{REF} 是参考电压。当超过正常值时,报警灯亮,试说明其工作原理。二极管 D 和电阻 R_3 在此起何作用?

第8章 数字电路基础

数字信号具有在数值上和时间上都不连续的特点,对数字信号进行传输、处理、运算和存储的电子电路称为数字电路。本章将介绍数字电路的基础知识:数制和编码、逻辑代数基础和可实现逻辑运算的门电路,并结合上述内容介绍 EWB 软件中有关元器件的使用方法,帮助读者借助 EWB 软件的平台进一步掌握逻辑函数相关知识。

8.1 数制和编码

8.1.1 几种常用的进位计数制

数制,也称为计数制,是用一种固定的符号和统一的规则来表示数值的方法。在日常生活中,人们最熟悉的是十进制,而在数字系统中广泛使用的是二进制、八进制和十六进制。

1. 十进制

十进制的数每一位有 0、1、2、3、4、5、6、7、8、9 共十个数码,即基数为 10,它的进位规律是"逢十进一"。

十进制数 1234.56 可表示成多项式形式

$$(1234.56)_{10} = 1 \times 10^3 + 2 \times 10^2 + 3 \times 10^1 + 4 \times 10^0 + 5 \times 10^{-1} + 6 \times 10^{-2}$$

任意一个十进制数可表示为

$$(N)_{10} = \sum_{i=-m}^{n-1} a_i \times 10^i$$

式中 a_i 是第 i 位的系数,它可能是 0 ~ 9 中的任意数码,n 表示整数部分的位数,m 表示小数部分的位数,10^i 表示数码在不同位置的大小,称为位权。

2. 二进制

在数字电路中,数字以电路的状态来表示。找一个具有十种状态的电子器件比较难,而找一个具有两种状态的电子器件很容易,故在数字电路中广泛使用二进制。

二进制的数每一位只有 0 和 1 数码,即基数为 2,它的进位规律是"逢二进一",即"1+1 = 10"。

二进制数 1011.01 可以表示成多项式形式

$$(1011.01)_2 = 1 \times 2^3 + 0 \times 2^2 + 1 \times 2^1 + 1 \times 2^0 + 0 \times 2^{-1} + 1 \times 2^{-2}$$

任意一个二进制数可表示为

$$(N)_2 = \sum_{i=-m}^{n-1} a_i \times 2^i$$

式中 a_i 是第 i 位的系数,它可能是 0、1 中的任意数码,n 表示整数部分的位数,m 表示小数部分的位数,2^i 表示数码在不同位置的大小,称为位权。

3. 八进制和十六进制

用二进制表示一个较大数值时,它的位数太多。在数字系统中采用八进制和十六进制作为二进制的缩写形式。

八进制的数码是:0、1、2、3、4、5、6、7,即基数是 8,它的进位规律是"逢八进一",即"1+7 = 10"。十六进制的数码是:0、1、2、3、4、5、6、7、8、9、A、B、C、D、E、F,即基数是 16,它的进位规律是"逢十六进一",即"1+F = 10"。不管是八进制还是十六进制都可以像十进制和二进制那样用多项式的形式来表示。

8.1.2 常用数制间的转换

计算机中存储数据和对数据进行运算采用的是二进制数,当把数据输入到计算机中或者从计算机中输出数据时,主要采用的是十进制数,而人们在编写程序时为方便起见又常用到八进制数或十六进制数,因此,不同数制间的转换是必不可少的。

1. 非十进制数到十进制数的转换

非十进制数转换成十进制数一般采用的方法是按权相加,这种方法是按照十进制数的运算规则,将非十进制数各位的数码乘以对应的位权再累加起来。

例 8-1   将 $(1101.101)_2$ 和 $(6E.4)_{16}$ 转换成十进制数。

解: $(1101.101)_2 = 1×2^3+1×2^2+0×2^1+1×2^0+1×2^{-1}+0×2^{-2}+1×2^{-3} = (13.625)_{10}$

$(6E.4)_{16} = 6×16^1+14×16^0+4×16^{-1} = (110.25)_{10}$

2. 十进制数到非十进制数的转换

将十进制数转换成非十进制数时,必须对整数部分和小数部分分别进行转换。整数部分的转换一般采用"除基取余"法,小数部分的转换一般采用"乘基取整"法。

(1) 十进制整数转换成非十进制整数。

例 8-2   将 $(41)_{10}$ 转换成二进制数和八进制数。

解: $41/2 = 20$ 余数为 1,最低位 $a_0 = 1$

   $20/2 = 10$ 余数为 0, $a_1 = 0$

   $10/2 = 5$ 余数为 0, $a_2 = 0$

   $5/2 = 2$ 余数为 1, $a_3 = 1$

   $2/2 = 1$ 余数为 0, $a_4 = 0$

   $1/2 = 0$ 余数为 1,最高位 $a_5 = 1$

所以 $(41)_{10} = (a_5 a_4 a_3 a_2 a_1 a_0)_2 = (101001)_2$

   $41/8 = 5$ 余数为 1,最低位 $a_0 = 1$

   $5/8 = 0$ 余数为 5,最高位 $a_1 = 5$

所以 $(41)_{10} = (a_1 a_0)_8 = (51)_8$

(2) 十进制小数转换成非十进制小数。

例 8-3   将 $(0.625)_{10}$ 转换成二进制数。

解: $0.625×2 = 1+0.25$ $a_{-1} = 1$

$$0.25 \times 2 = 0 + 0.5 \qquad a_{-2} = 0$$
$$0.5 \times 2 = 1 + 0 \qquad a_{-3} = 1$$

所以　　　　　　　　　　$(0.625)_{10} = (0. a_{-1} a_{-2} a_{-3})_2 = (0.101)_2$

由于不是所有的十进制小数都能用有限位 R 进制小数来表示,因此,在转换过程中可根据精度要求取一定的位数即可。若要求误差小于 R^{-n},则转换时取小数点后 n 位就能满足要求。

例 8-4　将 $(0.7)_{10}$ 转换成二进制数,要求误差小于 2^{-6}。

解:　$0.7 \times 2 = 1 + 0.4 \qquad a_{-1} = 1$
　　　　$0.4 \times 2 = 0 + 0.8 \qquad a_{-2} = 0$
　　　　$0.8 \times 2 = 1 + 0.6 \qquad a_{-3} = 1$
　　　　$0.6 \times 2 = 1 + 0.2 \qquad a_{-4} = 1$
　　　　$0.2 \times 2 = 0 + 0.4 \qquad a_{-5} = 0$
　　　　$0.4 \times 2 = 0 + 0.8 \qquad a_{-6} = 0$

所以　　　　　　　$(0.7)_{10} = (0. a_{-1} a_{-2} a_{-3} a_{-4} a_{-5} a_{-6})_2 = (0.101100)_2$

最后剩下的未转换部分就是误差,由于它在转换过程中扩大了 2^6,所以真正的误差应该是 0.8×2^{-6},其值小于 2^{-6},满足精度要求。

8.1.3　编码

在数字电路及计算机中,用二进制数码表示十进制数或其他特殊信息如字母、符号等的过程称为编码。用 4 位二进制数码表示 1 位十进制数的编码叫做二−十进制编码(Binary Coded Decimal),也称为 BCD 码。常用的 BCD 码有 8421 码、5421 码、余三码等。

1. 8421BCD 码

8421BCD 码是用 4 位二进制数 0000 到 1001 来表示十进制数的 0 ~ 9 的。它的每一位都有固定的权,从高位到低位的权值分别为 2^3、2^2、2^1、2^0,即 8、4、2、1。由于具有自然二进制数的特点,容易识别,转换方便,所以是最常用的一种二−十进制编码。

例 8-5　将十进制数 947.35 转换成 8421BCD 码。

解:　$(947.35)_{10} = (1001\ 0100\ 0111.0011\ 0101)_{8421BCD}$

2. 余 3 码

余 3 码也是用 4 位二进制数表示一位十进制数,但对于同样的十进制数,比 8421BCD 码多 0011,所以叫余 3 码。余 3 码用 0011 到 1100 这十种编码表示十进制数的 0 ~ 9,是一种无权码。

8.2　逻辑代数基础

在数字电路中,进行分析和计算的工具是逻辑代数(又称为布尔代数),它为二值函数进行逻辑运算提供了方法,使一个复杂的逻辑命题,变成简单的逻辑代数式。因此逻辑代数已成为数字系统分析和设计的重要工具。

8.2.1　逻辑代数的基本运算

逻辑代数是研究因果关系的一种代数,和普通代数类似,可以写成下面的表达形式

$$Y = F(A,B,C,D)$$

逻辑变量 A、B、C、D 称为自变量，Y 称为因变量，描述因变量和自变量之间的关系称为逻辑函数。逻辑函数中不管是变量还是函数的值只有 **0** 和 **1** 两个，且这两个值不表示数值的大小，而是表示两种相反的逻辑状态。在逻辑函数中有三种基本运算，即逻辑**与**（也称逻辑乘）、逻辑**或**（逻辑加）和逻辑**非**（取反运算），其他任何复杂的逻辑运算都可以用这三种基本逻辑运算来实现。

8.2.2 逻辑代数的基本公式和规则

逻辑代数的基本公式对于逻辑函数的化简是非常有用的。

1. 基本公式

包括 10 个定律，如表 8-1 所示。其中有的定律与普通代数相似，有的定律与普通代数不同，使用时切勿混淆。

表 8-1 逻辑代数的基本公式

名称	公式 1	公式 2
0-1 律	$A \cdot 0 = 0$	$A + 1 = 1$
自等律	$A \cdot 1 = A$	$A + 0 = A$
互补律	$A\bar{A} = 0$	$A + \bar{A} = 1$
重叠律	$AA = A$	$A + A = A$
交换律	$AB = BA$	$A + B = B + A$
结合律	$A(BC) = (AB)C$	$A + (B + C) = (A + B) + C$
分配律	$A(B + C) = AB + AC$	$A + BC = (A + B)(A + C)$
反演律	$\overline{AB} = \bar{A} + \bar{B}$	$\overline{A + B} = \bar{A}\,\bar{B}$
吸收律	$A(A + B) = A$ $A(\bar{A} + B) = AB$ $(A+B)(\bar{A}+C)(B+C) = (A+B)(\bar{A}+C)$	$A + AB = A$ $A + \bar{A}B = A + B$ $AB + \bar{A}C + BC = AB + \bar{A}C$
还原律	$\bar{\bar{A}} = A$	

例 8-6 证明下列常用公式：(1) $A + \bar{A}B = A + B$；(2) $AB + \bar{A}C + BC = AB + \bar{A}C$。

证明：方法一 利用公式。

(1) $A + \bar{A}B = A(B + \bar{B}) + \bar{A}B = AB + A\bar{B} + \bar{A}B = AB + AB + A\bar{B} + \bar{A}B$

$\qquad = A(B + \bar{B}) + B(A + \bar{A}) = A + B$

(2) $AB + \bar{A}C + BC = AB + \bar{A}C + (A + \bar{A})BC$

$\qquad = AB + \bar{A}C + ABC + \bar{A}BC$

$$=AB(1+C)+\overline{A}C(1+B)$$

$$=AB+\overline{A}C$$

上述式子还可利用 EWB 软件提供的逻辑转换仪证明。

EWB 软件利用计算机仿真的优势,为用户提供了逻辑转换仪这种虚拟仪器(实际当中不存在这种仪器)。逻辑转换仪可以实现逻辑电路、真值表和逻辑表达式三者之间的相互转换。逻辑转换仪的图标如图 8-1 所示,图标上有 8 个信号输入端和 1 个信号输出端。

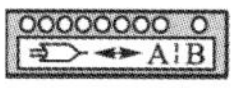

图 8-1　逻辑转换仪的图标

双击逻辑转换仪的图标,屏幕上出现如图 8-2 所示的逻辑转换仪的面板。面板分三部分:左侧是真值表显示窗口,右侧是功能转换选择栏,最下面条状部分是逻辑表达式显示窗口。

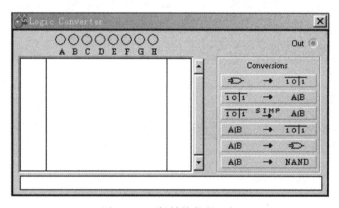

图 8-2　逻辑转换仪的面板

如图 8-2 所示,逻辑转换仪提供了 6 种逻辑功能的转换选择,它们是:

(1) 逻辑电路转换为真值表;

(2) 真值表转换为逻辑表达式;

(3) 真值表转换为最简逻辑表达式;

(4) 逻辑表达式转换为真值表;

(5) 逻辑表达式转换为逻辑电路;

(6) 逻辑表达式转换为**与非门**逻辑电路。

方法二　利用 EWB 软件证明。

解: 从仪器按钮  中拖出逻辑转换仪,双击它,出现的面板如图 8-2 所示。第一步,在其最底部的一行空位置中,输入该逻辑关系表达式,按下"表达式到真值表"的按钮 ,即可得出相应的真值表,结果见图 8-3(a);第二步,在图 8-3(a)的基础上,按下"真值表到最简表达式"的按钮 ,即可得到化简后的逻辑表达式,结果见图 8-3(b)。注意:在逻辑关系表达式中,变量右上方的"′"表示的是逻辑非。

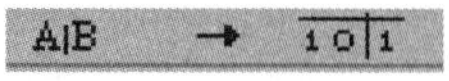

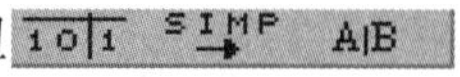

2. 运算规则

逻辑代数有三个重要的运算规则,即代入规则、对偶规则和反演规则,这三个运算规则在逻

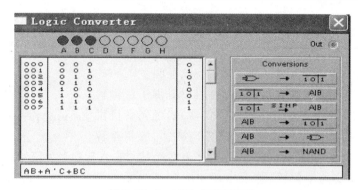

图 8-3(a)　表达式到真值表

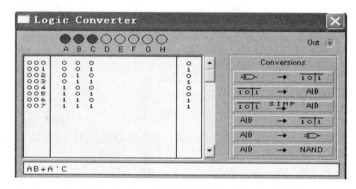

图 8-3(b)　真值表到最简逻辑表达式

辑函数的化简和变换中是十分有用的。

1）代入规则

代入规则是指将逻辑等式中的一个逻辑变量用一个逻辑函数代替,则逻辑等式仍然成立。利用代入规则可以方便地扩展公式的应用范围。例如在反演律 $\overline{AB}=\overline{A}+\overline{B}$ 中用 BC 去代替等式中的 B,则新的等式仍成立

$$\overline{ABC}=\overline{A}+\overline{BC}=\overline{A}+\overline{B}+\overline{C}$$

2）对偶规则

将一个逻辑函数 F 进行下列变换:

$$\cdot \to + , + \to \cdot ; 0 \to 1 , 1 \to 0$$

所得新函数表达式称为 F 的对偶式,记为 F'。对偶规则的意义在于:如果两个逻辑函数相等,则它们的对偶函数也相等。利用对偶规则可以使要证明及要记忆的公式数目减少一半。

3）反演规则

将一个逻辑函数 F 进行下列变换:

$$\cdot \to + , + \to \cdot ; 0 \to 1 , 1 \to 0$$

原变量→反变量,反变量→原变量,

所得新函数表达式称为 F 的反函数,用 $\overline{F}$ 表示。

利用反演规则可以很容易地写出一个逻辑函数的反函数。利用反演规则时应注意:不属于单个变量上的非号要保持不变;遵守先算括号,再算**与**,最后算**或**的运算顺序。

例 8−7 求逻辑函数 $F_1 = \overline{A}B + A\,\overline{B}$,$F_2 = \overline{A + \overline{B}C + D}$ 的反函数。

解:根据反演规则有

$$\overline{F_1} = (A + \overline{B}) \cdot (\overline{A} + B) = \overline{A}\,\overline{B} + AB$$

$$\overline{F_2} = \overline{A} \cdot \overline{(B + \overline{C})} \cdot \overline{D} = \overline{A} \cdot (\overline{B} \cdot C + D) = \overline{A}\,\overline{B}C + \overline{A}D$$

8.2.3 逻辑函数表达式的化简

同一个逻辑函数可以写成不同的逻辑函数表达式,而这些逻辑函数表达式的繁简程度又相差甚远。在电路设计中,通常要求实现逻辑功能的电路要简单,即对应的逻辑函数表达式中的项数要最少,每项含的变量个数最少,因此要对逻辑函数表达式进行化简。

常用的逻辑函数表达式的化简方法有代数化简法和卡诺图化简法。

逻辑函数表达式代数化简法就是利用逻辑代数的基本公式和规则对给定的逻辑函数表达式进行化简。常用的逻辑函数表达式代数化简法有吸收法、消去法、并项法、配项法。

(1)利用公式:$A + AB = A$,吸收多余的**与**项进行化简。

例如:

$$F = \overline{A} + \overline{A}BC + \overline{A}BD + \overline{A}E = \overline{A}(1 + BC + BD + E) = \overline{A}$$

(2)利用公式:$A + \overline{A}B = A + B$,消去**与**项中多余的因子进行化简。

例如:

$$F = A + \overline{A}B + \overline{B}C + \overline{C}D = A + B + \overline{B}C + \overline{C}D = A + B + C + \overline{C}D = A + B + C + D$$

(3)利用公式:$A + \overline{A} = 1$,把两项并成一项进行化简。

例如:

$$F = A\,\overline{BC} + AB + A(\overline{\overline{BC} + B}) = A(\overline{BC} + B + \overline{BC} + B) = A$$

(4)利用公式:$A + \overline{A} = 1$,把一个**与**项变成两项再和其他项合并进行化简。

例如:

$$F = \overline{A}B + \overline{B}C + B\,\overline{C} + A\,\overline{B} = \overline{A}B(C + \overline{C}) + \overline{B}C(A + \overline{A}) + B\,\overline{C} + A\,\overline{B}$$

$$= \overline{A}BC + \overline{A}B\,\overline{C} + A\,\overline{B}C + \overline{A}\,\overline{B}C + B\,\overline{C} + A\,\overline{B}$$

$$= A\,\overline{B}(C + 1) + \overline{A}C(B + \overline{B}) + B\,\overline{C}(\overline{A} + 1) = A\,\overline{B} + \overline{A}C + B\,\overline{C}$$

有时对逻辑函数表达式进行化简,可以几种方法并用,综合考虑。例如:

$$F = \overline{A}BC + AB\,\overline{C} + A\,\overline{B}C + ABC$$

$$= \overline{A}BC + ABC + AB\,\overline{C} + ABC + A\,\overline{B}C + ABC$$

$$= AB(C + \overline{C}) + AC(B + \overline{B}) + BC(A + \overline{A}) = AB + AC + BC$$

在这个例子中就使用了配项法和并项法两种方法。

逻辑函数表达式的化简也可应用 EWB 软件中的逻辑转换仪进行。

例 8-8 借助 EWB 软件化简下列逻辑函数表达式。

$$F = \overline{B} + ABC + \overline{A}\,\overline{C} + \overline{A}\,\overline{B}$$

解：从仪器按钮 中拖出逻辑转换仪，双击它，即出现如图 8-2 所示面板，在其最底部的一行空位置中，输入该逻辑函数表达式，按下"表达式到真值表"的按钮 ，即可得出相应的真值表，结果见图 8-4(a)；在图 8-4(a)的基础上，按下"真值表到最简表达式"的按钮 ，即可得到化简后的逻辑函数表达式，$F = \overline{A}\,\overline{C} + \overline{B} + AC$，如图 8-4(b)所示。

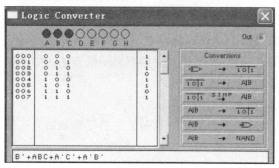

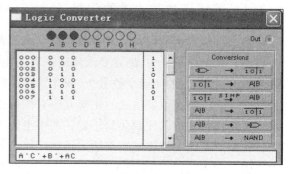

图 8-4(a)   图 8-4(b)

卡诺图化简法是将逻辑函数的最小项表达式中的最小项填入对应的小方格图(卡诺图)中，然后按一定规则化简。基于本书的特点，不再讲述卡诺图化简法，请参考相关的数字电子书籍。

8.3 分立元件门电路

用以实现各种逻辑关系的电子电路称为门电路。最基本的逻辑门是**与门、或门和非门**，用这些基本逻辑门电路可以构成复杂的逻辑电路，完成任何逻辑运算功能，这些基本逻辑门电路是构成计算机及其他数字系统的重要基础。

8.3.1 基本逻辑门电路

与门、或门和非门电路是最基本的逻辑门电路，可分别完成**与、或、非**逻辑运算。

1. 二极管**与**门

图 8-5(a)所示为两输入的二极管**与**门电路。输入 A、B 中只要有一个为低电平，则必有一个二极管导通，使输出 F 为低电平；只有输入 A、B 同时为高电平，输出 F 才为高电平。显然，F 与 A、B 是**与**逻辑关系，即 $F = A \cdot B$。图 8-5(b)所示为**与**门的逻辑符号，依次为国外流行符号和新国标符号(以下类似，不再赘述)。

2. 二极管**或**门电路

图 8-6(a)所示为两输入的二极管**或**门电路。输入 A、B 中只要有一个为高电平，输出 F 便为高电平；只有当输入 A、B 同时为低电平时，输出 F 才为低电平。显然，F 与 A、B 是或逻辑关

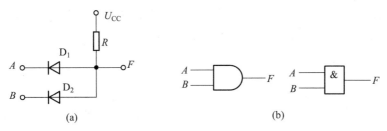

图 8-5　两输入二极管与门电路及逻辑符号

系,即 $F=A+B$。图 8-6(b)所示为**或门**逻辑符号。

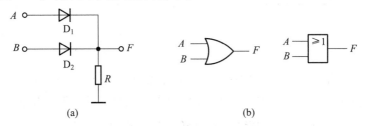

图 8-6　两输入二极管**或**门电路及逻辑符号

3. 晶体管非门

图 8-7(a)所示为晶体管非门电路。当输入 A 为低电平时,晶体管截止,输出 F 为高电平;当输入 A 为高电平时,合理选择 R_1 和 R_2,使晶体管工作在饱和状态,输出 F 为低电平。非门的逻辑函数表达式为 $F=\overline{A}$,图 8-7(b)所示为其逻辑符号。由于**非门**的输出信号与输入反相,故非门又称为反相器。

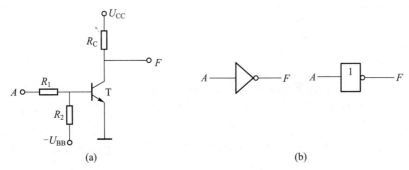

图 8-7　晶体管非门电路及逻辑符号

8.3.2　复合逻辑门电路

在实际应用中,利用与门、或门和非门之间的不同组合可构成复合逻辑门电路,完成复合逻辑运算。常见的复合逻辑门电路有**与非门、或非门、与或非门、异或门**和**同或**电路。

1. 与非门电路

在二极管**与门**的输出端级联一个**非门**便可组成**与非门**电路。**与非门**的真值表如表 8-2 所示,由该表可以看出:输入 A、B 中只要有低电平,输出 F 便为高电平;只有当输入 A、B 同时为高电平,输出 F 才为低电平。**与非门**的逻辑符号如图 8-8 所示,逻辑函数表达式为 $F=\overline{AB}$。

表 8-2　与非门真值表

A	B	F
0	0	1
0	1	1
1	0	1
1	1	0

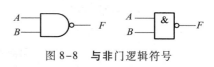

图 8-8　与非门逻辑符号

2. 或非门电路

在二极管**或**门的输出端级联一个非门便可组成**或非门**电路。或非门的真值表如表 8-3 所示,由该表可以看出:当输入 A、B 中有高电平时,输出 F 为低电平;只有当输入 A、B 同时为低电平,输出 F 才为高电平。**或**非门的逻辑符号如图 8-9 所示,逻辑函数表达式为 $F=\overline{A+B}$。

表 8-3　或非门真值表

A	B	F
0	0	1
0	1	0
1	0	0
1	1	0

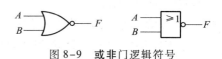

图 8-9　或非门逻辑符号

3. 异或门电路

异或门电路可以完成逻辑**异或**运算,**异或**运算逻辑函数表达式为 $F=\overline{A}B+A\overline{B}$,也记作 $F=A\oplus B$,读作 F 等于 A 异或 B。异或门的逻辑符号如图 8-10 所示,表 8-4 为**异或**门真值表,由此可见:当两个输入变量取值相同时,运算结果为 0;当两个输入变量取值不同时,运算结果为 1。如推广到多个变量**异或**时,当变量中 1 的个数为偶数时,运算结果为 0;1 的个数为奇数时,运算结果为 1。

表 8-4　异或运算真值表

A	B	F
0	0	0
0	1	1
1	0	1
1	1	0

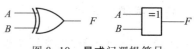

图 8-10　异或门逻辑符号

4. 同或门电路

同或门电路可以完成逻辑同或运算,同或运算逻辑函数表达式为 $F=\overline{A}\,\overline{B}+AB=A\odot B$,读作 F 等于 A 同或 B。同或门的逻辑符号如图 8-11 所示,可以证明,同或运算的规则正好和异或运算相反。

5. 与或非门电路

与或非门电路相当于两个与门和一个或非门的组合,四输入与或非门逻辑符号如图 8-12 所示。其逻辑函数表达式为 $F=\overline{AB+CD}$。对与或非门完成的运算分析可知,与或非门的功能是将两个与门的输出或起来后变反输出。与或非电路也可以由多个与门和一个或门、一个非门组合而成,从而具有更强的逻辑运算功能。

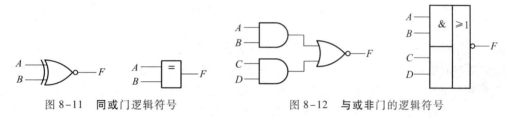

图 8-11　同或门逻辑符号　　　　　　图 8-12　与或非门的逻辑符号

8.4　TTL 集成逻辑门电路

TTL 集成逻辑门电路,因其输入端和输出端都由晶体管构成,故称为晶体管-晶体管逻辑门电路,简称 TTL(Transistor-Transistor Logic)电路。TTL 电路是目前双极型数字集成电路中用得最多的一种。在集成逻辑门电路的定型产品中除了非门以外,还有与门、或门、与非门、或非门和异或门等几种常见的类型。尽管它们的逻辑功能各异,但输入端、输出端的电路结构形式、特性及参数和非门基本相同,所以本节以 TTL 非门为例,介绍集成逻辑门电路的特性和参数,然后介绍三态门和集电极开路门。

8.4.1　TTL 非门

1. 工作原理

非门是 TTL 电路中电路结构最简单的一种。图 8-13 中给出了 74 系列 TTL 非门的典型电路,该电路由三部分组成:T_1、R_1 和 D_1 组成输入级,T_2、R_2 和 R_3 组成中间级,T_4、T_5、D_2 和 R_4 组成输出级。

设电源电压 $U_{CC}=5V$,二极管正向压降为 0.7V。当 $u_1<0.6V$ 时,T_1 导通,$V_{B1}<1.3V$,T_2 和 T_5 截止而 T_4 导通,$u_0=5-U_{R2}-0.7-0.7\approx3.6V$。当 $u_1>0.6V$,但低于 1.3V 时,T_2 导通而 T_5 依旧截止。这时 T_2 工作在放大区,随着 u_1 的升高,V_{C2} 和 u_0 线性地下降。当 $u_1>1.3V$ 后,V_{B1} 约为 2.1V,这时 T_2 和 T_5 将同时导通,输出电压急剧地下降为低电平。此后输入电压 u_1 继续升高时必然使 T_2 和 T_5 饱和导通,T_4 截止,$u_0=0.3V$ 不再变化。从而输出和输入之间在稳定状态下具有反相关系,即 $F=\overline{A}$。如果把图 8-13 所示的 TTL 非门电路输出电压随输入电压的变化用曲线描绘出来,就得到了如图 8-14 所示的电压传输特性。

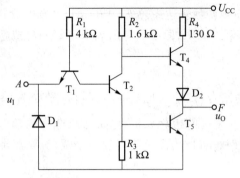

图 8-13　TTL 非门的典型电路

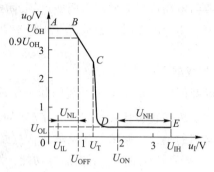

图 8-14　TTL 非门的电压传输特性

由以上分析可知,图 8-13 所示电路在稳定状态下 T_4 和 T_5 总是一个导通而另一个截止,因而使这一支路中的电流很小,这就有效地降低了输出级的静态功耗并提高了驱动负载的能力。为确保 T_5 饱和导通时 T_4 可靠地截止,又在 T_4 的发射极下面串联了二极管 D_2。D_1 是输入端"钳位"二极管,它既可以抑制输入端可能出现的负极性干扰脉冲,又可以防止输入电压为负时 T_1 的发射极电流过大,起到保护作用。

2. 主要参数

(1) 输出高电平 U_{OH}　典型值是 3.6V,规定最小值 $U_{OH(min)}$ 为 2.4V。

(2) 输出低电平 U_{OL}　典型值是 0.3V,规定最大值 $U_{OL(max)}$ 为 0.4V。

(3) 开门电平 U_{ON}　保证输出为低电平时的最小输入高电平,其值为 2V。

(4) 关门电平 U_{OFF}　保证输出为高电平时的最大输入低电平,其值为 0.8V。

(5) 扇出系数 N　指一个门电路能带同类型门的最大数目,它表示门电路的带负载能力。一般 $N \geqslant 8$,如果驱动门和负载门的类型不相同时就需具体计算。

(6) 平均传输延迟时间 t_{pd}　理论上,门电路的输入和输出波形均应为矩形波,但实际波形如图 8-15 所示。在开门和关门时均有延迟,其中 t_{pd1} 称为上升延迟时间,t_{pd2} 称为下降延迟时间,二者的平均值为

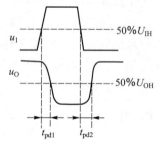

图 8-15　表示延迟时间的输入、输出电压波形

$$t_{pt} = \frac{1}{2}(t_{pd1} + t_{pd2})$$

称为平均传输延迟时间,一般在几十纳秒(ns)以下。

8.4.2　TTL 三态门(TSL 门)

普通门电路的输出只有两种状态:高电平或低电平;而三态门的输出不仅有高电平、低电平,还有一种高阻状态,也称为悬浮态。TTL 三态门是在普通逻辑门的基础上,加上使能控制端(也称使能端)和控制电路构成的。TSL 门是 Three State Logic Gate 的缩写,它是一种计算机中广泛

使用的特殊门电路。以下介绍 TSL 非门。

图 8-16(a) 所示给出了控制端高电平有效的 TSL 非门电路,它与图 8-13 所示的非门电路的区别在于输入端改成了多发射极晶体管,其中 E 为控制信号。其真值表如表 8-5 所示,逻辑符号如图 8-16(b) 所示。

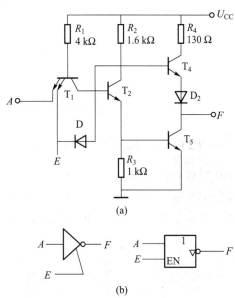

表 8-5　TSL 非门真值表

E	F
0	高阻
1	$\overline{A}$

(b)

图 8-16　控制端高电平有效的 TSL 非门电路和逻辑符号

TTL 三态门主要应用于总线传送,它可进行单向数据传送,也可进行双向数据传送。

用 TTL 三态非门构成的单向总线如图 8-17 所示,在任何时刻,只允许一个 TTL 三态非门的控制端加使能信号,实现其对总线的数据传送。

用 TTL 三态非门构成的双向总线如图 8-18 所示,图中 G_2 为低电平使能的 TTL 三态非门。当控制输入信号 E 为 **1** 时,G_1 工作而 G_2 为高阻状态,数据 D_1 经 G_1 反相后送到数据总线;当控制输入信号 E 为 **0** 时,G_2 工作而 G_1 为高阻状态,来自数据总线的数据经 G_2 反相后由 $\overline{D_2}$ 送出。这样就可以通过改变控制信号 E 的状态,实现分时数据双向传送。

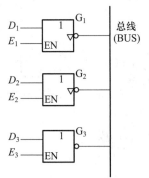

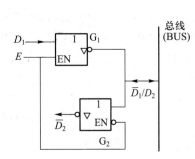

图 8-17　用 TTL 三态非门构成的单向总线　　　图 8-18　用 TTL 三态非门构成的双向总线

例8-9 用 EWB 软件测试 TTL 三态门的逻辑功能。

解: 测试电路见图8-19,测试时,打开仿真开关,绿色探针显示输入状态,红色探针显示输出状态。使能端 $EN = 1$ 时,输出等于输入,使能端 $EN = 0$ 时,输出呈高阻状态。

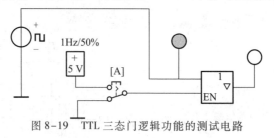

图 8-19　TTL 三态门逻辑功能的测试电路

8.4.3　TTL 集电极开路门(OC 门)

OC 门是 Open Collector Gate 的缩写,它也是一种计算机常用的特殊门。

图8-20 所示为集电极开路与非门电路和逻辑符号。在使用时,为了使电路具有高电平输出,必须在其输出端外加负载电阻 R_L 和电源 U。

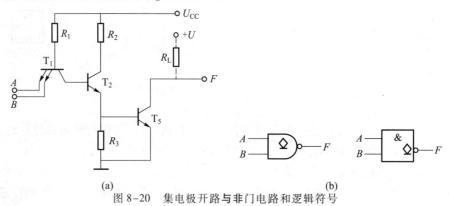

(a)　　　　　　　　　　　　(b)

图 8-20　集电极开路与非门电路和逻辑符号

OC 门的最大特点是具有**线与**逻辑功能,即用导线将两个或两个以上的 OC 门输出端连接在一起,其总的输出为各个 OC 门输出的逻辑与。图8-21 所示为两个 OC 与非门用导线连接,实现**线与**逻辑的电路图。

$$F = F_1 \cdot F_2 = \overline{AB} \cdot \overline{CD} = \overline{AB + CD}$$

OC 门在计算机中的应用很广泛,除了实现**线与**逻辑,还可进行逻辑电平的转换以及直接驱动发光二极管、干簧继电器等。

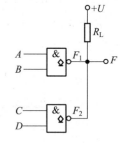

图 8-21　OC 与非门电路的**线与**

8.5*　CMOS 逻辑门电路

TTL 逻辑门电路在实际应用中存在电路功耗大、线路复杂、集成度受到一定限制等不足。CMOS 逻辑门电路是继 TTL 逻辑门电路之后开发出的又一种数字集成器件,由于所用材料和生产工艺的改进,与 TTL 逻辑门电路相比,CMOS 逻辑门电路具有功耗低、抗干扰能力强、集成度高、工作速度快和价格相对低等特点,在超大规模存储器件和 PLD 器件中得到广泛应用。

8.5.1　CMOS 逻辑门电路

1. 增强型 MOS 管的特点与其逻辑符号

增强型 NMOS 管的逻辑符号如图 8-22(a)所示。当它的栅极和源极之间的电压 U_{GS} 为零时,管子截止,漏源之间的电阻 R_{DS} 可达 $10^6\Omega$。当 U_{GS} 大于 0 达到开启电压时,管子导通,此后 R_{DS} 随 U_{GS} 的增大而减小,当 U_{GS} 足够大时,R_{DS} 可以小到 10Ω 以下。

增强型 PMOS 管的逻辑符号如图 8-22(b)所示。PMOS 管的栅极与源极之间的电压 U_{GS} 也可以控制漏极和源极之间的电阻 R_{DS},但是在正常使用中源极电压高于漏极电压,所以增强型 PMOS 管的 U_{GS} 电压正常值是零或是负值。当 $U_{GS}=0$ 时,R_{DS} 电阻很大,至少有 $10^6\Omega$。当 U_{GS} 减小到足够小时,R_{DS} 可以很小,小到 10Ω 以下。

综上所述,增强型 MOS 管可以视为可变电阻,如图 8-22(c)所示。输入电压可以控制电阻 R_{DS} 的阻值很大(off)或很小(on)。

图 8-23(a)和(b)分别为具有逻辑行为的 NMOS 管和 PMOS 管的逻辑符号。栅极没圈代表高电平导通;栅极有圈代表低电平导通。

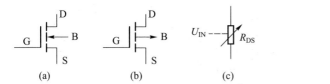

图 8-22　增强型 MOS 管逻辑符号和模型 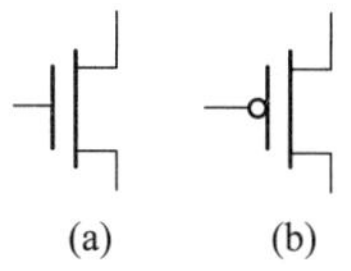　　图 8-23　具有逻辑行为的 MOS 管逻辑符号

2. CMOS 非门电路

由 NMOS 管和 PMOS 管组成的门电路称为 CMOS 逻辑门。图 8-24 所示为 CMOS 非门。其电源电压 U_{DD} 可 2~6V,为与 TTL 电路电平匹配,选择 $U_{DD}=5V$。NMOS 管的开启电压为 +1.5V,PMOS 管的开启电压为 -1.5V。

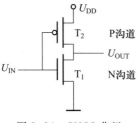

图 8-24　CMOS 非门

表 8-6　CMOS 非门功能表

U_{IN}	T_1	T_2	U_{OUT}
0V(L)	off	on	5V(H)
5V(H)	on	off	0V(L)

在理想情况下,该非门的工作情况可以分为两种,如表 8-6 所示。当 $U_{IN}=0V$ 时,NMOS 管的 $U_{GS}=0V$,所以 T_1 截止;而 PMOS 管由于 $U_{GS}=-5V$,所以 T_2 导通。此时由于 PMOS 管的 U_{GS} 的绝对值远大于开启电压的绝对值,故导通后的 T_2 管呈现很小的电阻,使输出 $U_{OUT} \approx U_{DD}=5V$。当 $U_{IN}=5V$ 时,PMOS 管由于 $U_{GS}=0V$,所以 T_2 截止,而 NMOS 管的 $U_{GS}=5V$,其值远大于开启电压,

所以 T_1 导通,导通后的 T_1 管呈现很小的电阻,使输出 $U_{OUT} \approx 0V$。由此可见 8-24 图所示电路具有非逻辑的功能。

8.5.2　其他类型的 CMOS 逻辑门电路

CMOS 与非门电路如图 8-25 所示。假设 A 为低电平,则可以知道 T_1 断,T_2 通;B 为低电平,可以知道 T_3 断,T_4 通,最终结果是 F 为高电平。将两个输入端 A 和 B 的所有组合都分析完,可知该电路实现与非逻辑功能。CMOS 或非门电路如图 8-26 所示。

将 N 沟道和 P 沟道场效应管按照图 8-27 所示的电路连接起来,就形成了逻辑控制开关,习惯称为 CMOS 传输门。传输门由控制端 $\overline{EN}$ 和 EN 控制,$\overline{EN}$ 和 EN 是互补信号,当 $\overline{EN}$ 为低电平,EN 为高电平时,传输门导通,A、B 之间呈现很小的电阻($2 \sim 5\Omega$),相当于导通;当 $\overline{EN}$ 为高电平,EN 为低电平时,传输门不导通,A、B 之间呈现很大的电阻。

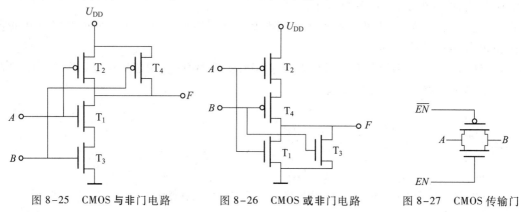

图 8-25　CMOS 与非门电路　　　　图 8-26　CMOS 或非门电路　　　　图 8-27　CMOS 传输门

习　题

【概念题】

8-1　数制是什么? 它包括哪两个基本因素?

8-2　简述 8421BCD 码的特点。

8-3　说明 $1+1=2$、$1+1=10$ 和 $1+1=1$ 的含义有什么不同?

8-4　说明反演规则与对偶规则的相同点与不同点。

8-5　同或门和异或门的功能是什么? 二者有联系吗?

8-6　OC 门、三态门有什么主要特点? 它们各自有什么重要作用?

8-7　将下列十进制数转换成二进制数、八进制数和十六进制数:

(1) 185　　　　(2) 0.625　　　　(3) 8.5

8-8　将下列二进制数转换成十进制数、八进制数和十六进制数:

(1) 101001　　　(2) 0.011　　　(3) 1001.11

8-9　将下列十进制数用 8421 码和余 3 码表示:

(1) 1987　　　(2) 0.785　　　(3) 78.24

【分析仿真题】

8-10 用逻辑代数的方法证明下列等式：

（1）$\overline{AB+AC} = \bar{A}+\bar{B}\,\bar{C}$　　（2）$AB+\bar{A}C+\bar{B}D+\bar{C}D = AB+\bar{A}C+D$

（3）$\bar{A} \oplus \bar{B} = A \oplus B$

8-11 写出下列逻辑函数的对偶函数：

（1）$F = \bar{A}B+AB+CD$　　（2）$F = A(\bar{B}+C\bar{D}+E)$　　（3）$F = \overline{A+B+\bar{C}+\overline{\bar{D}+E}}$

8-12 写出下列逻辑函数的反函数：

（1）$F = AB+C\bar{D}+AC$　　（2）$F = \bar{A}\,\bar{B}C+\bar{A}B\,\bar{C}+A\,\bar{B}\,\bar{C}+ABC$

（3）$F = \overline{(A+B)\bar{C}+\bar{D}}$

8-13 试列出逻辑函数 $Y = A\bar{B}+B\bar{C}+C\bar{A}$ 的真值表。

8-14 用逻辑代数法化简下列函数：

（1）$F(A,B) = A\bar{B}+B+\bar{A}B$

（2）$F(A,B,C) = \bar{A}\,\bar{B}\,\bar{C}+\bar{A}B\,\bar{C}+A\,\bar{B}\,\bar{C}+\bar{A}BC$

（3）$F(A,B,C,D) = A\bar{C}+ABC+AC\bar{D}+CD$

第9章　组合逻辑电路

数字电路按是否与有记忆功能分为组合逻辑电路和时序逻辑电路。组合逻辑电路的特点是输出逻辑状态完全由当前输入状态决定,而与过去的输出状态无关。本章介绍组合逻辑电路的分析方法及简单逻辑电路设计,介绍译码器、编码器、多路选择器等常用组合逻辑电路的基本知识,并结合上述内容介绍 EWB 软件中几个菜单的使用方法,帮助读者在熟练使用该软件的基础上,借助该软件进一步掌握组合逻辑电路的分析和设计方法。

9.1　组合逻辑电路的分析与设计

组合逻辑电路的分析就是根据已知的逻辑电路图写出该电路从输入到输出的逻辑表达式和真值表等,求出该组合逻辑电路的逻辑功能。组合逻辑电路的设计就是根据目标要求的逻辑功能,利用现有的逻辑器件,设计出实现要求的逻辑电路。

9.1.1　组合逻辑电路的分析

组合逻辑电路分析的主要目的是确定已知组合逻辑电路的功能。其具体方法是:根据组合逻辑电路写出逻辑表达式,并将逻辑表达式化为最简单的逻辑表达式,写出真值表后就可以判断组合逻辑电路的功能。

例 9-1　试分析图 9-1 所示的逻辑电路图的功能。

解:(1)根据给出的逻辑图可以写出 Y 与 A、B 之间的逻辑表达式。Y_1,Y_2 的逻辑表达式为

$$Y_1 = \overline{\overline{A} \cdot \overline{B}} \qquad Y_2 = \overline{A \cdot B}$$

$$Y = \overline{Y_1 \cdot Y_2}$$

则

$$Y = \overline{\overline{\overline{A} \cdot \overline{B}} \cdot \overline{AB}} = \overline{A} \cdot \overline{B} + AB$$

(2)列真值表如表 9-1 所示。

表 9-1　真值表

A B	Y
0　0	1
0　1	0
1　0	0
1　1	1

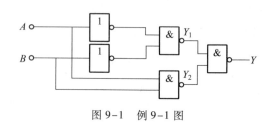

图 9-1　例 9-1 图

（3）分析逻辑功能　　由真值表可知，A、B 相同时，$Y=1$；A、B 不相同时，$Y=0$，所以该电路是同或逻辑电路。

用 EWB 软件的逻辑转换仪进行分析。

首先将该逻辑电路的输入、输出端分别连接到逻辑转换仪的输入、输出端，见图 9-2(a)，然后双击逻辑转换仪，当出现控制面板后，按下"电路图到真值表"的按钮 ⟤ → 10 1，即可得出该电路的真值表，见图 9-2(b)，再按下"真值表到最简表达式"的按钮 10 1 $\overset{SIMP}{\longrightarrow}$ A|B，得到的就是所求的最简逻辑表达式，结果如图 9-2(c)所示。可见，该电路是同或逻辑电路。

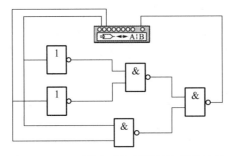

图 9-2(a)　逻辑电路与逻辑转换仪的连接

图 9-2(b)　逻辑电路与真值表的转换

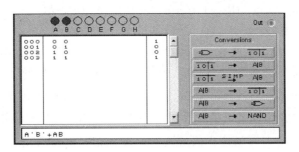

图 9-2(c)　真值表到最简逻辑表达式的转换

9.1.2　组合逻辑电路的设计

组合逻辑电路的设计步骤如下：

（1）确定输入、输出变量，定义变量逻辑状态含义（确定逻辑状态 **0** 和 **1** 的实际意义）。

（2）将实际逻辑问题根据其输入与输出相互关系，列出所有可能出现的组合，得出真值表，可根据输入变量的数量，计算输入组合状态数，若变量数为 n，则输入逻辑组合状态的总数为 2^n。

（3）根据真值表写出逻辑表达式，并化简成最简**与或**表达式；也可以是其他类型的逻辑表达式，如只包含与非关系的逻辑表达式。

（4）根据逻辑表达式画出逻辑电路图。

例 9–2　设计一个三人表决器，实现"少数服从多数"的原则。

解：（1）根据已知的逻辑要求，列出相应的真值表。

设 A、B、C 代表三人的表决意见，Y 代表表决结果，得真值表如表 9–2 所示。

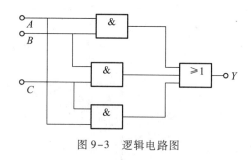

图 9–3　逻辑电路图

表 9–2　真值表

A	B	C	Y
0	0	0	0
0	0	1	0
0	1	0	0
0	1	1	1
1	0	0	0
1	0	1	1
1	1	0	1
1	1	1	1

（2）根据真值表列逻辑表达式并化简。

$$Y = \overline{A}BC + A\overline{B}C + AB\overline{C} + ABC = AB + AC + BC$$

（3）根据化简后的逻辑表达式，画出逻辑电路图，如图 9–3 所示。

例 9–3　设有甲、乙、丙三台电机，它们运转时必须满足这样的条件，即任何时间必须有而且仅有一台电机运行，如不满足该条件，就输出报警信号。试设计此报警电路。

解：用 EWB 软件的逻辑转换仪完成设计。

首先，从仪器按钮 ⬛ 中拖出逻辑转换仪，双击它，在其面板图上，从逻辑转换仪的顶部选择需要的输入端（A、B、C），此时真值表区会自动出现输入信号的所有组合，而右边输出列的初始值全部为零。根据设计要求，改变真值表的输出值（**1**、**0** 或 **X**），可得到真值表如图 9–4（a）所示。按下"真值表到最简表达式"的按钮 ⬛ ，相应的逻辑表达式就会出现在逻辑转换仪底部的逻辑表达式栏内。然后，按下"表达式到电路图"的按钮 ⬛ ，就得到了所要设计的电路，见图 9–4（b）。最后，若需要可在输入端接上切换开关，在输出端接上指示灯或蜂鸣器。

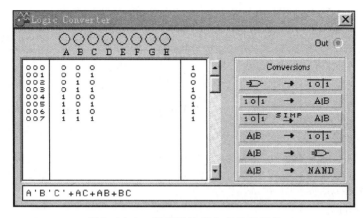

图 9-4(a) 逻辑转换仪生成的真值表

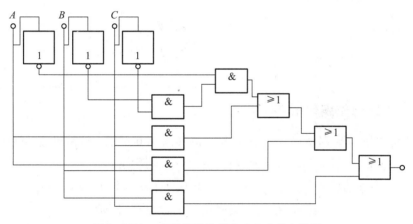

图 9-4(b) 由逻辑转换仪自动生成的电路图

9.2 编 码 器

编码器(Encoder)是将一个十进制数或某一特定信息用一组二进制码来表示的特殊电路。常用的编码器有普通编码器和优先编码器两类,普通编码器要求任何时刻只能有一个有效输入信号,否则编码器将不能正确输出;优先编码器可以避免这个缺点,可以同时有多个有效输入信号输入,但是只输出其中优先级别最高的输入编码信号。编码器又可分为二进制编码器和二-十进制编码器。

9.2.1 10 线-4 线优先编码器 74147

10 线-4 线优先编码器 74147 为二-十进制编码器。74LS147N 的逻辑符号如图 9-5 所示。编码表见表 9-3 所示的真值表。该编码器的特点是可以对输入进行优先编码,以保证只输出编码位权最高的输入编码数据。该编码器输入为 9 个电平信号,输出是 BCD 码,输入与输出都是低电平有效。输出是输入编码二进制数的反码。

表 9-3　74LS147 真值表

输　　　　入									输　　出			
1	2	3	4	5	6	7	8	9	D	C	B	A
1	1	1	1	1	1	1	1	1	1	1	1	1
×	×	×	×	×	×	×	×	0	0	1	1	0
×	×	×	×	×	×	×	0	1	0	1	1	1
×	×	×	×	×	×	0	1	1	1	0	0	0
×	×	×	×	×	0	1	1	1	1	0	0	1
×	×	×	×	0	1	1	1	1	1	0	1	0
×	×	×	0	1	1	1	1	1	1	0	1	1
×	×	0	1	1	1	1	1	1	1	1	0	0
×	0	1	1	1	1	1	1	1	1	1	0	1
0	1	1	1	1	1	1	1	1	1	1	1	0

图 9-5　74LS147N 优先编码器逻辑符号

9.2.2　8 线-3 线优先编码器 74148

8 线-3 线优先编码器 74LS148N 的逻辑符号图如图 9-6 所示。该编码器的输入与输出都是低电平有效。从表 9-4 可以看出,输入端 EI 是片选端,当 $\overline{EI}=0$ 时,编码器正常工作,否则编码器输出全为高电平。输出信号 $GS=0$,表示编码器工作正常,表明编码器正在输出编码信号。输出信号 $EO=0$,表示编码器正常工作,但是没有编码输出,它常用于多个编码器的级联。下面通过 EWB 软件分析其逻辑功能。

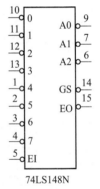

图 9-6　74LS148N 优先
编码器逻辑符号

例 9-4　分析 8 线-3 线编码器 74148 的逻辑功能。

解:用 EWB 软件仿真。

(1) 建立如图 9-7 所示的电路,图中 74148 是 EWB 软件提供的芯片,引脚图与图 9-6 所示编码器有所不同,但输入与输出也是低电平有效,选通 $\overline{EI}=0$ 时,编码器才能工作。输入信号通过开关接优先编码器的输入端,**1** 用 +5V 电源提供,**0** 用地信号提供,其状态由绿色逻辑探针监视,**0**、**1** 的转换用切换开关,分别由键盘上的 0~7 八个数字键控制。输出代码的状态由红色逻辑探针监视。按照编码器 74148 的使用要求,只有当选通输入端 $EI=0$ 时,编码器才能正常工作。两个扩展输出端 GS、EO 用于扩展编码功能,其状态由蓝色逻辑探针监视。

(2) 打开仿真开关,通过数字键 0~7 控制,将各输入端依次输入低电平(**0**),观察输出代码的变化。

(3) 同时输入几个低电平信号,观察各输入信号优先级别的高低,记录并整理结果。

(4) 记录结果见表 9-4。

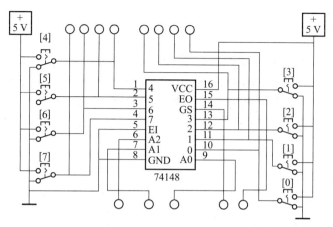

图 9-7　编码器 74148 逻辑功能的测试电路

表 9-4　74148 真值表

输　入									输　出				
$\overline{EI}$	0	1	2	3	4	5	6	7	GS	EO	A_2	A_1	A_0
1	×	×	×	×	×	×	×	×	1	1	1	1	1
0	1	1	1	1	1	1	1	1	1	0	1	1	1
0	×	×	×	×	×	×	×	0	0	1	0	0	0
0	×	×	×	×	×	×	0	1	0	1	0	0	1
0	×	×	×	×	×	0	1	1	0	1	0	1	0
0	×	×	×	×	0	1	1	1	0	1	0	1	1
0	×	×	×	0	1	1	1	1	0	1	1	0	0
0	×	×	0	1	1	1	1	1	0	1	1	0	1
0	×	0	1	1	1	1	1	1	0	1	1	1	0
0	0	1	1	1	1	1	1	1	0	1	1	1	1

可见,该编码器的输入为低电平有效,且输入 7 端的优先级别最高,输入 0 端的优先级别最低。另外,编码器工作且至少有一个信号输入时,$GS=0$,编码器工作且没有信号输入时,$EO=0$。

9.3　译　码　器

译码器(Decoder)是把一个用一组数字或电平组合来表示的信号或对象"翻译"出来,并变换成对应的输出信号或另一种数字代码的逻辑电路。译码器一般可分为变量译码器、码制译码器和显示译码器等。

9.3.1 变量译码器

变量译码器也称为二进制译码器,它是把 n 位以二进制方式表示的信号组合状态翻译成对应的 2^n 个最小项输出,对应每一组输入信号,译码器只有一个输出端是有效电平,其他输出端此时应是无效电平。采用逻辑门电路构建的 2 线-4 线译码器原理图如图 9-8 所示,在该电路中 A、B 为输入的二进制数,Y_0、Y_1、Y_2、Y_3 为由 A、B 值确定的输出,高电平为有效信号。

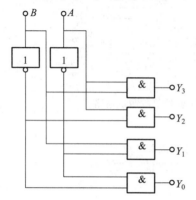

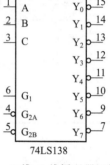

图 9-8　2 线-4 线译码器原理图　　　　图 9-9　3 线-8 线译码器逻辑符号

常用的集成变量译码器有 2 线-4 线译码器 74139,3 线-8 线译码器 74138,4 线-16 线译码器 74154 等。以下介绍 3 线-8 线译码器 74138。

74138 是 TTL 系列中的 3 线-8 线译码器,它的逻辑符号见图 9-9,其中 A、B 和 C 是二进制代码输入,$\overline{Y_0}$,$\overline{Y_1}$,$\cdots$,$\overline{Y_7}$ 是输出,低电平有效,G_1,$\overline{G}_{2A}$,$\overline{G}_{2B}$ 是控制,每一个输出端的输出函数为

$$Y_i = \overline{m_i (G_1 \overline{\overline{G}}_{2A} \overline{\overline{G}}_{2B})}$$

其中 m_i 为输入 C、B、A 的最小项。

例 9-5　利用 EWB 软件分析 3 线-8 线译码器 74138 的逻辑功能。

解:(1)建立如图 9-10(a)所示的电路,图中 74138 为 EWB 软件提供的芯片引脚图,其中 Y_0,Y_1,$\cdots$,Y_7 输出端依然是低电平有效。输入信号的 3 位二进制代码由字符发生器产生,其状态由绿色逻辑探针监视,输出信号的状态由红色逻辑探针监视,按照译码器 74138 的使用要求,只有当 G_1 = **1**、$\overline{G}_{2A} = \overline{G}_{2B} = \mathbf{0}$ 时,译码器才处于工作状态,否则译码器被禁止,所有输出端均被封锁为高电平。

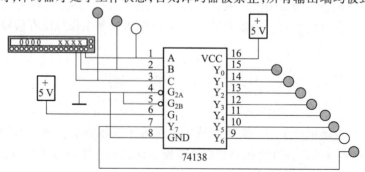

图 9-10(a)　译码器 74138 逻辑功能的测试电路

（2）打开仿真开关,双击字符发生器,出现如图 9-10(b)所示的控制面板图,单击 Pattern 按钮,出现如图 9-10(c)所示对话框,在对话框中,选择递增编码方式(Up counter),然后单击 Accept 按钮。之后,不断单击字符发生器面板上的单步输出按钮(Step),观察输出信号与输入代码的对应关系。

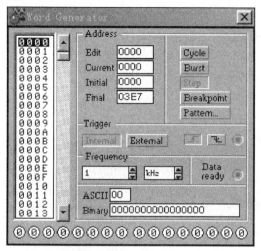

图 9-10(b)　字符发生器的控制面板图

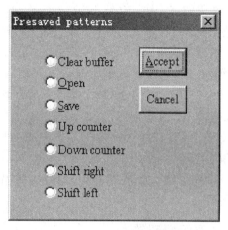

图 9-10(c)　设置(Pattern)按钮的对话框

（3）记录结果见表 9-5。

表 9-5　74138 真值表

片　　选			通道选择			输　　出							
G_1	$\overline{G_{2A}}$	$\overline{G_{2B}}$	C	B	A	$\overline{Y_0}$	$\overline{Y_1}$	$\overline{Y_2}$	$\overline{Y_3}$	$\overline{Y_4}$	$\overline{Y_5}$	$\overline{Y_6}$	$\overline{Y_7}$
0	×	×	×	×	×	1	1	1	1	1	1	1	1
×	1	×	×	×	×	1	1	1	1	1	1	1	1
×	×	1	×	×	×	1	1	1	1	1	1	1	1
1	0	0	0	0	0	0	1	1	1	1	1	1	1
1	0	0	0	0	1	1	0	1	1	1	1	1	1
1	0	0	0	1	0	1	1	0	1	1	1	1	1
1	0	0	0	1	1	1	1	1	0	1	1	1	1
1	0	0	1	0	0	1	1	1	1	0	1	1	1
1	0	0	1	0	1	1	1	1	1	1	0	1	1
1	0	0	1	1	0	1	1	1	1	1	1	0	1
1	0	0	1	1	1	1	1	1	1	1	1	1	0

可见,3 位输入代码共有 8 种状态组合,对应着 8 个不同的输出信号,输出信号为低电平有效。

9.3.2 二-十进制译码器

十进制是大家非常熟悉的数制,二-十进制译码器就是将计算机内部的二进制数转换为十进制数的码制变换译码器,它是将一个4位的二进制数8421BCD码译成十个独立输出的高电平或低电平信号。常用的有4线-10线BCD译码器74HC42,逻辑符号见图9-11,输入为4位二进制数码,输出为十个独立的信号线0~9,低电平有效。该芯片常与发光二极管连接,用发光二极管是否发光来显示BCD数据。也可控制十个开关,用于每次只能打开一个开关的场合。

该芯片只有在输入端为8421BCD码,即二进制数 **0000~1001** 时,输出端相应信号线变为低电平,对非8421BCD码的二进制数 **1010~1111**,输出端维持高电平。

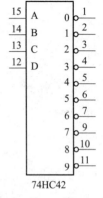

图 9-11　4 线-10 线 BCD 译码器
74HC42 逻辑符号

9.3.3 显示译码器

在计算机内部,数据的计算、分析、保存按二进制数方式进行非常自然方便,但人们日常使用的是十进制数,故计算机中的数据在显示时需要将二进制数以人们熟悉的十进制数方式显示。常用的显示器种类有点阵图形显示、段位显示和固定字模三种,点阵图形显示可显示各种内容,但使用资源多,显示技术复杂;段位显示可以组合显示一些数字及字母,占用资源少,技术简单;固定字模显示单一,一般仅使用在固定内容的标牌上。段位显示一般使用 LCD、LED 器件,LCD 功耗低,但制作复

图 9-12　七段 LED 数码管

杂,亮度也低,LED 功耗比 LCD 大一些,但制作简单,亮度高,故在一些简单应用中,大量使用段位式 LED 数码管,根据使能端电平不同,分为共阳极显示管和共阴极显示管。图 9-12 所示为七段 LED 数码管,可显示的数字和字符是 0、1、2、3、4、5、6、7、8、9、A、B、C、D、E、F。也可用来显示其他的特殊符号,如" ┌ "、" - "等。不同种类的段位式 LED 数码管,需要不同的驱动电路以及译码电路。

目前已有可对 4 位二进制数译码并推动数码显示器工作的集成电路模块,根据数码显示器的结构不同,有用于共阳极数码管的译码器 7446/47,以及用于共阴极数码管的译码器 7448。图 9-13 为共阳数码管的译码器符号,该译码器电路采用集电极开路输出,具有试灯输入、前/后沿灭灯控制和有效低电平输出的特点。

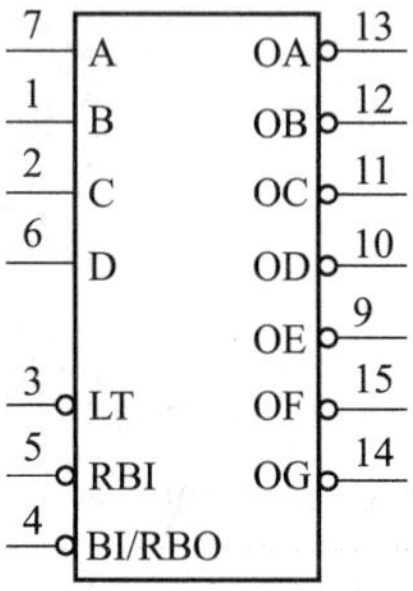

7446 与共阳数码管的连接见图 9-14。图中电阻为限流电阻,具体阻值视数码管的工作电流大小而定。

例 9-6　借助 EWB 软件分析七段译码器 7447 的逻辑功能。

解:(1)建立如图 9-15(a)所示的电路,图中 7447 为 EWB 软件

图 9-13　共阳数码管的
译码器符号

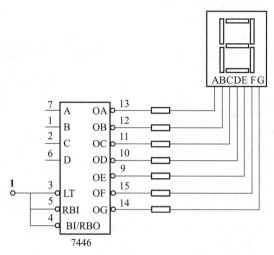

图 9-14　共阳数码管与译码器的连接

提供的共阴极数码管引脚图,其功能与 7446 相反。输入信号的 4 位二进制代码由字符发生器产生,其状态由绿色逻辑探针监视,输出信号接到七段显示器上,为了便于观察,输出信号同时由红色逻辑探针监视,按照使用要求,七段译码器 7447 工作时应使 $\overline{LT} = \overline{BI/RBO} = \overline{RBI} = 1$。

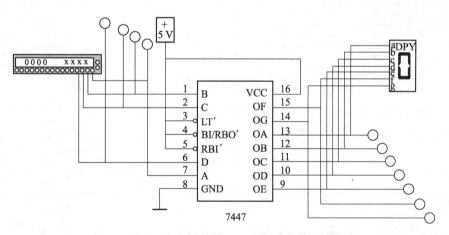

图 9-15(a)　七段译码器 7447 逻辑功能的测试电路

　　(2) 打开仿真开关,双击字符发生器,出现如图 9-15(b)所示的控制面板图,单击 Pattern 按钮,出现如图 9-15(c)所示的对话框,在对话框中,选择递增编码方式(Up counter),然后单击 Accept 按钮。之后,不断单击字符发生器面板上的单步输出按钮(Step),观察七段显示器显示的十进制数与输入代码的对应关系,同时记录七段译码器 7447 的输出值。

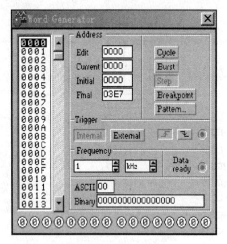 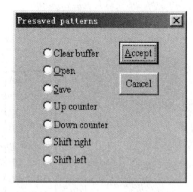

图 9-15(b)　字符发生器的控制面板图　　图 9-15(c)　设置(Pattern)按钮的对话框

（3）记录结果见表 9-6。

表 9-6　七段译码器 7447 的逻辑功能

十进制数	输入				输出						
	D	C	B	A	OA	OB	OC	OD	OE	OF	OG
0	0	0	0	0	1	1	1	1	1	1	0
1	0	0	0	1	0	1	1	0	0	0	0
2	0	0	1	0	1	1	0	1	1	0	1
3	0	0	1	1	1	1	1	1	0	0	1
4	0	1	0	0	0	1	1	0	0	1	1
5	0	1	0	1	1	0	1	1	0	1	1
6	0	1	1	0	0	0	1	1	1	1	1
7	0	1	1	1	1	1	1	0	0	0	0
8	1	0	0	0	1	1	1	1	1	1	1
9	1	0	0	1	1	1	1	0	0	1	1

可见，七段译码器 7447 输出为高电平有效，七段显示器显示的十进制数与输入的 BCD 码相对应。

9.4　数据选择器

9.4.1　数据选择器的定义和功能

从多个输入信号中选择其中一个作为输出，称为数据选择器。

图 9-16 是 4 选 1 数据选择器逻辑电路原理图,输出 Y 的表达式为

$$Y = \sum_{i=0}^{3} m_i D_i = (\overline{B}\,\overline{A})D_0 + (\overline{B}A)D_1 + (B\,\overline{A})D_2 + (BA)D_3$$

从输出表达式可以看出,当信号 $B = 1$、$A = 0$ 时,输出信号 $Y = D_2$,这就相当于将 D_2 信号连接到了输出端。

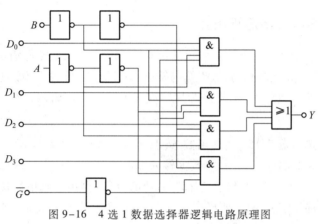

图 9-16　4 选 1 数据选择器逻辑电路原理图

集成数据选择器 74LS151N 具有 8 个输入信号 $D_0 \sim D_7$,一对互补输出信号 Y 和 $\overline{W}$,3 个数据通道选择信号 C、B、A 和输出使能信号 $\overline{G}$。逻辑符号见图 9-17,真值表见表 9-7。

由真值表 9-7 得到该数据选择器的输出信号为

$$Y = \left(\sum_{i=0}^{7} m_i D_i\right) \overline{(\overline{G})}$$

表 9-7　集成数据选择器 74LS151N 真值表

选		择	使 能	输	出
C	B	A	$\overline{G}$	Y	$\overline{W}$
×	×	×	1	0	1
0	0	0	0	D_0	$\overline{D}_0$
0	0	1	0	D_1	$\overline{D}_1$
0	1	0	0	D_2	$\overline{D}_2$
0	1	1	0	D_3	$\overline{D}_3$
1	0	0	0	D_4	$\overline{D}_4$
1	0	1	0	D_5	$\overline{D}_5$
1	1	0	0	D_6	$\overline{D}_6$
1	1	1	0	D_7	$\overline{D}_7$

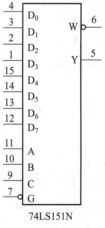

74LS151N

图 9-17　集成数据选择器 74LS151N 逻辑符号

这里 Y 是输出信号，$\overline{W}$ 是 Y 的非信号，m_i 是选择信号的最小项，D_i 是对应的输入信号，$\overline{G}$ 是使能信号。若 $\overline{G}=0$，数据选择器被选通，正常工作，Y 输出值由 C、B、A 编码确定通道的信号电平决定，若 $\overline{G}=1$，数据选择器未被选通，Y 输出低电平。74153 是双 4 选 1 多路选择器，74157 是四 2 选 1 数据选择器。

9.4.2　用数据选择器实现逻辑函数

从数据选择器的功能可以看出，它实际是由选择信号 C、B、A 确定输出和哪个输入通道连接；也可理解成输出信号是选择信号 A、B、C 与输入数据信号（可视为 D）组成的最小项之和，即将输入数据看成是一个二进制信号，则该芯片构成一个 4 变量逻辑门，所以可用 74151 来实现 4 变量逻辑函数。

例 9-7　用数据选择器 74151 实现函数 $F(A,B,C)=\overline{A}\,\overline{B}\,\overline{C}+\overline{A}B\,\overline{C}+\overline{A}BC+A\,\overline{B}C$。

解：函数中输出为 1 的项有 4 项，将数据输入端看成一个变量 D，根据数据选择器的功能可以列出真值表 9-8，由真值表 9-8，结合 74151 的功能，可以得到逻辑电路图 9-18。片选信号接地，输出有效，Y 值由选择端 C、B、A 所确定的信号通道输入端电平决定。将对应选择的 4 项输入端接高电平 1，其他 4 个输入端接低电平。

表 9-8　例 9-7 的真值表

选 择 信 号			输　出	数据信号
C	B	A	$F(A,B,C)$	D
0	**0**	**0**	**1**	$D_0=1$
0	**0**	**1**	**0**	$D_1=0$
0	**1**	**0**	**1**	$D_2=1$
0	**1**	**1**	**1**	$D_3=1$
1	**0**	**0**	**0**	$D_4=0$
1	**0**	**1**	**1**	$D_5=1$
1	**1**	**0**	**0**	$D_6=0$
1	**1**	**1**	**0**	$D_7=0$

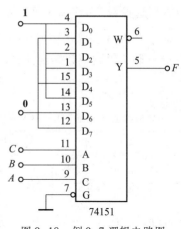

图 9-18　例 9-7 逻辑电路图

9.5　加　法　器

在数字系统中对二进制数进行加、减、乘、除运算时，由于目前电路技术的限制，最终都是利用编制程序将乘除法转化成加法来进行运算，所以加法运算电路是构成运算电路的基本单元，是计算机中的重要部件。

9.5.1　半加器

能对两个 1 位二进制数进行相加，得到这两个数相加的和及其进位的电路称为半加器。按照二进制运算规则,可列出如表 9-9 所示半加器的真值表,其中 A、B 是两个 1 位的二进制加数,S 是和,C 是进位。

由真值表可以得到如下逻辑表达式

$$S = \overline{A}B + A\overline{B} = A \oplus B$$
$$C = AB$$

半加器逻辑电路图和逻辑符号见图 9-19。

表 9-9 半加器真值表

输 入		输 出	
A	B	S	C
0	0	0	0
0	1	1	0
1	0	1	0
1	1	0	1

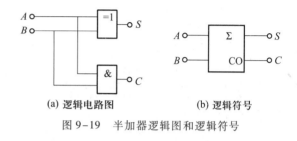

(a) 逻辑电路图　　　　(b) 逻辑符号

图 9-19　半加器逻辑图和逻辑符号

9.5.2 全加器

能对两个 1 位二进制数进行相加并考虑低位的进位,得到相加的和及进位的逻辑电路称为全加器。全加器真值表如表 9-10 所示,表中 C_I 为低位来的进位,A、B 是两个加数,S 是全加和,C_0 是进位。

从真值表可得到如下表达式

$$S = \sum m(1,2,4,7)$$
$$C_0 = \sum m(3,5,6,7)$$

化简后

$$S = A \oplus B \oplus C_I$$
$$C_0 = AB + AC_I + BC_I$$

表 9-10 全加器真值表

输 入			输 出	
C_I	A	B	S	C_0
0	0	0	0	0
0	0	1	1	0
0	1	0	1	0
0	1	1	0	1
1	0	0	1	0
1	0	1	0	1
1	1	0	0	1
1	1	1	1	1

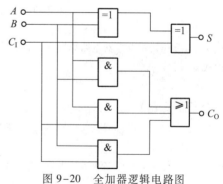

图 9-20　全加器逻辑电路图

由逻辑表达式可画出逻辑电路图如图 9-20 所示。

习　题

【概念题】

9-1 分析题9-1图所示的电路,写出 F 的逻辑表达式。

9-2 分析题9-2图所示的电路,写出 F 的逻辑表达式。

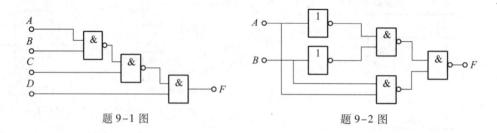

題9-1图　　　　　　　　　　　　　題9-2图

9-3 一个由3线-8线译码器和与非门组成的电路如题9-3图所示,试写出当片选信号有效时,Y_1 和 Y_2 的逻辑表达式。

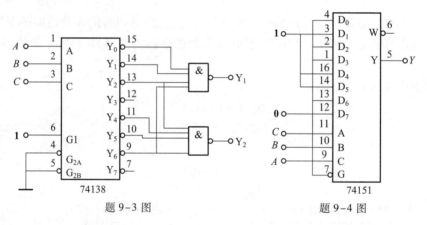

題9-3图　　　　　　　　　　　題9-4图

9-4 八选一数据选择器电路如题9-4图所示,其中 A、B、C 为地址,$D_0 \sim D_7$ 为数据输入,试写出输出 Y 的逻辑表达式。

【分析仿真题】

9-5 试设计一个电灯的多处控制电路,要求用3个开关控制一个电灯的电路,要求扳动任何一个开关都能控制该电灯的亮、灭。

9-6 试设计4变量的多数表决电路,当输入变量 A、B、C、D 中有3个或3个以上为1时,表决结果有效,即表决结果为1。

9-7 用74138集成二进制译码器芯片和与非门构成全加器。

9-8 用74151数据选择器实现下列逻辑函数。

$$F = \overline{A}\,\overline{B}C + \overline{A}BC + A\,\overline{B}\,\overline{C} + ABC$$

9-9 试画出用3线-8线译码器74138和门电路产生如下多输出函数的逻辑电路图。

$$Y_1 = AC$$

$$Y_2 = \overline{A}\,\overline{B}C + A\,\overline{B}\,\overline{C} + BC$$

$$Y_3 = \overline{B}\,\overline{C} + AB\,\overline{C}$$

第10章 触发器与时序逻辑电路

触发器(Flip-Flop)是时序逻辑电路的基本单元,就逻辑功能而言,时序逻辑电路(简称时序电路)与组合逻辑电路的区别是:时序逻辑电路的输出不仅仅决定于当时的输入信号,还与电路原来的状态有关。本章首先介绍触发器和时序电路的分析,然后介绍计数器、寄存器等常用集成时序电路。在此基础上结合 EWB 软件介绍几个菜单和仪器的使用方法,以便读者能借助 EWB软件熟练掌握时序电路的分析和设计方法。

10.1 触 发 器

触发器是能够存储 1 位二值信号的基本单元电路,它有两个基本特点:第一,具有两个能自行保持的稳定状态,可用来表示逻辑状态 **0** 和 **1**,或二进制数码 **0** 和 **1**;第二,根据不同的输入信号可以置 **0** 或置 **1**。触发器按其逻辑功能可分为基本 RS 触发器、D 触发器、JK 触发器、T 触发器等几种类型。

10.1.1 基本 RS 触发器

基本 RS 触发器是组成其他触发器的基础,一般由**与非门**或**或非门**构成,下面介绍**与非门**构成的基本 RS 触发器。

1. 电路结构与符号

用**与非门**构成的基本 RS 触发器及逻辑符号如图 10-1 所示。图中 $\bar{S}$ 为置 **1** 输入端,$\bar{R}$ 为置 **0** 输入端,都是低电平有效,Q、$\bar{Q}$ 为互补输出端,一般以 Q 的状态作为触发器的状态。其真值表见表 10-1。

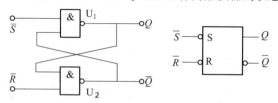

图 10-1 与非门构成的基本 RS 触发器及逻辑符号

表 10-1 基本 RS 触发器的真值表

$\bar{R}$	$\bar{S}$	Q^{n+1}	$\bar{Q}^{n+1}$	功能
0	1	0	1	置0

续表

$\overline{R}$	$\overline{S}$	Q^{n+1}	$\overline{Q}^{n+1}$	功能
1	0	1	0	置 1
1	1	Q^n	$\overline{Q}^n$	保持
0	0	1	1	禁用

2. 工作原理与真值表

（1）当 $\overline{R}=0,\overline{S}=1$ 时　因 $\overline{R}=0$，U_2 门的输出端 $\overline{Q}=1$，U_1 门的两输入为 **1**，因此 U_1 门的输出端 $Q=0$。

（2）当 $\overline{R}=1,\overline{S}=0$ 时　因 $\overline{S}=0$，U_1 门的输出端 $Q=1$，U_2 门的两输入为 **1**，因此 U_2 门的输出端 $\overline{Q}=0$。

（3）当 $\overline{R}=1,\overline{S}=1$ 时　U_1 门和 U_2 门的输出端被它们的原来状态锁定，故输出不变。

（4）当 $\overline{R}=0,\overline{S}=0$ 时　有 $Q=\overline{Q}=1$。

表 10-1 所示为基本 RS 触发器的真值表。其中 Q^n 表示输入信号到来之前 Q 的状态，称为现态，Q^{n+1} 表示输入信号到来之后 Q 的状态，称为次态。

因为 $\overline{S}=0$，$\overline{R}=0$ 时，一方面使 Q 与 $\overline{Q}$ 不具有互补的关系，另一方面在 $\overline{S}=0$，$\overline{R}=0$ 之后同时出现 $\overline{S}=1$，$\overline{R}=1$，将使输出状态不确定。所以该触发器在实际使用中的约束条件是：$\overline{S}+\overline{R}=1$，即不允许 $\overline{S}=0$ 和 $\overline{R}=0$ 同时出现。

3. 时序图

时序图又称为波形图，用时序图可以很好地描述触发器功能，图 10-2 为与非门组成的基本 RS 触发器的理想时序图。

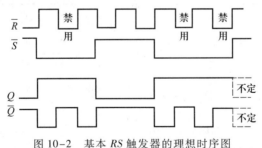

图 10-2　基本 RS 触发器的理想时序图

10.1.2　门控触发器

1. 门控 RS 触发器

在数字系统中，为了协调各触发器工作，常常要求触发器有一个控制端，在此控制端输入控制信号，则该系统内的各触发器的输出状态可以有序地变化。具有该控制信号的触发器称为门控触发器。

1）电路结构与符号

门控 RS 触发器和逻辑符号如图 10-3 所示。图中 CP 为控制信号，也称为时钟脉冲（Clock Pulse，简称 CP）。当 CP 为 **1** 时，RS 端的输入信号可以通过 U_3 门和 U_4 门，使输出状态改变；当 CP 为 **0** 时，RS 端的信号被封锁。

2）真值表

由图 10-3 可见，$CP=1$ 时，R、S 的作用正好与基本 RS 触发器中的 $\bar{R}$、$\bar{S}$ 的作用相反，由此可得到门控 RS 触发器的真值表如表 10-2 所示。其约束条件是：$R \cdot S = 0$。

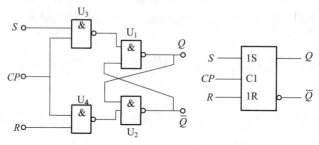

图 10-3　门控 RS 触发器及逻辑符号

3）特性表

根据以上分析可见触发器的次态 Q^{n+1} 不仅与触发器的输入 R、S 有关，也与触发器的现态 Q^n 有关。触发器的次态 Q^{n+1} 与现态 Q^n 以及输入 R、S 之间的关系表称为特性表。由表 10-2 门控 RS 触发器的真值表可得到其特性表，如表 10-3 所示。

4）特性方程

由特性表可得门控 RS 触发器的特性方程为 $Q^{n+1} = S + \bar{R}Q^n$ 和 $R \cdot S = 0$（约束条件）。

表 10-2　门控 RS 触发器的真值表

R	S	Q^{n+1}
0	0	Q^n
0	1	1
1	0	0
1	1	×

表 10-3　门控 RS 触发器的特性表

R	S	Q^n	Q^{n+1}	功能
0	0	0	0	保持
0	0	1	1	保持
0	1	0	1	置 1
0	1	1	1	置 1
1	0	0	0	置 0
1	0	1	0	置 0
1	1	0	×	禁用
1	1	1	×	禁用

2. 门控 D 触发器

把门控 RS 触发器接成如图 10-4 所示的形式，即构成门控 D 触发器。将 $S=D$、$R=\bar{D}$ 代入门

控 RS 触发器的特性方程 $Q^{n+1}=S+\bar{R}Q^n$ 中,可得门控 D 触发器的特性方程为:$Q^{n+1}=D+\bar{\bar{D}}Q^n=D$。

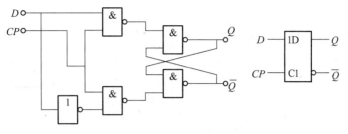

图 10-4 门控 D 触发器及逻辑符号

3. 门控 JK 触发器

门控 JK 触发器的电路如图 10-5 所示,与门控 RS 触发器相比较 $S=J\bar{Q}^n$,$R=KQ^n$。将 $S=J\bar{Q}^n$ 和 $R=KQ^n$,代入门控 RS 触发器的特性方程后得到门控 JK 触发器的特性方程为:$Q^{n+1}=J\bar{Q}^n+\bar{K}Q^n$。$JK$ 触发器不需要约束条件,它的真值表如表 10-4 所示。

表 10-4 门控 JK 触发器的真值表

J	K	Q^{n+1}	$\bar{Q}^{n+1}$
0	**0**	Q^n	$\bar{Q}^n$
0	**1**	**0**	**1**
1	**0**	**1**	**0**
1	**1**	$\bar{Q}^n$	Q^n

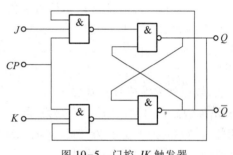

图 10-5 门控 JK 触发器

门控触发器是在 CP 脉冲的高电平期间接收输入信号和改变输出状态,故为电平触发方式。电平触发的触发器存在"空翻"现象。所谓空翻就是在一个 CP 脉冲期间,触发器发生多于一次的翻转,这种触发器是不能构成计数器的。为避免出现空翻现象,计数器电路应采用边沿触发器。

10.1.3 边沿触发器

边沿触发器是在门控脉冲的上升沿或下降沿接收输入信号改变输出状态,故为边沿触发方式。这种触发器在触发边沿到来之前,输入信号要稳定地建立起来,在触发边沿到来之后仍需保持一定时间,即触发器有建立时间和保持时间。边沿触发器可以有效地解决"空翻"问题,而且抗干扰能力强。以下重点介绍实际中常用的边沿 D 触发器和边沿 JK 触发器。

1. 边沿 D 触发器

图 10-6 是边沿 D 触发器的电路和逻辑符号。图中 U_1 和 U_2 组成基本 RS 触发器,U_3 和 U_4 组成门控电路,U_5 和 U_6 组成数据输入电路。

在 $CP=0$ 时,U_3 和 U_4 两个门被关闭,它们的输出 $U_{3OUT}=1$,$U_{4OUT}=1$,所以 D 无论怎样变化,D 触发器输出状态不变,但数据输入电路的 $U_{5OUT}=\bar{D}$,$U_{6OUT}=D$。

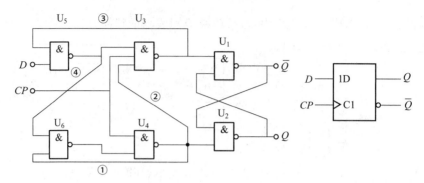

图 10-6　边沿 D 触发器电路及逻辑符号

CP 上升沿时,U_3 和 U_4 两个门被打开,它们的输出只与 CP 上升沿瞬间 D 的信号有关 。

当 $D=0$ 时,使 $U_{5OUT}=1$,$U_{6OUT}=0$,$U_{3OUT}=0$,$U_{4OUT}=1$,从而 $Q=0$。

当 $D=1$ 时,使 $U_{5OUT}=0$,$U_{6OUT}=1$,$U_{3OUT}=1$,$U_{4OUT}=0$,从而 $Q=1$。

在 $CP=1$ 期间,若 $Q=0$,由于③线(称为置 0 维持线)的作用,仍使 $U_{3OUT}=0$,由于④线(称为置 1 阻塞线)的作用,仍使 $U_{4OUT}=1$,从而触发器维持不变。

在 $CP=1$ 期间,若 $Q=1$,由于①线(称为置 1 维持线)的作用,仍使 $U_{4OUT}=0$,由于②线(称为置 0 阻塞线)的作用,仍使 $U_{3OUT}=1$,从而触发器维持不变。

边沿 D 触发器的真值表、特性表和特性方程与门控 D 触发器相同。因为其电路中具有维持线和阻塞线,故也称为维持阻塞 D 触发器。

2. 利用传输延迟时间的边沿 JK 触发器

利用传输延迟时间的边沿 JK 触发器的原理电路及逻辑符号如图 10-7 所示。图中 U_7 和 U_8 门的延迟时间比其他门的延迟时间长。

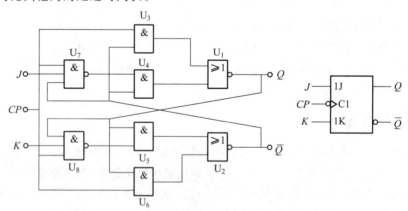

图 10-7　利用传输延迟时间的边沿 JK 触发器原理电路及逻辑符号

触发器置 1 过程(设触发器初始状态 $Q=0$,$\overline{Q}=1$,$J=1$,$K=0$。):

当 $CP=0$ 时,$U_{7OUT}=1$ 和 $U_{8OUT}=1$、$U_{3OUT}=0$、$U_{6OUT}=0$、$U_{4OUT}=1$ 和 $U_{5OUT}=0$,触发器的输出不变。

当 $CP=1$ 时,门 U_3 与 U_6 解除封锁,接替 U_4 与 U_5 门的作用,保持触发器输出不变,经过一段延迟后 $U_{7OUT}=0$ 和 $U_{8OUT}=1$。

当 CP 下降沿到来时,首先,$U_{3OUT}=0$,(U_{6OUT} 原来就是 0),此时 U_3、U_6 门失去作用,U_1、U_2、U_4、U_5 门组成基本 RS 触发器,在 $U_{7OUT}=0$ 和 $U_{8OUT}=1$ 的(U_7 和 U_8 存在延迟时间暂时不会改变)作用下,使 $Q=1,\overline{Q}=0$。

其后,由于 $CP=0$,$U_{7OUT}=1$ 和 $U_{8OUT}=1$,即使 J 和 K 发生变化,对基本 RS 触发器的状态不会影响。

触发器置 0 过程同置 1 过程类似,读者可以自行分析。

例 10-1　试用 EWB 软件测试双 JK 触发器 7473 的逻辑功能。

解：测试电路见图 10-8,输入信号的 1 用 $+5V$ 电源提供,0 用地信号提供,0、1 的转换用切换开关,清零端 $\overline{CLR}$ 通过切换开关分别接高、低电平,时钟信号 C 由时钟脉冲电源提供,频率设为 $1kHz$,输出信号用红色逻辑探针测试,结果为 1,测试探针发光,结果为 0,测试探针不亮。测试时,打开仿真开关,先使清零端 $\overline{CLR}$ 接低电平清零,然后使其接高电平工作,测试结果见表 10-5。

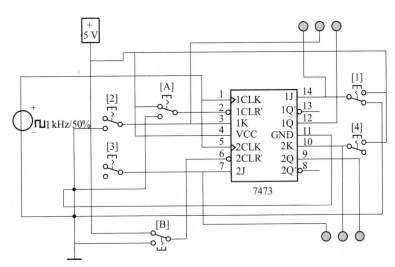

图 10-8　双 JK 触发器 7473 逻辑功能的测试电路

表 10-5　双 JK 触发器 7473 逻辑功能的测试结果

$\overline{CLR}=1$					
输入 $1J$	输入 $1K$	输出 $1Q$	输入 $2J$	输入 $2K$	输出 $2Q$
0	0	保持	0	0	保持
0	1	0	0	1	0
1	0	1	1	0	1
1	1	翻转	1	1	翻转

10.2　时序电路的分析

时序逻辑电路简称为时序电路。在时序电路中,如果所有触发器的状态都在同一时钟信号作用下发生变化,这种时序电路称为同步时序电路。若时序电路中各触发器的状态不是在同一时钟信号作用下变化,则称为异步时序电路。时序电路的分析就是由时序电路得出状态方程、状态图、时序图、状态表等,进而得到该电路的功能。

10.2.1　同步时序电路的分析

1. 分析步骤

(1) 写出各个触发器的驱动方程(又称为激励方程、控制方程和输入方程)。

(2) 写出时序电路的状态方程。

(3) 写出时序电路的输出方程。

(4) 由时序电路的状态方程和输出方程列状态表、画状态图。

(5) 画时间图。

2. 分析举例

例 10-2　分析如图 10-9 所示的同步时序电路的逻辑功能。设 $Q_2Q_1Q_0$ 的初始状态为 **000**。

解：

(1) 驱动方程

$$J_0 = \overline{Q_2^n Q_1^n} \qquad\qquad K_0 = 1$$

$$J_1 = Q_0^n \qquad\qquad\qquad K_1 = \overline{\overline{Q_2^n}\ \overline{Q_0^n}}$$

$$J_2 = Q_1^n Q_0^n \qquad\qquad K_2 = Q_1^n$$

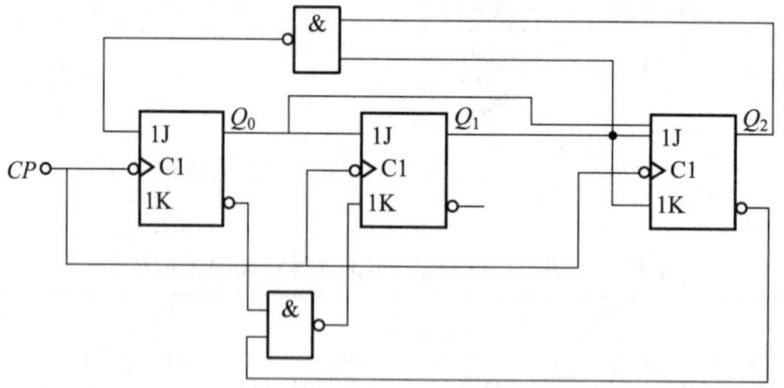

图 10-9　例 10-2 图

(2) 状态方程(将驱动方程代入特性方程所得到的方程)

$$Q_0^{n+1} = J_0\ \overline{Q_0^n} + \overline{K_0} Q_0^n = \overline{Q_2^n Q_1^n}\ \overline{Q_0^n}$$

$$Q_1^{n+1} = J_1\ \overline{Q_1^n} + \overline{K_1} Q_1^n = Q_0^n\ \overline{Q_1^n} + \overline{Q_2^n}\ \overline{Q_0^n} Q_1^n$$

$$Q_2^{n+1} = J_2\,\overline{Q_2^n} + \overline{K_2}\,Q_2^n = Q_1^n Q_0^n\,\overline{Q_2^n} + \overline{Q_1^n\,Q_2^n}$$

（3）状态表 该表类似组合电路中的真值表。将输入变量、现态变量、次态变量和输出变量纵向排列画成一个表,该表称为状态表,如表 10-6 所示。

表 10-6 例 10-2 的状态表

CP	Q_2^n	Q_1^n	Q_0^n	Q_2^{n+1}	Q_1^{n+1}	Q_0^{n+1}
0				0	0	0
1	0	0	0	0	0	1
2	0	0	1	0	1	0
3	0	1	0	0	1	1
4	0	1	1	1	0	0
5	1	0	0	1	0	1
6	1	0	1	1	1	0
7	1	1	0	0	0	0
0				1	1	1
1	1	1	1	0	0	0

（4）状态图 根据状态表得到状态图,如图 10-10 所示。由状态图可见,该电路是一个能够自启动的同步七进制加法计数器。其中,**111** 为无效状态,另外七个状态为有效状态。在时钟脉冲作用下,能够从无效状态自动进入有效状态的现象称为能自启动,否则称为不能自启动。

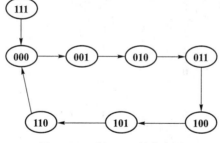

图 10-10 例 10-2 的状态图

10.2.2 异步时序电路的分析

异步时序电路的分析方法与同步时序电路的分析方法基本相同,只是由于异步时序电路中的各个触发器在各自的时钟出现之后才发生翻转,因此分析异步时序电路时,触发器的 CP 脉冲是一个必须考虑的逻辑变量。或者说,列状态方程时,应标出状态方程的有效条件。

下面通过一个例子具体说明异步时序电路的分析方法和步骤。

例 10-3 试分析如图 10-11 所示异步时序电路的功能。

解:（1）驱动方程

$$J_1 = \overline{Q_3^n} \qquad K_1 = 1$$

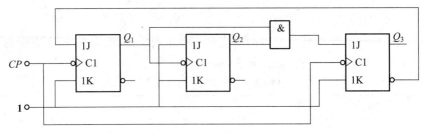

图 10-11 例 10-3 图

$J_2 = K_2 = 1$

$J_3 = Q_1^n Q_2^n$ $K_3 = 1$

（2）状态方程

$Q_1^{n+1} = \overline{Q_3^n}\, \overline{Q_1^n}$ $CP \downarrow$

$Q_2^{n+1} = \overline{Q_2^n}$ $Q_1 \downarrow$

$Q_3^{n+1} = Q_1^n Q_2^n \overline{Q_3^n}$ $CP \downarrow$

（3）状态表 如表 10-7 所示。

表 10-7 例 10-3 的状态表

CP	Q_3^n	Q_2^n	Q_1^n	Q_3^{n+1}	Q_2^{n+1}	Q_1^{n+1}
0				0	0	0
1	0	0	0	0	0	1
2	0	0	1	0	1	0
3	0	1	0	0	1	1
4	0	1	1	1	0	0
5	1	0	0	0	0	0
0				1	0	1
1	1	0	1	0	1	0
0				1	1	0
1	1	1	0	0	1	0
0				1	1	1
1	1	1	1	0	0	0

注意，本例中 Q_2 的状态方程只在 Q_1 的下降沿时才有效。

（4）状态图 由状态表画状态图如图 10-12 所示。从状态图可知，该电路是能自启动的异步五进制加法计数器。

利用 EWB 软件分析此题。

其仿真图如图 10-13（a）所示。在电路的输出端，用七段译码显示器来显示电路的状态，同时将时钟信号及各触发器

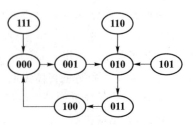

图 10-12 例 10-3 的状态图

的输出端接到逻辑分析仪的输入端用以显示输出波形,为方便清零,在各触发器的复位端还接入了一个切换开关,分别接高、低电平。

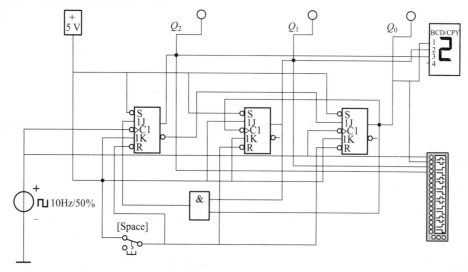

图 10-13(a)　仿真图

仿真时,打开电源开关,先使复位 R 接低电平清零,然后用空格键将其切换到高电平,这时计数器即开始计数。双击逻辑分析仪,在其控制面板图上,单击 Reset 按钮,并将 Clocks per division 设置为32,即可观察到时钟脉冲及各触发器的输出波形,见图 10-13(b),分析结果见表 10-8。

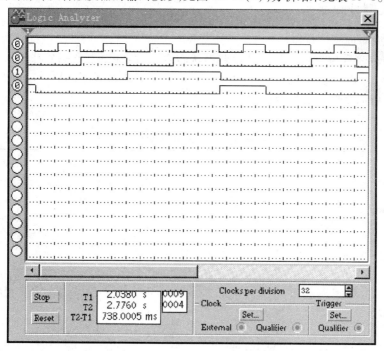

图 10-13(b)　逻辑分析仪显示的输出波形

表 10-8　七段译码显示器的状态表

CP	Q_2	Q_1	Q_0	译码显示数字
0	0	0	0	0
1	0	0	1	1
2	0	1	0	2
3	0	1	1	3
4	1	0	0	4
5	0	0	0	0

可见,该计数器是五进制异步加法计数器,而且是下降沿触发。

10.3　计　数　器

计数器是最常见的时序电路,常用于计数、分频、定时及产生数字系统的时钟脉冲等,其种类很多,按触发器是否同时翻转分为同步计数器和异步计数器;按计数顺序的增减,分为加计数器、减计数器和可逆计数器;按计数容量(M)和构成计数器的触发器的个数(N)之间的关系可分为二进制和非二进制计数器。计数器所能记忆的时钟脉冲个数(M)称为计数器的模。当 $M=2^N$ 时为二进制计数器,否则为非二进制计数器。

10.3.1　二进制计数器

1. 同步二进制加法计数器

表 10-9 是同步 3 位二进制加法计数器的状态表。由表可见,来一个时钟脉冲时,Q_0 就翻转一次,而 Q_1 要在 Q_0 为 1 时翻转,Q_2 要在 Q_1 和 Q_0 都是 1 时翻转。若用 JK 触发器组成同步二进制加法计数器,则每一个触发器的翻转的条件是

$$J_n = K_n = Q_{n-1} \cdot Q_{n-2} \cdots Q_2 \cdot Q_1 \cdot Q_0$$

表 10-9　同步 3 位二进制加法计数器状态表

Q_2	Q_1	Q_0	CP
0	0	0	0
0	0	1	1
0	1	0	2
0	1	1	3
1	0	0	4
1	0	1	5
1	1	1	6
1	1	1	7
0	0	0	8

由此画出如图 10-14 所示同步 3 位二进制加法计数器的逻辑电路图。

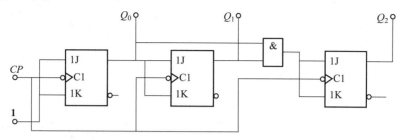

图 10-14　同步 3 位二进制加法计数器的逻辑电路图

2. 集成同步二进制加法计数器 74161、74163

74161、74163 都是同步 4 位二进制加法计数器。图 10-15、图 10-16 分别是 74161 和 74163 的逻辑符号。表 10-10、表 10-11 是 74161 和 74163 的功能表。它们都具有预置端 $\overline{\text{LOAD}}$、清除端 $\overline{\text{CLR}}$、使能端 ENT、ENP 和进位端 RCO,两者都在时钟上升沿时进行预置和计数器操作,所不同的是 74163 在时钟上升沿进行清除操作,而 74161 的清除操作与时钟信号无关,这就是同步清除与异步清除的区别,使用时一定要注意。

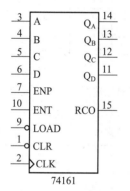

图 10-15　74161 的逻辑符号

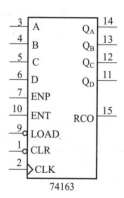

图 10-16　74163 的逻辑符号

表 10-10　74161 功能表

输　　入					输　　出
$\overline{CLR}$	$\overline{LOAD}$	ENT	ENP	CLK	Q^n
0	×	×	×	×	异步清除
1	**0**	×	×	↑	同步预置
1	**1**	**1**	**1**	↑	计数
1	**1**	**0**	×	×	保持
1	**1**	×	**0**	×	保持

表 10-11　74163 功能表

输　　入					输　　出
$\overline{CLR}$	$\overline{LOAD}$	ENT	ENP	CLK	Q^n
0	×	×	×	↑	同步清除
1	0	×	×	↑	同步预置
1	1	1	1	↑	计数
1	1	0	×	×	保持
1	1	×	0	×	保持

3. 异步二进制加法计数器

图 10-17 和表 10-12 是用 JK 触发器实现的异步 3 位二进制加法计数器的逻辑电路图和状态表。

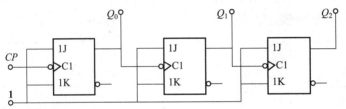

图 10-17　异步 3 位二进制加法计数器逻辑电路图

表 10-12　异步 3 位二进制加法计数器状态表

Q_2	Q_1	Q_0	CP
0	0	0	0
0	0	1	1
0	1	0	2
0	1	1	3
1	0	0	4
1	0	1	5
1	1	0	6
1	1	1	7
0	0	0	8

4. 集成异步二进制加法计数器 74293

74293 是异步 4 位二进制加法计数器,具有二分频和八分频能力,其逻辑符号见图 10-18,74293 的功能表见表 10-13。它是由一个二进制和一个八进制计数器组成,时钟端 CKA 和 Q_A 组成二进制计数器,时钟端 CKB 和 Q_D、Q_C、Q_B 组成八进制计数器,两个计数器具有相同的清除端 R0(1) 和 R0(2)。两个计数器串接可组成十六进制的计数器,使用起来非常灵活。

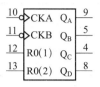

图 10-18　74293 逻辑符号图

表 10-13　74293 功能表

输　　入				输　　出				功　　能
$R0(1)$	$R0(2)$	CKA	CKB	Q_D	Q_C	Q_B	Q_A	
1	**1**	×	×	**0**	**0**	**0**	**0**	清 0
有 **0**		$CP\downarrow$	**0**				Q_A	二进制计数
		0	$CP\downarrow$	Q_D	Q_C	Q_B		八进制计数
		$CP\downarrow$	Q_A	Q_D	Q_C	Q_B	Q_A	十六进制计数
		Q_D	$CP\downarrow$	Q_A	Q_D	Q_C	Q_B	十六进制计数

10.3.2　十进制计数器

十进制计数器的计数规律是"逢十进一",它是用 4 位二进制数表示对应的十进制数,所以又称为二-十进制计数器。目前比较典型的计数器是 8421 编码的十进制计数器。图 10-19 所示的逻辑电路图为异步十进制加法计数器,图中第一个触发器是一个二进制计数器,后 3 个触发器是五进制计数器,两者串接便为十进制加法计数器。

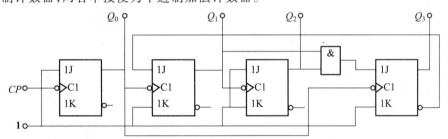

图 10-19　异步十进制加法计数器的逻辑电路图

74290 就是按上述原理制成的异步十进制计数器。其中时钟端 CKA 和输出端 Q_A 组成二进制计数器,时钟端 CKB 和输出端 Q_D、Q_C、Q_B 组成五进制计数器。另外这两个计数器还有公共置 0 端 R0(1) 和 R0(2) 和公共置 9 端 S9(1) 和 S9(2)。图 10-20 是 74290 的逻辑符号。

该计数器功能表见表 10-14。

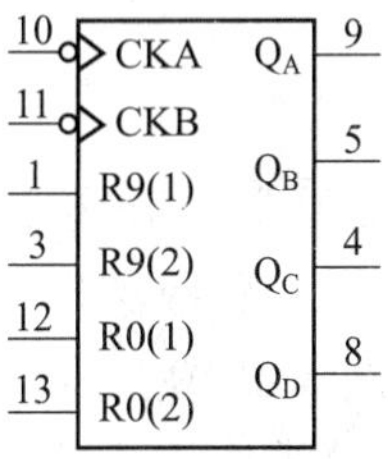

图 10-20　74290 的逻辑符号

表 10-14　74290 功能表

输　　入						输　　出				功　　能
$R0(1)$	$R0(2)$	$S9(1)$	$S9(2)$	CKA	CKB	Q_D	D_C	Q_B	Q_A	
1	1	0	×	×	×	0	0	0	0	清 0
1	1	×	0	×	×	0	0	0	0	
×	×	1	1	×	×	1	0	0	1	置 9
有 0		有 0		$CP\downarrow$	0	Q_A				二进制计数
				0	$CP\downarrow$	$Q_D Q_C Q_B$				五进制计数
				$CP\downarrow$	Q_A	$Q_D Q_C Q_B Q_A$				十进制计数（8421BCD 码）
				Q_D	$CP\downarrow$	$Q_A Q_D Q_C Q_B$				十进制计数（5421BCD 码）

74160 是同步十进制加法计数器，其符号与功能同 74161，这里不再赘述。

例 10-4　用同步十进制加法计数器 74160 构成六进制加法计数器（使用 EWB 软件）。

解：方法一：置数法一

电路如图 10-21（a）所示，令 $ENP=ENT=\overline{CLR}=1$，时钟脉冲信号 CLK 由时钟信号源提供，设其频率为 10Hz，同步置数端$\overline{LOAD}$接 Q_A、Q_C 的**与非**输出，进位信号 RCO 由逻辑分析仪红色探针监视，输出端 Q_D、Q_C、Q_B、Q_A 接译码显示器用以观察计数状态，同时接逻辑分析仪用以观察时序波形，波形见图 10-21（b）。

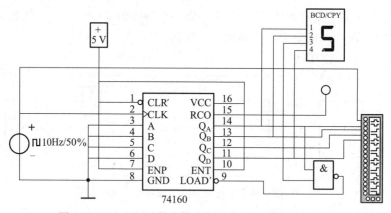

图 10-21（a）　用置数法构成的同步六进制加法计数器

观察结果表明，该计数器是同步六进制加法计数器，没有进位输出，输出波形良好。

方法二：置数法二

电路如图 10-21（c）所示，与方法一所不同的是该计数器的计数过程为 0→1→2→3→4→9→0，这样就产生了进位输出。

方法三：清零法

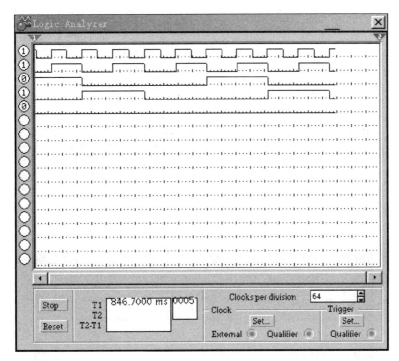

图 10-21(b) 用置数法构成的同步六进制加法计数器的波形图

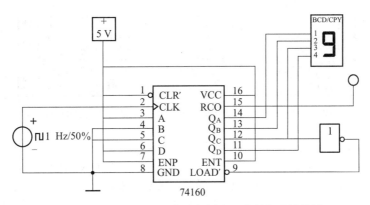

图 10-21(c) 用置数法构成的同步六进制加法计数器

电路如图 10-21(d)所示,令 $ENP = ENT = \overline{LOAD} = 1$,时钟脉冲信号 CLK 由时钟信号源提供,设其频率为 10 Hz,异步清零端$\overline{CLR}$接 Q_B、Q_C 的与非输出端,输出端 Q_D、Q_C、Q_B、Q_A 接译码显示器用以观察计数状态,同时接逻辑分析仪用以观察时序波形,波形见图 10-21(e)。

观察结果表明,该计数器是同步六进制加法计数器,与方法一所不同的是计数器状态由 **0101** 过渡到 **0000** 的瞬间,出现了短暂的 **0110** 状态,于是输出波形产生了尖峰脉冲。

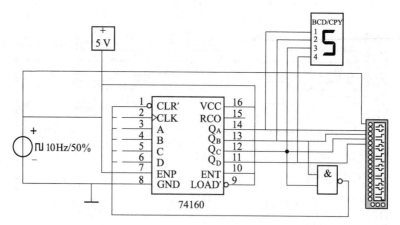

图 10-21(d)　用清零法构成的同步六进制加法计数器

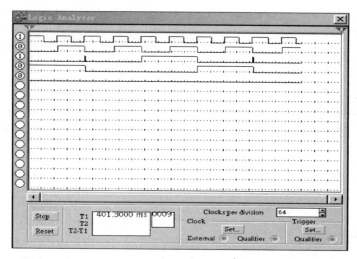

图 10-21(e)　用清零法构成的同步六进制加法计数器的波形图

10.4　寄　存　器

在数字电路的实际应用中,常常需要将一些数据、指令等信息暂时存储起来,这些能够暂时存入数据或指令的电子器件就是寄存器。寄存器由多个锁存器或触发器组成,寄存器按结构可分为数码寄存器和移位寄存器。

10.4.1　数码寄存器

74175 是触发器结构的数码寄存器,图 10-22 是 74175 的内部结构图,它由 4 位边沿 D 触发器组成,具有 4 个数据输入端,一个公共清零端和一个时钟端,输出具有互补结构。当脉冲上升沿到来时,D 信号被送到 Q 输出。

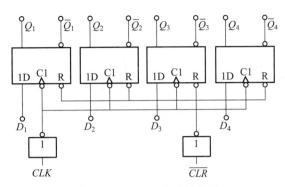

图 10-22　74175 内部结构图

10.4.2　移位寄存器

1. 移位寄存器的工作原理

在时钟信号的控制下,所寄存的数据依次向左或向右移位的寄存器称为移位寄存器。根据移位方向的不同,有左移位寄存器、右移位寄存器和双向移位寄存器之分。

由边沿 D 触发器组成的 4 位移位寄存器逻辑电路如图 10-23 所示,其中串行输入的数据在时钟脉冲的作用下 1 位 1 位地输入。设 4 位移位寄存器的初始状态为 **0000**,由串行输入端 D_i 输入 **1011**,在移位脉冲 CP 的作用下 **1011** 由 Q_0 依次向 Q_1、Q_2、Q_3 移动的波形图如图 10-24 所示。因为由串行输入端 D_i 输入的数据 **1011**,在移位脉冲 CP 的作用下自左向右移动,故称为右移位寄存器。

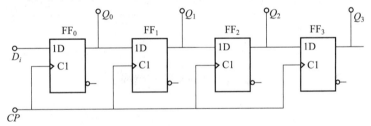

图 10-23　边沿 D 触发器组成的 4 位移位寄存器逻辑电路

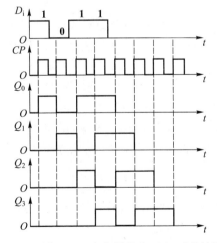

图 10-24　图 10-23 寄存器输入 **1011** 时的波形图

2. 移位寄存器 74164

图 10-25 是 8 位串入并出（几位同时输出）的移位寄存器 74164 的逻辑符号，它由 8 个具有异步清零端的 RS 触发器组成，具有时钟端 CLK、清零端 $\overline{CLR}$、串行输入端 A 和 B、8 个输出端。输入端 A 和 B 是与逻辑关系，当 A 和 B 都是高电平时，相当于串行数据端接高电平，而其中若有一个是低电平就相当于串行数据端接低电平，一般将输入端 A 和 B 并接在一起使用。74164 的功能表见表 10-15。

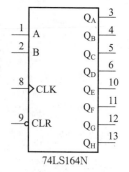

图 10-25　74164 的逻辑符号

表 10-15　74164 功能表

输　　入				输　　出				说　　明
CLK	$\overline{CLR}$	A	B	Q_A	Q_B	$\cdots$	Q_H	
×	0	×	×	0	0	$\cdots$	0	清 0
0	1	×	×	Q_{A0}	Q_{B0}	$\cdots$	Q_{H0}	保持
↑	1	1	1	1	Q_{An}	$\cdots$	Q_{Gn}	移入 1
↑	1	0	×	0	Q_{An}	$\cdots$	Q_{Gn}	移入 0
↑	1	×	0	0	Q_{An}	$\cdots$	Q_{Gn}	移入 0

10.5　555 定时器

10.5.1　555 定时器的结构及工作原理

555 定时器是一种多用途的双极型数字-模拟集成电路，只要在外部配上几个适当的电阻、电容元件，就可以方便地接成施密特触发器、单稳态触发器以及多谐振荡器等脉冲的产生与变换电路。

1. 555 定时器的组成

555 定时器主要由电压比较器、基本 RS 触发器、反相器和电阻组成的分压器等部分构成，结构如图 10-26 所示。其中由 3 个 5 kΩ 的电阻 R_1、R_2 和 R_3 组成分压器，为两个比较器 C_1 和 C_2 提供参考电压，当控制端 U_M 悬空时（为避免干扰，U_M 与地之间接一个 0.01 μF 左右的电容），$u_A = \frac{2}{3} U_{CC}$，$u_B = \frac{1}{3} U_{CC}$；当控制端加电压 u_M 时，$u_A = u_M$，$u_B = u_M/2$。

放电管 T 的输出端 Q′ 为集电极开路输出，其集电极最大电流可达 50 mA，因此具有较大的带灌电流负载的能力。

$\overline{R_D}$ 是置零输入端，若 $\overline{R_D}$ 加低电平或接地，不管其他输入状态如何，均可使输出 u_0 为 0 电平。正常工作时必须使 $\overline{R}_D$ 端处于高电平。

2. 555 定时器引脚的功能

555 定时器的功能由两个比较器 C_1 和 C_2 的工作状况决定。

由图 10-26 可知,当 $u_6>u_A$、$u_2>u_B$ 时,比较器 C_1 的输出 $u_{C1}=0$、比较器 C_2 的输出 $u_{C2}=1$,基本 RS 触发器被置 **0**,T 导通,同时输出 u_O 为低电平。

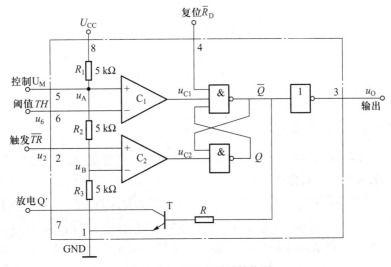

图 10-26　555 定时器结构图

当 $u_6<u_A$、$u_2>u_B$ 时,$u_{C1}=1$、$u_{C2}=1$,触发器的状态保持不变,因而 T 和输出 u_O 的状态也维持不变。

当 $u_6<u_A$、$u_2<u_B$ 时,$u_{C1}=1$、$u_{C2}=0$,故触发器被置 **1**,输出 u_O 为高电平,同时 T 截止。

由上述分析可以得到 555 定时器的功能表如表 10-16 所示。555 定时器的逻辑符号如图10-27 所示。

表 10-16　555 定时器的功能表

输　　入			输　　出	
阈值输入 u_6	触发输入 u_2	复位 $\overline{R}_D$	输出 u_O	放电管状态 T
×	×	**0**	**0**	导通
$<u_A$	$<u_B$	**1**	**1**	截止
$>u_A$	$>u_B$	**1**	**0**	导通
$<u_A$	$>u_B$	**1**	不变	不变

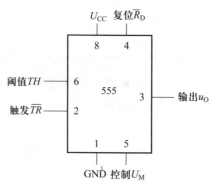

图 10-27　555 定时器的逻辑符号

10.5.2　用 555 定时器构成的施密特触发器

　　施密特触发器是一种脉冲信号的整形电路,其主要用途是将缓变的输入波形变换为边沿陡峭的矩形波,同时,施密特触发器还可利用其回差电压来提高电路的抗干扰能力,广泛应用于信号的整形、波形的变换和限幅等。555 定时器构成的施密特触发器的电路图如图 10-28 所示,将 555 定时器阈值输入端 TH(6 脚)和触发输入端 $\overline{\text{TR}}$(2 脚)连接在一起作为信号输入端 u_1,设在输入端 u_1 输入如图 10-29 所示的三角波信号,则对应的输出 u_0 波形如图 10-29 所示。

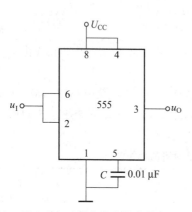

图 10-28　用 555 定时器构成的施密特触发器电路图

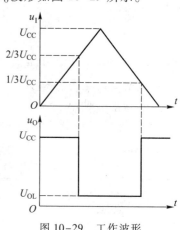

图 10-29　工作波形

　　上述电路中波形的整形过程可通过下列例题进一步分析。

　　例 10-5　用 EWB 软件观察施密特触发器波形整形过程。

　　解:(1) 电路接法如图 10-30(a)所示,输入为正弦波。

　　结论:施密特触发器可将正弦波变成方波。

　　(2) 当输入波形为三角波时,接法如图 10-30(b)所示。

　　结论:施密特触发器可将三角波变成方波。

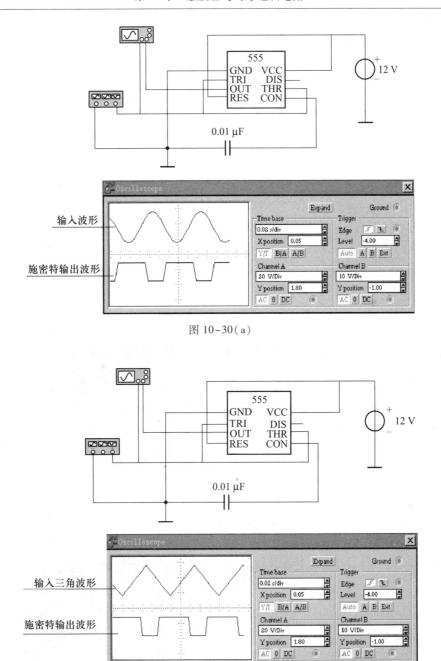

图 10-30(a)

图 10-30(b)

10.5.3 单稳态触发器

单稳态触发器是数字系统中又一种常用的脉冲整形电路。它具有以下特点:

(1) 它有稳态和暂稳态两个不同的工作状态。

(2) 在外界触发脉冲作用下,能从稳态翻转到暂稳态,并在暂稳态维持一段时间以后,再自动返回稳态。

（3）暂稳态维持时间的长短取决于电路中电容的充电和放电时间,与触发脉冲的宽度和幅度无关,这个时间是单稳态触发器的暂稳态持续时间 t_{PO}。

用 555 定时器构成的单稳态触发器如图 10-31(a)所示,图中电位器[R]的设置如图 10-31(b)所示,当电位器的位置设置在 0% 的位置时,其电压波形如图 10-31(c)所示。

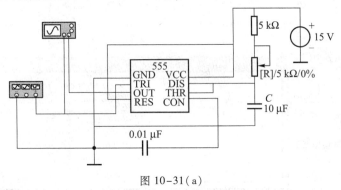

图 10-31(a)

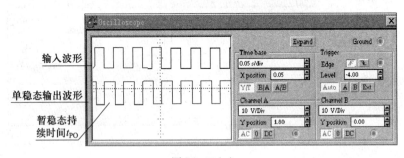

图 10-31(b)

输入波形

单稳态输出波形

暂稳态持
续时间 t_{PO}

图 10-31(c)

图 10-31(c)中单稳态触发器的输出脉冲宽度即为电路的暂稳态时间 t_{PO},也可用 RC 瞬态过程的计算方法来计算的,但在实际应用中常常用估算法公式先进行估算,然后构成电路再进行调试和修正。

经验估算公式为

$$t_{PO} = RC\ln 3 \approx 1.1RC$$

10.5.4　多谐振荡器

多谐振荡器是能产生矩形脉冲波的自激振荡器,它产生的矩形波,可以作为时序电路的定时脉冲。由于矩形波具有很陡峭的上升沿和下降沿,波形中除了基波以外,包括许多高次谐波,因此矩形波也称为多谐波,这类振荡器也被称为多谐振荡器。

多谐振荡器一旦振荡起来后,电路没有稳态,只有两个暂稳态,因此它又被称为无稳态电路。

用 555 定时器构成的多谐振荡器如图 10-32 所示。

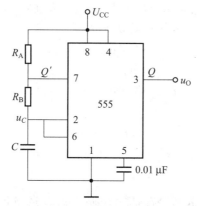

图 10-32　用 555 定时器构成的多谐振荡器

例 10-6　借助 EWB 软件设计一个多谐振荡器,并计算出该振荡器的频率和占空比。

解:设计电路如图 10-33(a)所示,由示波器观察其输出波形如图 10-33(b)所示。

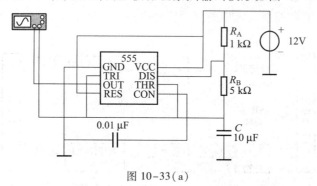

图 10-33(a)

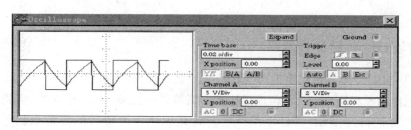

图 10-33(b)

振荡器的周期

$$T = T_1 + T_2 = (R_A + 2R_B)C\ln 2 = (1\,000 + 2 \times 5\,000) \times 10 \times 10^{-6} \times \ln 2\,\text{s} = 0.076\,\text{s}$$

振荡频率

$$f = \frac{1}{T} = \frac{1}{0.076}\,\text{Hz} = 13.15\,\text{Hz}$$

脉冲波形的占空比

$$q = \frac{R_A + R_B}{R_A + 2R_B} = \frac{1+5}{1+2\times 5} = 54\%$$

由上可见,第一个暂稳态的脉冲宽度 t_{ph},即电容 C 充电所需的时间为

$$t_{ph} = (R_A + R_B)C\ln 2 \approx 0.7(R_A + R_B)C \qquad (10-1)$$

第二个暂稳态的脉冲宽度 t_{pl},即电容放电需要的时间为

$$t_{pl} = R_B C\ln 2 \approx 0.7 R_B C \qquad (10-2)$$

因此,输出矩形脉冲的周期为

$$T = t_{ph} + t_{pl} = 0.7(R_A + 2R_B)C \qquad (10-3)$$

输出矩形脉冲的占空比为

$$q = \frac{t_{ph}}{T} = \frac{R_A + R_B}{R_A + 2R_B} \qquad (10-4)$$

10.6　数模和模数转换技术

数模(D/A)和模数(A/D)转换器是把微型计算机的应用领域扩展到检测和过程控制的必要装置,是把计算机和生产过程、科学实验过程联系起来的重要桥梁。图 10-34 给出了 A/D、D/A 转换器在微机检测和控制系统中的应用实例框图。

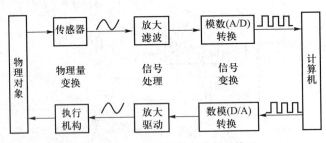

图 10-34　典型的数字控制系统

10.6.1　数模(D/A)转换技术

将数字(Digital)信号转换成模拟(Analog)信号的过程,称为数模(D/A)转换。其功能是把二进制数字量电信号转换为与其数值成正比例的模拟量电信号,D/A 转换器一般先将数字信号转换为模拟电脉冲信号,然后通过零保持电路将其转换为阶梯状的连续电信号。其过程如图10-35 所示。

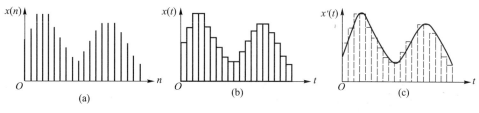

图 10-35 数模转换的过程

1. 数模(D/A)转换电路

图 10-36 是 $R/2R$ 电阻网络 D/A 转换器电路。图中,集成运放输入端 u_- 的电位总是接近于 0 V(虚地),所以无论数字量 D_3、D_2、D_1、D_0 控制的模拟开关是连接虚地还是地,流过各个支路的电流都保持不变。为计算流过各个支路的电流,可以把电阻网络等效成图 10-37 的形式。

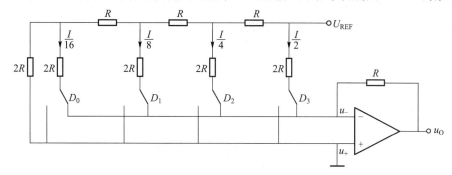

图 10-36 $R/2R$ 电阻网络 D/A 转换电路

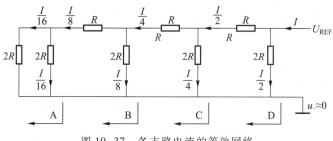

图 10-37 各支路电流的等效网络

可以看出,从 A、B、C 和 D 点向左看的等效电阻都是 R,因此从参考电源流向电阻网络的电流为 $I = U_{\text{REF}}/R$,而每个支路电流依次为 $I/2$,$I/4$,$I/8$,$I/16$。各个支路电流在数字量 D_3、D_2、D_1 和 D_0 的控制下流向集成运放的反相端或地,若数字量为 **1**,则流入集成运放的反相端,若数字量为 **0**,则流入地。从而得到流入集成运放反相端的电流表达式为

$$I_{\Sigma} = \frac{I}{2}D_3 + \frac{I}{4}D_2 + \frac{I}{8}D_1 + \frac{I}{16}D_0$$

这里 $I = U_{\text{REF}}/R$,而集成运放输出的模拟电压为

$$u_O = -I_{\Sigma}R = -\left(\frac{U_{\text{REF}}}{2R}D_3 + \frac{U_{\text{REF}}}{4R}D_2 + \frac{U_{\text{REF}}}{8R}D_1 + \frac{U_{\text{REF}}}{16R}D_0\right)R$$

$$= -U_{REF}\left(\frac{1}{2}D_3 + \frac{1}{4}D_2 + \frac{1}{8}D_1 + \frac{1}{16}D_0\right)$$

由此,将数字量转换为与其成正比的模拟量。

例如,数字量为 **1001**,参考电压为 5 V,则集成运放的输出电压为

$$u_0 = -5\left[\frac{1}{2}(\mathbf{1}) + \frac{1}{4}(\mathbf{0}) + \frac{1}{8}(\mathbf{0}) + \frac{1}{16}(\mathbf{1})\right] = -(2.5 + 0.3125)\ \mathrm{V} = -2.8125\ \mathrm{V}$$

由上述电路结构可以看出,在 $R/2R$ 电阻型转换器中,电阻网络只有两种参数,而且比值小。在集成电路制造技术中,精确控制不同电阻间的比值是很容易实现的。因此 $R/2R$ 电阻型转换器的转换精度较高。

2. 数模(D/A)转换器的主要技术指标

1)分辨率

D/A 转换的分辨率是指电路所能分辨的最小输出电压 U_{LSB}(输入的数字代码最低有效位为 **1**,其余各位为 **0**)与满刻度输出电压 U_m(输入的数字代码的各位均为 **1**)之比,即

$$分辨率 = \frac{U_{LSB}}{U_m} = \frac{1}{2^n - 1}$$

由上式可见,当 U_m 一定时,输入的数字代码位数越多分辨率数值越小,分辨能力就越强。例如,$n = 8$ 的 D/A 转换器的分辨率为

$$\frac{1}{2^8 - 1} = \frac{1}{255} \approx 0.39\%$$

2)绝对误差

绝对误差是指输入端加对应满刻度的数字量时,D/A 转换器输出的理论值与实际值之差,也称为精度。一般来说,绝对误差应低于 $U_{LSB}/2$。其影响因素主要有电子开关导通的电压降,电阻网络阻值偏差、参考电压偏离和集成运放零点漂移产生的误差。

3)非线性误差

理想 D/A 的输入数字量和输出模拟量之间的转换关系应是线性的,然而由于电子开关的压降和电阻网络中各电阻阻值的偏差,实际的转换特性很少是线性的。在确定的输入数字量下,实际转换特性与理想直线之间产生的输出电压偏差值 Δu_0 称为转换器的非线性误差。

4)建立时间

建立时间是完成一次转换需要的时间,就是从数字量加到 D/A 转换器的输入端到输出稳定的模拟量需要的时间。建立时间一般由手册给出。

例 10-7 用 EWB 软件中的 DAC 元件,设计一个 D/A 转换电路。

解:在 EWB 软件中的 DAC 元件有两种,一种是电流输出型 D/A 转换电路,另一种是电压输出型 D/A 转换电路。

以电压输出型 D/A 转换电路为例,D/A 转换器输出的模拟量与输入数字量之间的关系为

$$u_0 = \frac{U_{REF} \times D_n}{2^n}$$

设参考电压 $U_{REF} = 12$ V,输入的数字量为 **11001001**,电路如图 10-38 所示。

输出的模拟电压为

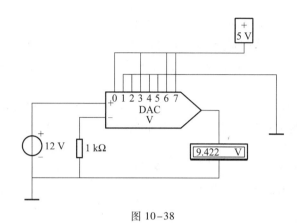

图 10-38

$$u_O = \frac{U_{REF} \times D_n}{2^n} = \frac{12 \times (\mathbf{11001001})}{2^8}\,\text{V} = \frac{12 \times 201}{256}\,\text{V} = 9.421\,8\,\text{V}$$

与所测结果吻合。

10.6.2　模数（A/D）转换技术

将模拟（Analog）信号转换成数字（Digital）信号的过程,称为模数（A/D）转换。其功能是将输入的模拟电压转换成与之成正比的二进制数。

1. 模数（A/D）转换器的基本工作过程

1) 取样与保持

在模数转换中,要将连续变化的模拟信号转换成数字信号,首先应对输入的模拟信号在特定的时间上进行取样,将每次取样所得到的"样值"保存到下一个取样脉冲到来之前,图 10-39 为实现取样与保持的电路,图 10-40 为取样过程的波形图。

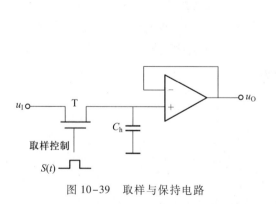

图 10-39　取样与保持电路

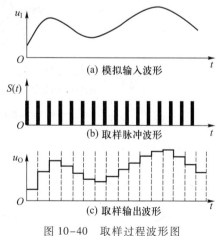

图 10-40　取样过程波形图

2）取样定理

由于连续的模拟信号是随时间在变化的,为了能够正确地反映原来模拟信号的变化规律,信号取样频率必须至少为原信号中最高频率成分的 2 倍。这是取样的基本法则,称为取样定理。通常取 $f_S = (3\sim5)f_{imax}$,其中 f_S 为取样频率, f_{imax} 是模拟信号的最高频率分量。

3）量化与编码

量化就是把取样所得到的样值电压根据其幅值转换为数字信号时,表示成某个规定的最小单位的整数倍;这个转换过程称为量化,这个最小单位称为量化单位,它是数字信号最低位为 **1** 时所对应的模拟量。将量化所得结果以一定规则的代码表示出来称为编码,这些代码就是 A/D 转换的输出结果。

2. 模数(A/D)转换器的主要技术指标

1）分辨率

分辨率常以 A/D 转换器输出的二进制数的位数表示,它说明 A/D 转换器对输入信号的分辨能力,位数越多,则分辨能力越高。例如 A/D 转换器的输出为 10 位二进制数,最大输入模拟电压为 5 V,那么这个转换器的输出应能区分输入模拟信号的最小差别为 $5/2^{10}\text{V} = 4.88$ mV。

2）转换误差

表示实际输出的数字量与理论上应该输出的数字量之间的差别,一般以最低有效位的倍数给出。例如,转换误差小于 $\pm(1/2)$LSB,表示实际输出的数字量与理论输出的数字量之间的误差小于最低有效位的 1/2 倍。

3）转换速度

转换速度是指 A/D 转换器完成一次转换所需的时间,即从转换开始到输出端出现稳定的数字信号所需要的时间。

例 10-8　用 EWB 软件中的 ADC 元件,设计一个 A/D 转换电路。

解:单击 按钮,弹出如图 10-41 所示窗口。可根据需要选择 ADC 元器件。EWB 软件中的 ADC 元件的引脚图如图 10-42(a)所示。

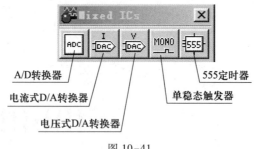

图 10-41

输出数字量与输入模拟量之间的关系为

$$(D_n)_2 = \frac{u_{IN} \times 2^n}{U_{REF}}$$

按图 10-42(b)接好电路,调节 $R_1 = 500\ \Omega$, $R = 700\ \Omega$,则输出的数字量为

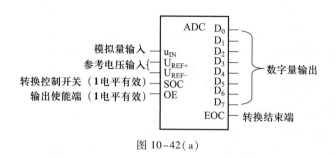

图 10-42（a）

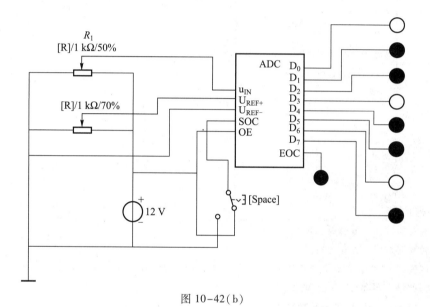

图 10-42（b）

$$\textbf{10110110} = (182)_{10}$$

$$u_{IN} = 0.5 \times 12 \text{ V}, U_{REF} = 0.7 \times 12 \text{ V}$$

$$(D_n)_2 = \frac{u_{IN} \times 2^n}{U_{REF}} = \frac{0.5 \times 12 \times 2^8}{0.7 \times 12} = (182.86)_{10}$$

调节电位器如图 10-42（c）所示，$R_1 = 600\ \Omega$，$R = 800\ \Omega$，则输出的数字量为

$$u_{IN} = 0.6 \times 12 \text{ V}$$

$$U_{REF} = 0.8 \times 12 \text{ V}$$

$$(D_n)_2 = \frac{u_{IN} \times 2^n}{U_{REF}} = \frac{0.6 \times 12 \times 2^8}{0.8 \times 12} = (192)_{10}$$

输出的数字量为 **10111111** $= (191)_{10}$。

还可以调节其他数值，但输出数字量的最大值为 **11111111** $= (256)_{10}$。

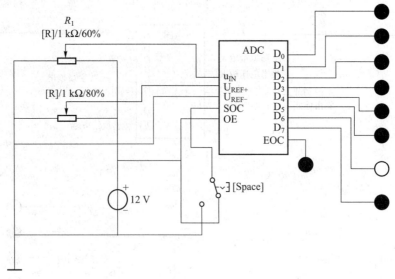

图 10-42(c)

习　　题

【概念题】

10-1　触发器按功能分有哪几种?

10-2　触发器按触发方式分有哪几种?

10-3　试说明 RS 触发器在置 **1** 或置 **0** 脉冲消失后,为什么触发器的状态保持不变。

10-4　哪种触发器存在"空翻"现象?

10-5　试叙述 RS、JK、D、T 触发器的逻辑功能,并写出其特性方程,列出状态表。

10-6　试说明时序逻辑电路与组合逻辑电路在结构和功能上的特点。

10-7　计数器的类型有哪几种?

10-8　数码寄存器和移位寄存器有何区别?

10-9　555 定时电路由哪几部分组成? 各部分的作用是什么?

10-10　555 定时电路在下列三种情况下的输出状态是什么?

(1) TH、$\overline{TR}$ 电平分别大于 $\frac{2}{3}U_{CC}$ 和 $\frac{1}{3}U_{CC}$;

(2) TH 电平小于 $\frac{2}{3}U_{CC}$,$\overline{TR}$ 电平大于 $\frac{1}{3}U_{CC}$;

(3) TH、$\overline{TR}$ 电平分别小于 $\frac{2}{3}U_{CC}$ 和 $\frac{1}{3}U_{CC}$。

10-11　施密特触发器主要有哪些用途? 其电压传输特性有何特点?

10-12　由 555 定时器构成的施密特触发器中,输出脉冲宽度取决于什么?

10-13　由 555 定时器构成的单稳态触发器中,输出脉冲宽度取决于什么?

10-14　8 位 D/A 转换器的分辨率是多少?

10-15　试画出由与非门组成的基本 RS 触发器输出 Q 和 $\overline{Q}$ 的电压波形,输入 $\overline{S}$、$\overline{R}$ 的电压波

形如题 10-15 图所示。

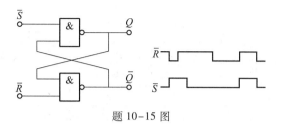

题 10-15 图

10-16　在题 10-16 图示电路中,已知 CP、S、R 的波形,试画出 Q 和 $\overline{Q}$ 的波形。

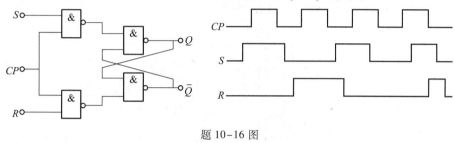

题 10-16 图

【分析仿真题】

10-17　试画出题 10-17 图所示触发器电路在 CP 作用下输出 Q_1 和 Q_2 的波形。

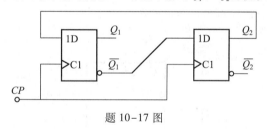

题 10-17 图

10-18　时序逻辑电路如题 10-18 图所示,试写出驱动方程、状态方程,画出状态图,并指出电路是几进制计数器。

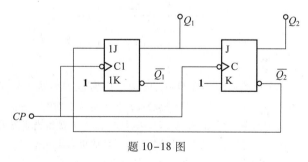

题 10-18 图

10-19　时序逻辑电路如题 10-19 图所示,试写出驱动方程、状态方程,画出状态图,并指出电路是几进制计数器。

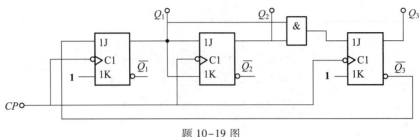

题 10-19 图

10-20 试说明题 10-20 图所示电路为几进制计数器。

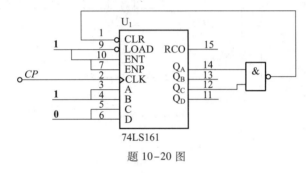

题 10-20 图

10-21 题 10-21 图所示为 555 定时器构成的多谐振荡器,已知 $U_{CC} = 15$ V,$C = 0.1$ μF,$R_1 = 20$ kΩ,$R_2 = 80$ kΩ。试计算;(1) 振荡周期 T;(2) 画出 u_C 和 u_0 的波形图。

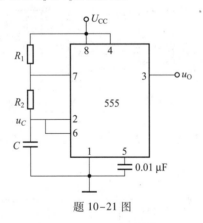

题 10-21 图

10-22 如题 10-22 图所示的电路中,输入信号 D_0、D_1、D_2、D_3 的电压幅值为 5 V,试用电压表测量输出电压 u_0 在 $D_0 = 5$ V、$D_1 = 0$ V、$D_2 = 5$ V、$D_3 = 0$ V 的值。用电流表观察各个电流之间的关系。

10-23 题 10-23 图所示的电路中,若是输入 D_0、D_1、D_2、D_3 的值为 **1** 就相当于开关动触点接通集成运放反相输入端,为 **0** 相当于接通集成运放同相输入端。试用电压表测量输出电压 u_0 在 $D_0 = 1$、$D_1 = 0$、$D_2 = 1$、$D_3 = 0$ 的值。图中 $R = 1$ kΩ,参考电压为 5 V。用电流表观察各个电流之间的关系。

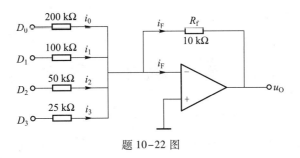

题 10-22 图

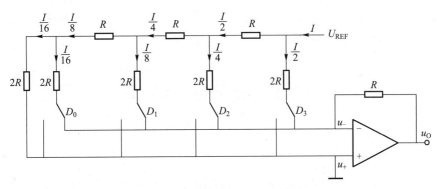

题 10-23 图

第11章　磁路与变压器

变压器、电动机是最常用的电工设备,它们都是以电流产生磁场,磁场变化或运动又产生感应电动势作为工作基础的能量变换装置,大多数情况下,电气设备的磁场都是由电流来产生的,并且利用铁磁性材料将磁场集中在一定的范围内,形成磁路。本章首先介绍磁路分析基础,然后学习变压器的工作原理和基本特性。

11.1　磁路分析基础

11.1.1　磁场的基本物理量

学习变压器、电机等电气设备的工作原理和应用,需要先对磁场的有关知识有所了解。磁场的特性可用以下几个基本物理量来表示。

1. 磁感应强度 B

磁感应强度 B 是描述空间某点磁场的强弱和方向的物理量,它是一个矢量。它的大小可用该点磁场作用于 l 长,通有电流 I 的导体上的作用力 F 来衡量。

$$B = \frac{F}{lI} \tag{11-1}$$

磁感应强度 B 的方向根据产生磁场的电流方向,用右手螺旋定则来确定。磁感应强度 B 的单位是特斯拉(T)。

2. 磁通 Φ

磁通 Φ 是描述磁场在某一范围内分布情况的物理量。穿过垂直于 B 方向的某一截面积 S 的磁感线的总数就是通过该截面积的磁通 Φ。磁感应强度 B 在数值上可以看成为与磁场方向垂直的单位面积所通过的磁通,故又称磁通密度。

在各点磁感应强度大小相等、方向相同的均匀磁场中,磁感应强度 B 也可以用与磁场垂直的单位面积上的磁通来表示,即

$$B = \frac{\Phi}{S} \text{或} \; \Phi = BS \tag{11-2}$$

式中,磁通 Φ 的单位是韦伯(Wb)。

$$1 \text{ T} = 1 \text{ Wb/m}^2$$

3. 磁导率 μ

磁导率 μ 又称为导磁系数,用来衡量物质导磁能力的物理量,单位是亨利/米(H/m)。自然界中的物质,根据导磁能力,可分为磁性材料和非磁性材料两大类。非磁性材料如铜、铝、空气等导磁

能力很差,磁导率接近于真空的磁导率 $\mu_0 = 4\pi \times 10^{-7}$ H/m,且为一常数。磁性材料如铁、钴、镍及其合金等导磁能力很强,其磁导率是真空磁导率 μ_0 的几百到几万倍,而且不是一个常数。

各种材料的磁导率通常用真空磁导率 μ_0 的倍数表示,即任一种物质的磁导率 μ 和真空的磁导率 μ_0 的比值称为相对磁导率 μ_r,即

$$\mu_r = \frac{\mu}{\mu_0} \tag{11-3}$$

4. 磁场强度 H

通电线圈内的磁场强弱(用磁感应强度 B 来表征)不仅与所通电流的大小有关,而且与线圈内磁场介质的导磁性能有关。由于不同介质的磁导率不同,而且磁性材料的磁导率不是常数,这就使磁场的分析与计算变得复杂。为了简化磁场的分析,便于磁场的计算,引入一个不考虑介质影响的物理量即磁场强度 H,它是一个矢量,通过它可以表达磁场与产生该磁场的电流之间的关系。

在通电线圈中,磁场强度 H 只与电流的大小有关,而与线圈中被磁化的物质,即与物质的磁导率 μ 无关。但通电线圈中的磁感应强度 B 的大小却与线圈中被磁化的物质的磁导率 μ 有关。介质中某点的磁感应强度 B 与介质磁导率 μ 之比即为磁场强度。

$$H = \frac{B}{\mu} \tag{11-4}$$

磁场强度 H 的单位是安[培]/米(A/m)。

11.1.2　铁磁材料的磁性质

铁磁材料(铁、镍、钴及其合金)具有高导磁性、磁饱和性、磁滞性三个主要特点。

1. 高导磁性

铁磁材料的相对磁导率 μ_r 值很高,可达几百到几万。磁性物质内部形成许多小区域,其分子间存在的一种特殊的作用力,使每一区域内的分子磁场排列整齐显示磁性,称这些小区域为磁畴。在没有外磁场作用的普通磁性物质中,各个磁畴排列杂乱无章,磁场互相抵消,整体对外不显磁性。在外磁场作用下,磁畴方向发生变化,使之与外磁场方向趋于一致,物质整体显示出磁性来,称为磁化,即磁性物质具有被强烈磁化(呈现磁性)的特性。

这种特性广泛应用于电工设备中,如电机、变压器及各种铁磁元件的线圈中都放有铁心。利用优质铁磁材料的铁心线圈可以实现励磁电流小、磁通和磁感应强度足够大的目的,可以使同一容量的电工设备的重量和体积大大减轻和减小。

2. 磁饱和性

对非磁性材料而言,相对磁导率 $\mu_r \approx 1$,即磁导率 $\mu \approx \mu_0 = 4\pi \times 10^{-7}$ H/m为常数。所以非磁性材料,磁感应强度(B)与磁场强度(H)成线性关系,即 $B_0 = \mu_0 H$,如图 11-1 所示。

将磁性材料放入磁场强度为 H 的磁场(常为线圈的励磁电流产生)内,会受到强烈的磁化,其磁化曲线($B-H$ 曲线)如图

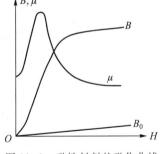

图 11-1　磁性材料的磁化曲线

11-1所示。开始时 B 与 H 几乎成正比增加,而后随着 H 的增加,B 的增加缓慢下来,最后趋于磁

饱和。为了尽可能大地获得强磁场，一般电机铁心的磁感应强度常设计在曲线的拐点附近。

铁磁性材料的磁导率 $\mu = B/H$，由于 B 与 H 不成正比，所以 μ 不是常数，随 H 而变，如图 11-1 所示。由于磁通 Φ 与 B 成正比，产生磁通的励磁电流 I 与 H 成正比，因此 Φ 与 I 也不成正比。

3. 磁滞性

当铁心线圈中通有交流电时，铁心受到磁化。在电流变化一次时，B 随 H 而变化的关系如图 11-2（a）所示。由图可见，当磁化电流减小使 H 为 0 时，B 的变化滞后于 H，有剩磁 B_r。为消除剩磁，需加反向磁场强度 H_c，称为矫顽磁力。这种磁感应强度滞后于磁场强度变化的性质称为铁磁性材料的磁滞性。图 11-2 所示的曲线也就称为磁滞回线。

不同的铁磁材料，其磁滞回线的面积不同，形状也不同。按铁磁材料的磁性能可分为三类，第一类是软磁材料，如图 11-2（b）所示，其回线呈细长条形，B_r 小，H_c 也小，磁导率高，易磁化也易退磁，常用作交流电器的铁心，如硅钢片、坡莫合金、铸钢、铸铁、软磁铁氧体等；第二类是硬磁性材料，如图 11-2（c）所示，回线呈阔叶形状，B_r 较大，H_c 也较大，常在扬声器、传感器、微电机及仪表中使用，是人造永久磁铁的主要材料，如钨钢、钴钢等；还有一种回线呈矩形形状的铁磁材料，B_r 大，但 H_c 小，称为矩磁性材料，可以在计算机和控制系统中用作记忆元件。

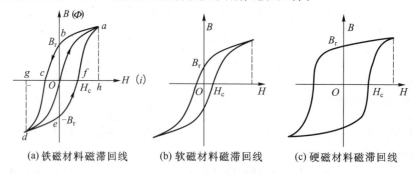

(a) 铁磁材料磁滞回线　　　(b) 软磁材料磁滞回线　　　(c) 硬磁材料磁滞回线

图 11-2　铁磁材料磁滞回线

不同的铁磁性材料具有不同的磁化曲线，如图 11-3 所示是几种常见铁磁性材料的磁化曲线。

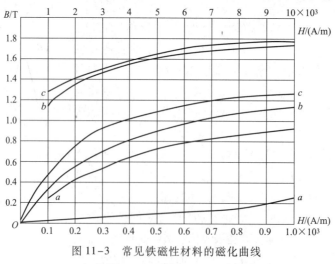

图 11-3　常见铁磁性材料的磁化曲线

a—铸铁　　　b—铸钢　　　c—硅钢片

11.1.3　磁路和磁路欧姆定律

1. 磁路的概念

为了使较小的励磁电流能产生足够强的磁场,大多数的电气设备都具有铁心,将励磁线圈缠绕在铁心上,利用铁磁材料的高导磁性,把分散的磁场集中起来,使线圈电流产生的磁通绝大部分经过铁心而闭合。这种由铁心线圈构成的能使磁通集中通过的闭合路径称为磁路。如图11-4所示为常见电气设备的磁路。

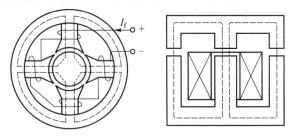

图 11-4　常见电气设备的磁路

变压器和电机等电工设备的基本构造中既有电路部分又有磁路部分,两者相互结合组成电气设备。

2. 磁路的基本定律

磁路的分析和计算与电路的分析和计算一样,也要用到一些基本的定律,其中磁路欧姆定律是分析磁路的基本定律。

1) 磁路的欧姆定律

如图 11-5 所示环形线圈,计算线圈内部各点的磁场强度(假定介质是均匀的)。在线圈内沿着磁场方向循行一周对磁场强度进行线积分,由于闭合曲线的循行方向与电流方向符合右手螺旋定则,且 H 与 $\mathrm{d}l$ 方向相同,所以根据安培环路定律可得

$$\oint H \mathrm{d}l = \sum I = H_x l_x = H_x \times 2\pi x$$

因此

$$H_x = \frac{\sum I}{2\pi x} = \frac{NI}{2\pi x} = \frac{NI}{l_x} \qquad (11-5)$$

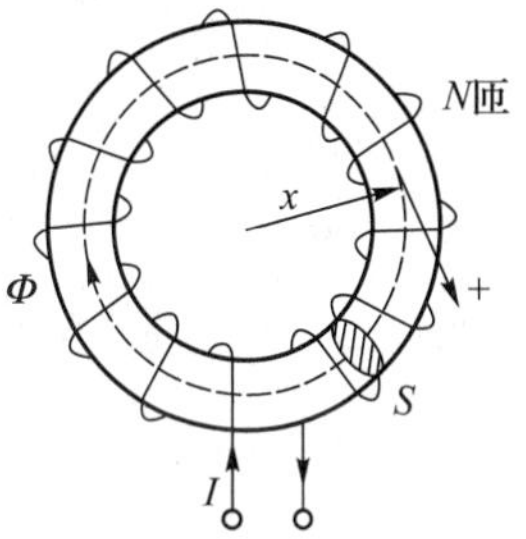

式中 N 为线圈的匝数;$l_x = 2\pi x$ 为半径 x 的圆周长;H_x 为半径 x 处的磁场强度。

图 11-5　环形线圈

线圈匝数与电流的乘积 NI 称为磁通势,用 F 来表示,单位为 A,即

$$F = NI \qquad (11-6)$$

磁场的产生源于磁路的磁通势,类似于电路中的电流是由电动势产生。由此得出一般表达式为

$$F = NI = Hl = \frac{B}{\mu}l = \frac{\Phi}{\mu S}l \quad \text{或} \quad \Phi = \frac{NI}{\dfrac{l}{\mu S}} = \frac{F}{R_\mathrm{m}} \qquad (11-7)$$

式中 R_m 与 Φ 成反比,反映对磁通的阻碍作用,称为磁阻,单位为 H^{-1};l 为磁路的平均长度;S 为磁路的截面积。

式(11-7)与电路的欧姆定律在形式上相似,所以称为磁路的欧姆定律。磁路与电路中的物理量及关系式的对比如表 11-1 所示。

表 11-1　磁路与电路中物理量及关系式的对比

磁　　路	电　　路
磁通势 $F = NI$	电动势 E
磁通 Φ	电流 I
磁感应强度 B	电流密度 J
磁阻 $R_{\mathrm{m}} = \dfrac{l}{\mu S}$	电阻 $R = \dfrac{l}{\gamma S}$
磁路欧姆定律 $\Phi = \dfrac{F}{R_{\mathrm{m}}}$	电路欧姆定律 $R = \dfrac{E}{R}$

例 11-1　如图 11-6(a)所示,用 EWB 软件验证无铁心线圈(Coreless Coil)的特性。

解:　电路如图 11-6(a)所示。无铁心线圈可设置的参数是匝数 N,当无铁心线圈输入电流时,相当于一个铁心线圈中输入电流,它可将电能变为磁能,输出电压相当于一个磁通势(MMF),其大小为输入电流与线圈匝数 N 的乘积,即 $U_{\mathrm{o}} = N \times I_{\mathrm{in}}$。

如图 11-6(b)所示,当输入电流为正弦量时,其产生的磁通势也为正弦量。

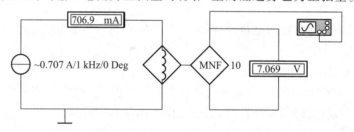

图 11-6(a)　匝数 N 为 10

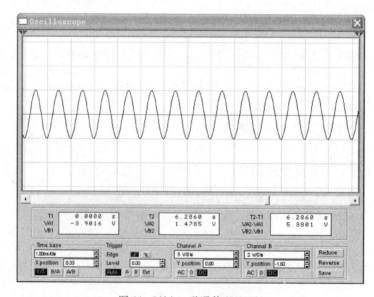

图 11-6(b)　磁通势(MMF)

磁路欧姆定律主要用来定性分析磁路,一般不能直接用于磁路计算。因为铁磁材料的 μ 不是常数,其 R_m 也不是常数。对于由不同材料或不同截面积的几段磁路串联而成的磁路,例如带有空气隙的磁路如图 11-7(a)所示,磁路的总磁阻为各段磁阻之和。对空气隙这段磁路,其 δ 虽小,但因 μ_0 很小,故 R_m 很大,从而使整个磁路的磁阻大大增加。若磁通势 $F = NI$ 不变,则磁路中空气隙愈大,磁通 Φ 就愈小;反之,若线圈的匝数 N 一定,要保持磁通 Φ 不变,则空气隙愈大,所需的励磁电流 I 也愈大。

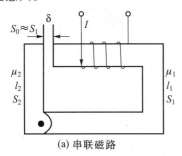　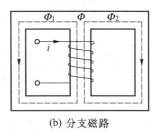

(a) 串联磁路　　　　　　　　(b) 分支磁路

图 11-7

2）磁路的基尔霍夫定律

（1）磁路的 KVL　设磁路由不同材料或不同长度和截面积的 n 段组成,则环路磁压降定律为

$$NI = H_1 l_1 + H_2 l_2 + \cdots + H_n l_n$$

即

$$NI = \sum_{i=1}^{n} H_i l_i$$

如图 11-7(a)所示串联磁路,满足环路磁压降定律

$$NI = H_1 l_1 + H_2 l_2 + H_0 \delta$$

（2）磁路的 KCL　如图 11-7(b)所示分支磁路的磁流定律为

$$\Phi = \Phi_1 + \Phi_2 \quad 或 \quad \sum \Phi = 0$$

11.2　简单磁路分析

将线圈绕制在铁心上便构成了铁心线圈。根据线圈所接电源的不同,铁心线圈分为两类,即直流铁心线圈和交流铁心线圈,它的磁路也就称为直流磁路和交流磁路。

11.2.1　直流磁路

将直流铁心线圈中通入直流电流,在铁心及空气中产生主磁通 Φ 和漏磁通 Φ_σ,如图 11-8(a)所示。工程中直流电机、直流电磁铁及其他各种直流电磁器件的线圈都是直流铁心线圈,其特点是:

（1）励磁电流 $I = \dfrac{U}{R}$,I 由外加电压及励磁绕组的电阻 R 决定,与磁路特性无关。

（2）励磁电流 I 产生的磁通是恒定磁通,不会在线圈和铁心中产生感应电动势。

（3）直流铁心线圈中磁通 Φ 的大小不仅与线圈的电流 I（即磁通势 NI）有关,还决定于磁路

中磁阻 R_m。例如,对有空气隙的铁心磁路,在 $F = NI$ 一定的条件下,当空气隙增大,即 R_m 增加,磁通 Φ 减小;反之当空气隙减小,R_m 减小,磁通 Φ 增大。

（4）直流铁心线圈的功率损耗（铜损）$\Delta P = I^2 R$,由线圈中的电流和电阻决定。因磁通恒定,在铁心中不会产生功率损耗。

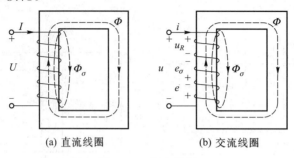

(a) 直流线圈　　　　　　(b) 交流线圈

图 11-8　铁心线圈

11.2.2　交流磁路

1. 电磁关系

图 11-8(b)所示是交流铁心线圈的电路图。当线圈中通过励磁电流 i,则在铁心中产生磁通势。交流铁心线圈的磁通势 iN 产生两部分交变磁通,即通过铁心闭合的主磁通 Φ 和通过空气的闭合漏磁通 Φ_σ,这两个磁通又分别在线圈中产生两个感应电动势,即主磁电动势 e 和漏磁电动势 e_σ,其参考方向与磁通方向符合右手螺旋定则,如图 11-8(b)所示。其电磁关系可表示为

$$u \rightarrow i\,(iN) \quad \begin{cases} \Phi \rightarrow e = -N\dfrac{\mathrm{d}\Phi}{\mathrm{d}t} \\[2mm] \Phi_\sigma \rightarrow e_\sigma = -N\dfrac{\mathrm{d}\Phi_\sigma}{\mathrm{d}t} = -L_\sigma\dfrac{\mathrm{d}i}{\mathrm{d}t} \end{cases}$$

其中 $L_\sigma = \dfrac{N\Phi_\sigma}{i} =$ 常数,称为漏电感。

根据基尔霍夫电压定律,铁心线圈的电压平衡式

$$u = u_R - e_\sigma - e$$

由于线圈电阻上的电压降 u_R 和漏磁电动势 e_σ 都很小,与主磁电动势 e 比较,均可忽略不计,故上式可写成

$$u \approx -e = N\frac{\mathrm{d}\Phi}{\mathrm{d}t}$$

假设磁通按正弦规律变化,$\Phi = \Phi_m \sin\omega t$,则线圈两端电源电压 u 与磁通 Φ 的关系为

$$u = N\frac{\mathrm{d}\Phi}{\mathrm{d}t} = N\frac{\mathrm{d}(\Phi_m \sin\omega t)}{\mathrm{d}t} = N\Phi_m \omega\cos\omega t$$

$$= 2\pi f N\Phi_m \cos\omega t = U_m \sin(\omega t + 90°)$$

可见,此时 u 也按正弦规律变化,电压的有效值为

$$U = \frac{U_m}{\sqrt{2}} = \frac{2\pi f N\Phi_m}{\sqrt{2}} = 4.44\,fN\Phi_m \tag{11-8}$$

式(11-8)表明,在交流磁路中,当线圈两端外加电压有效值恒定时,铁心磁路中磁通的最大值恒定,它不随磁路的性质而改变。但由磁路欧姆定律可知,交流磁路中的磁通势(励磁电流)会随磁阻的变化而变化。例如,对有空气隙的铁心磁路,在 U、f 和 N 一定的条件下,当空气隙增大,即 R_m 增加,则励磁电流增大(磁通势 IN 增大);反之当空气隙减小,R_m 减小,则励磁电流减小(磁通势 IN 减小)。

例 11-2　如图 11-9 所示,用 EWB 软件验证铁心磁路(Magnetic Core)的特性。

解:　铁心磁路可用来模拟感应磁路模型,与无铁心线圈(Coreless Coil)结合起来,可将磁能(磁动势)变为电能(电流)。电路如图 11-9(a)所示。

输入电压视为磁通势,铁心磁路输出为电流,用以表示所有磁路产生的电动势(EMF),见图 11-9(b),输入电压可以从无铁心线圈(Coreless Coil)的输出获得。

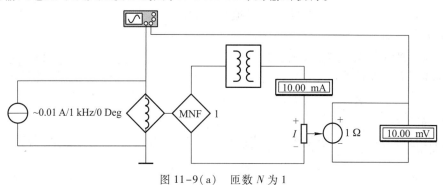

图 11-9(a)　匝数 N 为 1

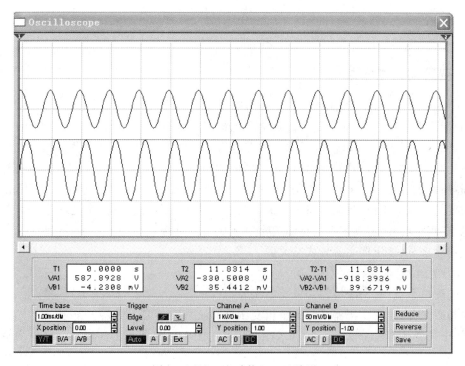

图 11-9(b)　电动势(EMF)波形

2. 功率损耗

交流铁心线圈的功率损耗,除线圈的铜损耗 $\Delta P_{Cu} = I^2 R$ 外,还有铁心在交变磁通作用下产生的磁滞损耗和涡流损耗,即所谓铁损耗 ΔP_{Fe}。铁损耗将使铁心发热,从而影响设备绝缘材料的寿命。

磁滞损耗 ΔP_h　铁磁材料在交变磁化过程中磁滞现象造成的损耗。实验证明,交变磁化一周,在单位体积铁心内所产生的磁滞损耗与材料的磁滞回线所包围的面积成正比。为了减小磁滞损耗,应尽量采用软磁性材料,如硅钢等。

涡流损耗 ΔP_e　由于一般磁性材料具有导电性,当磁性材料中的磁通变化时,在磁性材料中产生感应电动势,并形成感应电流,这种电流称为涡流,如图 11-10(a)所示。涡流的存在会使磁性材料发热,从而形成涡流损耗。实验证明涡流损耗与励磁电流频率的平方及铁心磁感应强度的平方成正比。为了减小涡流损耗,电气设备中的铁心一般顺磁场方向用一片片相互绝缘的导磁材料叠成,如图 11-10(b)所示,这样可以增大涡流的电阻,减小涡流损耗。

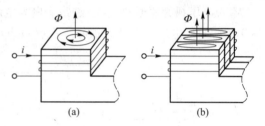

图 11-10　涡流的产生和减小

涡流也有它可利用的一面,如感应加热装置、高频冶炼炉等就是利用涡流的热效应来实现的。

11.3　变　压　器

11.3.1　变压器的基本结构

变压器是一种常见的电气设备,它是利用电磁感应原理传输电能或电信号的器件,具有变压、变流和变阻抗的作用,因而在工程的各个领域得到广泛的应用。

变压器的种类很多,应用十分广泛,比如在电力系统中用电力变压器把发电机发出的电压升高后进行远距离输电,到达目的地后再用变压器把电压降低以便用户使用,以此减少传输过程中电能的损耗;在电子设备和仪器中常用小功率电源变压器改变市电电压,再通过整流和滤波得到电路所需要的直流电压;在放大电路中用耦合变压器传递信号或进行阻抗的匹配等。变压器虽然大小悬殊,用途各异,但其基本结构和工作原理却是相同的。

按照用途来分,变压器主要分成三大类。

1. 电力变压器

用在输配电系统中,用来传输和分配电能。

按照相数来分,电力变压器又分为单相变压器和三相变压器。按冷却介质的不同可分为油浸变压器、干式变压器(空气冷却式)和水冷变压器。图 11-11 所示为油浸和干式电力变压器的外形图。

在电力工业中常采用高压输电低压配电,实现节能并保证用电安全。电力变压器的电能传

图 11-11　电力变压器外形图

输过程如图 11-12 所示。

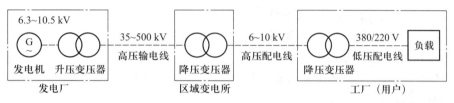

图 11-12　电力变压器电能传输过程示意图

2．特种电源变压器

用来获得工业中特殊要求的电源,如整流变压器、电炉变压器等。

3．专用变压器

它是一类有专门用途的变压器,如电子系统提供电源的电源变压器、实现阻抗匹配的阻抗变换器、脉冲变压器、隔离变压器、自耦变压器和用于电气测量的互感器等。图 11-13 所示为几种专用变压器的外形图。

(a) 电源变压器　　　(b) 自耦变压器　　　(c) 环形变压器　　　(d) 隔离变压器

图 11-13　专用变压器外形图

11.3.2　变压器的工作原理

变压器结构如图 11-14 所示,它由闭合铁心和高压绕组、低压绕组等几个主要部分构成。

铁心是变压器的磁路部分,由铁心柱(柱上套装绕组)、铁轭(连接铁心以形成闭合磁路)组成,为了减小涡流和磁滞损耗,提高磁路的导磁性,铁心采用 0.35 ~ 0.5 mm 厚的硅钢片间涂绝缘漆后交错叠成,如图 11-15(a)单相变压器原理图所示。

绕组是变压器的电路部分,采用铜线或铝线绕制而成,一次、二次绕组同心套在铁心柱上。

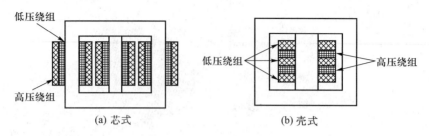

(a) 芯式　　　　　　　　(b) 壳式

图 11-14　变压器的结构图

为便于绝缘,一般低压绕组在里,高压绕组在外,但大容量的低压大电流变压器,考虑到引出线工艺困难,往往把低压绕组套在高压绕组的外面。

图 11-15(a)所示为单相变压器的原理图,它由一个铁心和绕在铁心柱上的两个绕组组成。其中接电源的绕组称为一次绕组(又称初级绕组、原绕组),匝数为 N_1,其电压、电流用 u_1、i_1 表示;接负载的绕组称为二次绕组(又称次级绕组、副绕组),匝数为 N_2,其电压、电流用 u_2、i_2 表示。变压器符号如图 11-15(b)所示。

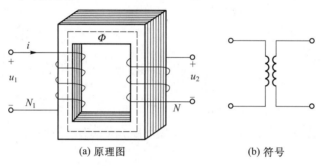

(a) 原理图　　　　　　　　(b) 符号

图 11-15　单相变压器原理图及符号

1. 变压器空载运行

如图 11-16(a)所示,变压器一次侧接交流电源,二次侧开路(不接负载)的情况,称为空载运行。空载时一次绕组中通过的电流称为空载电流,用 i_0 表示;二次侧开路电压用 u_{20} 表示。

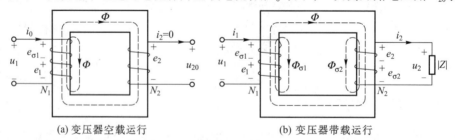

(a) 变压器空载运行　　　　　　　　(b) 变压器带载运行

图 11-16　变压器运行

空载时,铁心中主磁通 Φ 是由一次绕组磁通势产生的。i_0 建立变压器铁心中的磁场,故又称为励磁电流。由于变压器铁心由硅钢片叠压而成,而且是闭合的、气隙小,建立主磁通 Φ 所需的励磁电流很小。主磁通用 Φ 表示,主磁感应电势用 e_1 和 e_2 表示;漏磁通 $\Phi_{\sigma 1}$ 产生漏磁感应电势用 $e_{\sigma 1}$ 表示。

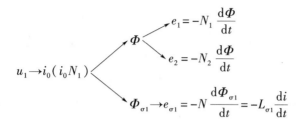

主磁感应电势 $E_1 = 4.44\, fN_1\Phi_{\mathrm{m}}$;二次绕组中的感应电势 $E_2 = 4.44\, fN_2\Phi_{\mathrm{m}}$;其中 N_1 为一次绕组匝数;N_2 为二次绕组匝数;f 为电源频率;Φ_{m} 为主磁通最大值。

在理想情况下(忽略线圈电阻和漏抗),变压器称为理想变压器。理想变压器空载时有

$$\dot{U}_1 = -\dot{E}_1 \qquad \dot{E}_2 = \dot{U}_{20}$$

因此,对于理想变压器有如下电压变换关系

$$\frac{U_1}{U_{20}} = \frac{N_1}{N_2} = k \tag{11-9}$$

其中 k 称为变压器的变比,式(11-9)表明一次绕组、二次绕组的电压比等于匝数之比,而且变压器的电压与绕组匝数成正比。

2. 变压器带载运行

如图 11-16(b)所示,变压器带载运行时,一、二次绕组的磁通势共同产生的主磁通用 Φ 表示,主磁感应电势用 e_1 和 e_2 表示;漏磁通用 $\Phi_{\sigma 1}$ 和 $\Phi_{\sigma 2}$ 表示,漏磁感应电势用 $e_{\sigma 1}$ 和 $e_{\sigma 2}$ 表示。

变压器的电磁关系可表示如下:

$$u_1 \to i_1(i_1 N_1) \left\langle \begin{array}{l} \Phi \left\langle \begin{array}{l} e_1 = -N_1 \dfrac{\mathrm{d}\Phi}{\mathrm{d}t} \\[2mm] e_2 = -N_2 \dfrac{\mathrm{d}\Phi}{\mathrm{d}t} \to i_2(i_2 N_2) \to \Phi_{\sigma 2} \to e_{\sigma 2} \end{array} \right. \\[4mm] \Phi_{\sigma 1} \to e_{\sigma 1} = -N \dfrac{\mathrm{d}\Phi_{\sigma 1}}{\mathrm{d}t} = -L_{\sigma 1} \dfrac{\mathrm{d}i}{\mathrm{d}t} \end{array} \right.$$

对于一次绕组和二次绕组线圈,根据基尔霍夫电压定律有

$$u_1 = R_1 i_1 + (-e_{1\sigma}) + (-e_1) = R_1 i_1 + L_{\sigma 1}\frac{\mathrm{d}i_1}{\mathrm{d}t} + (-e_1)$$

$$e_2 = R_2 i_2 + (-e_{\sigma 2}) + u_2 = R_2 i_2 + L_{\sigma 2}\frac{\mathrm{d}i_2}{\mathrm{d}t} + u_2$$

如果电源是正弦电源,可以将上面两式写成相量形式

$$\left. \begin{array}{l} \dot{U}_1 = R_1\dot{I}_1 + \mathrm{j}X_1\dot{I}_1 + (-\dot{E}_1) \\[3mm] \dot{E}_2 = R_2\dot{I}_2 + \mathrm{j}X_2\dot{I}_2 + \dot{U}_2 \end{array} \right\} \tag{11-10}$$

其中 R_1、R_2 为绕组的电阻，$X_1 = \omega L_{\sigma 1}$，$X_2 = \omega L_{\sigma 2}$ 称为绕组的漏磁电抗(简称漏抗)。

对于理想变压器有

$$\dot{U}_1 = -\dot{E}_1 \qquad \dot{E}_2 = \dot{U}_2$$

根据式(11-10)可得，一次绕组和二次绕组中的主磁感应电势的有效值为

$$U_1 = E_1 = 4.44 f N_1 \Phi_m$$

$$U_2 = E_2 = 4.44 f N_2 \Phi_m$$

因此，理想变压器带载运行也满足如下电压变换关系，即变压器的电压与绕组匝数成正比。

$$\frac{U_1}{U_2} = \frac{N_1}{N_2} = k$$

例 11-3 用 EWB 软件验证理想变压器的变压特性。

解： EWB 软件的元件库中提供了理想变压器，用它可以实现电压变换。变压器的变比可通过双击该元件来设定变压器一次侧匝数 N_1 与二次侧的匝数 N_2。验证电路如图 11-17(a)、(b)所示。

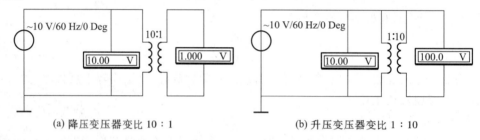

(a) 降压变压器变比 10∶1   (b) 升压变压器变比 1∶10

图 11-17

可见，变压器的电压与绕组匝数成正比，即输出电压=输入电压/k。

实际变压器在空载运行时，二次绕组中电流 $i_2 = 0$。由空载磁通势 $i_0 N_1$ 产生主磁通 Φ，建立变压器的空载磁场。当变压器负载运行时，因为电源电压的有效值与空载时相同，所以主磁通 Φ 也与空载时相同。此时，主磁通由一次绕组磁通势和二次绕组磁通势共同产生，即

$$i_1 N_1 + i_2 N_2 = i_0 N_1$$

用相量表示，则有

$$\dot{I}_1 N_1 + \dot{I}_2 N_2 = \dot{I}_0 N_1 \tag{11-11}$$

由于变压器的铁心的磁导率很高，空载励磁电流很小($I_0 < 10\% I_{1N}$)，在忽略空载励磁电流的情况下，由上式可导出

$$\frac{I_1}{I_2} = \frac{N_2}{N_1} = \frac{1}{k} \tag{11-12}$$

即一、二次绕组中电流与其匝数成反比，这便是变压器的变流作用。

例 11-4 用 EWB 软件验证理想变压器的变流特性。

解： EWB 软件的元件库中提供了理想变压器，用它可以变流，它的变比可通过双击该元件来设定变压器一次侧匝数 N_1 与二次侧匝数 N_2，验证电路如图 11-18 所示。

可见，变压器的电流与其匝数成反比。

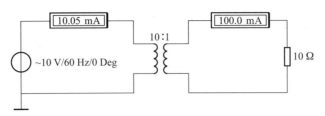

图 11-18　变压器的变流特性

3. 变压器阻抗变换

变压器不仅对电压、电流按变比进行变换，而且还可以变换阻抗。在正弦稳态的情况下，当理想变压器的二次侧接入阻抗 Z_L 时，则变压器一次侧的输入阻抗 Z_1 为

$$|Z_1| = \frac{U_1}{I_1} = \frac{kU_2}{\frac{1}{k}I_2} = k^2|Z_L| \tag{11-13}$$

其中 $k^2|Z_L|$ 即为变压器二次侧折算到一次侧的等效阻抗。图 11-19 为变压器阻抗折算示意图。

在电子技术中利用变压器的变阻抗作用，可以实现阻抗匹配，即欲使某一特定负载 $|Z_L|$ 从信号源中获取最大功率，常在其前面配置一个变压器（阻抗变换器），使其满足 $|Z_1| = |Z_o|$ 的匹配条件。这就是所谓变压器的变阻抗作用，只要配备的变压器变比 k 合适，便可使信号源提供最大功率给负载。

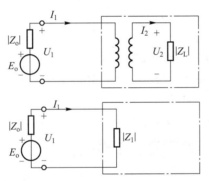

图 11-19　变压器的阻抗折算示意图

例 11-5　图 11-20 所示电路中交流信号源 $E = 120$ V，$R_o = 800$ Ω，负载电阻为 $R_L = 8$ Ω 的扬声器。（1）若 R_L 折算到一次侧的等效电阻 $R'_L = R_o$，求变压器的变比和信号源的输出功率；（2）若将负载直接与信号源连接时，信号源输出多大功率？

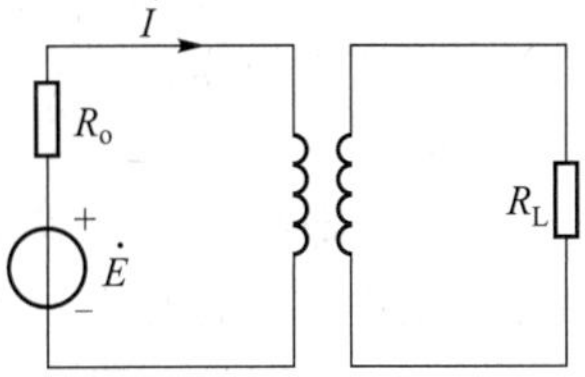

解：（1）由 $R'_L = k^2 R_L$，则变压器的变比

$$k = \sqrt{\frac{R'_L}{R_L}} = 10$$

图 11-20　例 11-5 图

由

$$I = \frac{E}{R_o + R'_L} = 75 \text{ mA} \qquad U = IR' = 60 \text{ V}$$

计算求得 $\qquad$ $P_{\mathrm{L}} = UI = 0.075 \times 60\ \mathrm{W} = 4.5\ \mathrm{W}$

（2）若信号源直接带负载，则

$$I = \frac{E}{R_{\mathrm{o}} + R_{\mathrm{L}}} = 148.5\ \mathrm{mA} \qquad U = IR = 1.188\ \mathrm{V}$$

计算求得信号源的输出功率

$$P_{\mathrm{L}} = UI = 0.148\ 5 \times 1.188\ \mathrm{W} = 0.176\ \mathrm{W}$$

通过 EWB 软件仿真可得：

（1）由变压器的变比 $k = \sqrt{\dfrac{R'_{\mathrm{L}}}{R_{\mathrm{L}}}} = 10$，在 EWB 库中取理想变压器，设定变压器一次侧匝数 N_1 与二次侧匝数 N_2 变比 $10 : 1$。

其仿真结果如图 11-21 所示，测量出 $I = 75.17\ \mathrm{mA}$，$U = 59.88\ \mathrm{V}$。

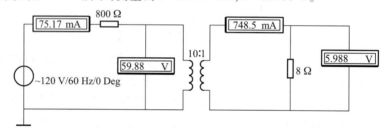

图 11-21　信号源经变压器带负载

计算求得信号源输出功率

$$P_{\mathrm{L}} = UI = 0.075\ 17 \times 59.88\ \mathrm{W} = 4.5\ \mathrm{W}$$

（2）信号源直接带负载如图 11-22 所示，EWB 仿真所示 $I = 148.5\ \mathrm{mA}$，$U = 1.188\ \mathrm{V}$，则信号源输出功率为

$$P_{\mathrm{L}} = UI = 0.148\ 5 \times 1.188\ \mathrm{W} = 0.176\ \mathrm{W}$$

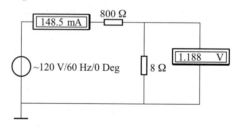

图 11-22　信号源直接带负载

比较上述结果，接入变压器以后，输出功率大大提高，在阻抗匹配情况下，负载中电流增大了 5 倍多，输出功率增大了 25 倍多。

4. 三相电压的变换

电能的发生、传输和分配都是三相制。因此，三相电压的变换在电力系统中占据重要的地位。变换三相电压，即可以用一台芯式的三相变压器，也可以用三台单相变压器组成的三相变压器组来完成，后者用于大容量的变换。

三相芯式变压器的原理结构如图 11-23 所示,一次绕组的首末端分别为 U_1、V_1、W_1 和 U_2、V_2、W_2,二次绕组的首末端用 u_1、v_1、w_1 和 u_2、v_2、w_2 表示。三相绕组的连接方式有多种,常用的有 $Y,Y/Y_0$ 和 $Y,Y/\triangle$,图 11-24 为这两种接法的接线情况,并示出了电压的变换关系。

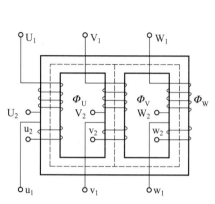

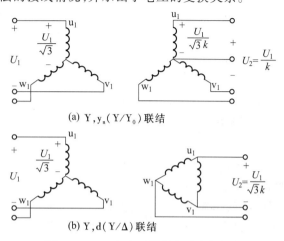

(a) $Y,y_n(Y/Y_0)$ 联结

(b) $Y,d(Y/\triangle)$ 联结

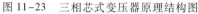

图 11-23　三相芯式变压器原理结构图

图 11-24　三相变压器的常用连接方式

11.3.3　变压器的运行特性

1. 变压器的外特性及电压调整率

变压器的外特性是指在一次侧输入电压和二次侧负载功率因数不变的情况下,二次电压 U_2 随负载电流变化的规律,即 $U_2 = f(I_2)$。变压器带负载后,由于内部漏阻抗压降致使二次电压 U_2 与空载电压 U_{20} 不相等,从图 11-25 所示可以看出,负载性质和功率因数不同时,从空载($I_2 = 0$)到额定负载($I_2 = I_{2N}$),变压器二次电压 U_2 变化的趋势和程度不同。当 $\cos\varphi_2 = 1$ 时,U_2 随 I_2 的增加而下降,但下降程度不大;当 $\cos\varphi_2$ 降低,即在感性负载时,U_2 随 I_2 增加而下降的程度加大。负载功率因数愈低,U_2 下降愈大。这是因为滞后的无功电流对变压器磁路中的主磁通的去磁作用更为显著,而使 E_1 和 E_2 有所下降的缘故;但当 $\cos\varphi_2$ 为负值时,即在容性负载时,超前的无功电流有助磁作用,主磁通会有所增加,E_1 和 E_2 亦相应加大,使得 U_2 会随 I_2 的增加而提高。

电压调整率即电压变化率,它反映了从空载到额定负载时,二次电压的变化程度,即供电电压的稳定性,是变压器的一个重要性能指标。其定义为

$$\Delta U = \frac{U_{20} - U_2}{U_{20}} \times 100\% \qquad (11-14)$$

其中 U_{20} 是二次侧空载电压,U_2 是额定负载时二次侧输出电压有效值。一般总是希望输出电压随负载的变化尽量小,ΔU(习惯上也用 $\Delta U\%$ 表示)越小,说明变压器二次绕组输出的电压越稳定,因此要求变压器的 ΔU 越小越好。在一般电力变压器中由于其电阻和漏抗都很小,电压变化率为 3%～5%。

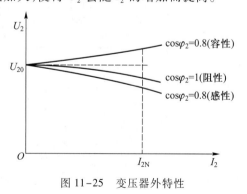

图 11-25　变压器外特性

2. 变压器的功耗与效率

变压器是将一种电压的电能转换成另一种电压电能的电气设备,由于损耗的存在,输出功率小于输入功率。效率是输出功率与输入功率之比,即

$$\eta = \frac{P_2}{P_1} = \frac{P_2}{P_2 + \Delta P_{Cu} + \Delta P_{Fe}} \tag{11-15}$$

式中 P_2 为变压器的输出功率,P_1 为输入功率。变压器的功率损耗包括绕组上的铜损耗 ΔP_{Cu} 与铁心中的铁损耗 ΔP_{Fe} 两部分。其中铜损耗 $\Delta P_{Cu} = I_1^2 R_1 + I_2^2 R_2$ 与负载电流的大小有关,叫可变损耗;铁损耗包括磁滞损耗 ΔP_h 和涡流损耗 ΔP_e,它与主磁通 Φ_m^2 或 U_1^2 成正比,它与负载大小和性能无关,电源电压 U_1 不变时,Φ_m 基本不变,故 ΔP_{Fe} 也基本不变,称为不变损耗。

变压器在不同的负载电流 I_2 时,输出功率 P_2 及铜损耗 P_{Cu} 都在变化,因此变压器的效率 η 也随负载电流 I_2 的变化而变化,其变化规律通常用变压器的效率特性曲线来表示,如图 11-26 所示为变压器的效率曲线 $\eta = f(P_2)$。由图可见,效率随输出功率而变,通过数学分析可知,当变压器的不变损耗等于可变损耗时,变压器的效率最高。通常小型变压器的效率为 $60\% \sim 90\%$;大型电力变压器的效率可达 97% 以上,但这类变压器往往不是一直在满载下运行,因此在设计时通常使最大效率出现在 $50\% \sim 75\%$ 额定负载。

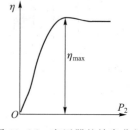

图 11-26 变压器的效率曲线

11.3.4 变压器的使用

1. 变压器的铭牌数据

变压器的铭牌主要记载着变压器的型号、额定容量、额定电压、额定电流、额定频率、相数、接线方式、冷却方式等。以如图11-27所示 SL7—1000/10 变压器为例说明铭牌上主要数据的意义。

铝线电力变压器							
产品标准:			型号:	SL7—1000/10			
额定容量:	1 000	kV·A	相数:	3	频率:	50	Hz
额定电压	高压	10 000 V	额定电流		高压	57.7	A
	低压	400/230 V			低压	1 442	A
使用条件:户外式	线圈温升:	65 ℃		油面温升:	55 ℃		
阻抗电压:		4.5%		冷却方式:油浸自冷式			
接线连接图		相量图		连接组标号	开关位置	分接头电压	
高压	低压	高压	低压				
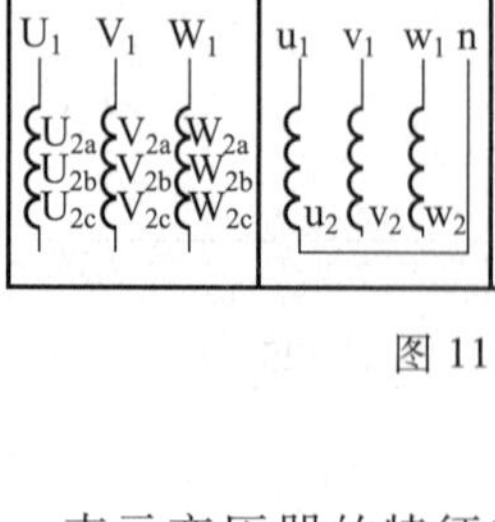 U₁ V₁ W₁ / U2a V2a W2a / U2b V2b W2b / U2c V2c W2c	u₁ v₁ w₁ n / u₂ v₂ w₂	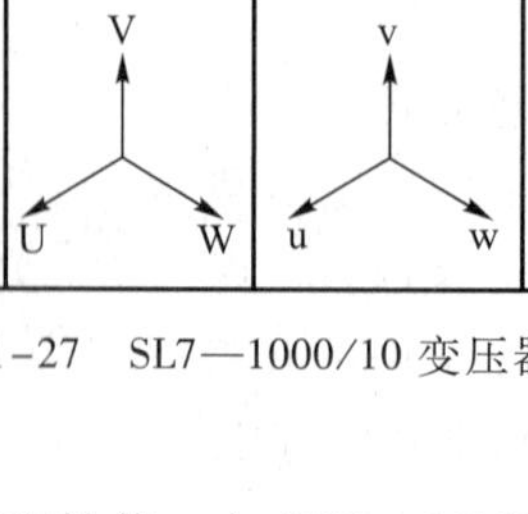 V / U W	v / u w	Y/Y-12	I	10 500	
					II	10 000	
					III	9 500	

图 11-27 SL7—1000/10 变压器的铭牌

(1)型号 表示变压器的特征和性能。如 SL7—1 000/10,其中 SL7 是基本型号;S——三相

（D——单相）；油浸自冷式无文字表示（F——油浸风冷）；L——铝线（铜线无文字表示）；7——设计序号。1 000/10——1 000 是指变压器的额定容量为 1 000kV·A,10 表示变压器高压绕组额定线电压为 10 kV。

（2）额定电压 U_{1N} 和 U_{2N}　一次额定电压 U_{1N} 是在额定运行情况下,根据变压器的绝缘强度和允许温升所规定的电压有效值;二次额定电压 U_{2N} 是 U_{1N} 作用时的二次空载电压的有效值。对于三相变压器,额定电压指线电压的有效值,单位为 V 或 kV。

（3）额定电流 I_{1N} 和 I_{2N}　变压器在额定运行情况下,根据允许温升所规定的电流值,对于三相变压器的 I_{1N} 和 I_{2N} 均指线电流值,单位为 A。

（4）额定容量 S_N　变压器二次绕组输出的额定视在功率,单位为 V·A 或 kV·A。

单相变压器：
$$S_N = U_{2N}I_{2N} \approx U_{1N}I_{1N}$$

三相变压器：
$$S_N = \sqrt{3}\,U_{2N}I_{2N} \approx \sqrt{3}\,U_{1N}I_{1N}$$

此外,额定运行时变压器的效率、温升、频率等数据也是额定值。

2. 变压器绕组的极性

要正确使用变压器,或者是对有磁耦合的互感线圈进行线圈的串并联时,必须清楚各线圈的同极性端（同名端）的概念。绕组同名端是绕组与绕组、绕组与其他电气元件间正确连接的依据,并可用来分析变压器一次、二次绕组间电压的相位关系。如图 11-28 中用"·"标注的 1 和 4 为同名端（当然 2 和 3 也是）。由图可见从同名端流入（或流出）电流时产生的磁通方向相同。或者说磁通变化时同名端的感应电势极性相同。

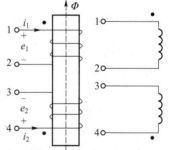

图 11-28　同名端表示

当两个线圈需要串联时,必须将两线圈的异名性端相连。在图 11-28 中设两线圈的额定电压均为 110 V,若想把它们接到 220 V 电源上,可以把 2 与 4 连接起来,1 和 3 接电源。若不慎将 2 与 3 连接起来,1 和 4 接电源,由于两线圈中的磁通抵消,感应电势消失,线圈中将出现很大电流,甚至会把线圈烧坏。同样,当线圈并联时,必须将两线圈的同名端分别相连,然后接电源。

对于已经制成的变压器或电机,线圈的绕向是看不到的。如果输出端没有注明极性,就要通过实验方法测定同名端。测定方法如下：

1）交流法

如图 11-29（a）所示,将两个绕组 1—2 和 3—4 的任意两端（如 2 和 4）连接在一起,在其中一个绕组两端加一个较小的交流电压,用交流电压表分别测量 1、3 和 3、4 两端的电压 U_{13} 及 U_{34},若 $U_{13} = U_{12} + U_{34}$,则 1 和 4 为同名端;若 $U_{13} = |U_{12} - U_{34}|$,则 1 和 3 为同名端。

2）直流法

直流法测绕组同名端的电路如图 11-29（b）所示,闭合开关 S 瞬间,若毫安表的指针正摆,则 1、3 为同名端;若指针反摆,则 1、4 为同名端。

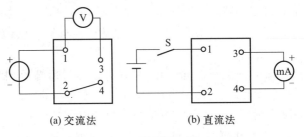

(a) 交流法　　　　　　(b) 直流法

图 11-29　同名端的测定方法

11.4　特殊变压器

除了传输能量的电力变压器外,还有多种专门用途的变压器,它们虽然结构与外形不尽相同,但基本原理完全一样,下面介绍几种常见的专用变压器。

11.4.1　自耦调压器

自耦调压器有单相和三相之分,它们是实验室中常用的一种变压器,其外形及原理如图 11-30 所示。其特点是一、二次共用一个绕组,二次绕组是一次绕组的一部分。

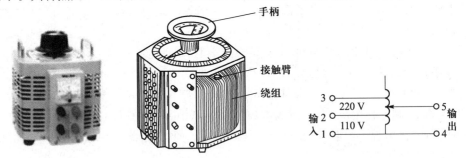

图 11-30　单相自耦调压器的外形及原理图

使用自耦调压器时应注意几点:① 一、二次绕组不能对调使用,如把电源接到二次绕组,可能烧坏调压器或使电源短路。② 接通电源前,先将滑动头旋到零位,通电后再将输出电压调到所需值。用毕应将滑动头回到零位。③ 因为一、二次绕组有电的直接联系,连接电源时,"1"端必须接中性线。

11.4.2　仪用互感器

仪用互感器是专供电工测量和自动保护装置使用的变压器。根据用途不同,分为电压互感器和电流互感器。

1. 电压互感器

电压互感器是利用变压器的变压作用,将高电压变换成低电压的仪器。其原理电路及其外形如图 11-31 所示。它的一次绕组匝数较多,并入被测电路中;二次绕组匝数较少,两端接电压表(表头一般为 100 V)或其他测量、保护装置的电压线圈。为保证安全,二次绕组一端与互感器外壳都必须接地。另外,二次绕组侧切不可短路,否则会造成很大的短路电流,使互感器绕组严重发热,损坏设备甚至危及人身安全。

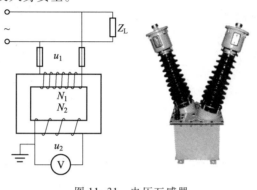

图 11-31　电压互感器

2. 电流互感器

电流互感器是利用变压器的变流作用,将大电流变换成小电流的仪器。其原理电路及其外形如图 11-32 所示。它的一次绕组匝数很少,串入被测电路中;二次绕组匝数较多,两端接电流表(表头一般为 5 A)或继电保护装置的电流线圈。为保证安全,二次绕组一端与互感器外壳必须接地。另外,二次绕组侧切不可开路,除会产生危险高压外,负载电流 I_1 将使互感器铁心严重发热,导致退磁并烧毁。

钳形电流表是电流互感器的一种变形应用,如图 11-33 所示,它可以不必断开电路就可测量线路中的电流。

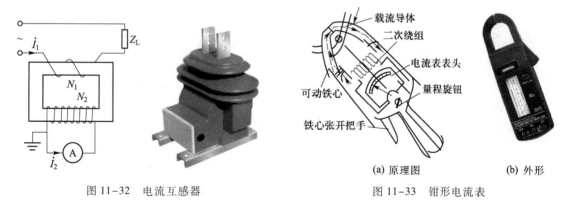

图 11-32　电流互感器　　　　　　　　　　　　图 11-33　钳形电流表

11.4.3　交流电焊机

交流电焊机(也称交流弧焊机)的外形及原理图如图 11-34 所示。它由一台特殊变压器和一个串联在变压器二次绕组中的可调电抗器组成。由于电焊变压器的漏磁通较大,再加上二次绕组中串有电抗器,故整个交流电焊机相当于一个内阻抗较大的电源,其外特性如图 11-35 所示。由图可见,电焊变压器具有 U_2 随 I_2 增大而迅速下降的下坠特性。

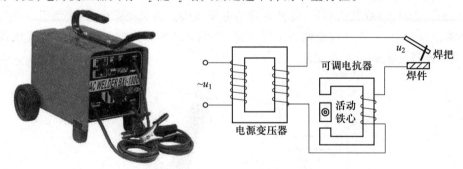

图 11-34　交流电焊机的外形及原理图

电焊机工作时,先将焊条与焊件接触,使电焊机输出短路,但由于其下坠特性,短路电流不会太大。短路时焊条和焊件接触处被加热,为产生电弧做好了准备。然后迅速提起焊条(焊条和焊件之间的开路电压为 60 ~ 70 V,能满足起弧的需要),焊条和焊件之间产生电弧,焊接开始。此时的电弧相当于一个电阻,其压降为 25 ~ 30 V。

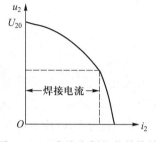

图 11-35　交流电焊机的外特性

电焊起弧的时候电路是处于短路状态,电压急剧下降,电流需要很大;起弧后要稳弧,这时候焊条和容池的溶液还是短路过渡状态,电压还是下降,电流还是大;过渡完毕后处于正常焊接状态,电压回升,电流下降。不同的焊件和焊条要求不同的焊接电流,调节电抗器铁心的空气隙即可改变焊接电流。

习　　题

【概念题】

11-1　变压器的铁心为什么不用普通的薄钢板而用硅钢片? 可否用整块铁心?

11-2　什么情况下需要应用电压互感器和电流互感器? 为什么在运行时,电压互感器二次侧不允许短路? 而电流互感器二次侧不允许开路?

11-3　试判断题 11-3 图所示的多绕组变压器最多可以输出几种电压? 分别为多少伏?

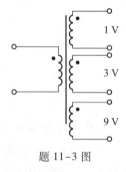

题 11-3 图

【分析仿真题】

11-4　在分析单相变压器时,一、二次绕组的绕向与题 11-4 图所示的变压器的情况正好相反,若 $N_1/N_2 = 3$, $i_1 = 300\sqrt{2}\sin(\omega t - 30°)$ mA,试写出 i_2 的表达式(忽略励磁电流 i_{10})。

11-5　如题 11-5 图所示,阻抗为 $R_L = 8$ Ω 的扬声器,接在输出变压器 Tr 的二次侧,已知一次绕组 $N_1 = 500$,二次绕组 $N_2 = 100$。求(1)变压器一次侧输入阻抗;(2)若信号源电压有效值 $U_s = 10$ V,内阻 $R_s = 100$ Ω,输出到扬声器的功率是多大?(3)若不经变压器,扬声器直接与信号源连接,试求信号源的输出功率?

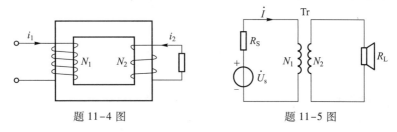

题 11-4 图　　　　　　　　题 11-5 图

11-6　某单相变压器,一次侧额定电压 $U_{1N} = 220$ V,二次侧额定电压 $U_{2N} = 36$ V,一次侧额定电流 $I_{1N} = 9.1$ A,试求二次侧额定电流 I_{2N}。

11-7　一台容量为 $S_N = 20$ kV·A 的照明变压器,它的电压为 660 V/220 V,问它能正常供 220 V、40 W 的白炽灯多少盏?能供 $\cos\varphi = 0.5$,220 V、40 W 的日光灯多少盏?

11-8　有一台电源变压器,一次绕组的匝数为 550 匝,接 220 V 电压。它有两个二次绕组,一个电压为 36 V,其负载电阻为 4 Ω;另一个电压为 12 V,负载为 2 Ω 电阻。试求两个二次绕组的匝数以及变压器一次绕组的电流。

11-9　利用图 11-29(b)的方法可以测定绕组的同名端。试述若 S 原来是闭合的,在打开之瞬,是否也可以判定同名端,并说明原因。

第12章 异步电动机及其控制

12.1 交流异步电动机

电机是利用电磁原理完成电能与机械能相互转换的旋转机械设备。把机械能转换为电能的设备称为发电机,将电能转换为机械能的设备称为电动机。电动机可分为直流电动机和交流电动机;交流电动机又分为异步电动机和同步电动机。

交流异步电动机与其他类型的电动机相比,除了交流电源容易取得、运行可靠、工作效率高以外,还结构简单、维修方便、价格低廉、坚固耐用。因此,交流电动机已经成为现代机械系统中主要的动力设备。

12.1.1 三相异步电动机的基本结构和工作原理

1. 三相异步电动机的基本结构

三相异步电动机主要由定子和转子两大部分组成,它们之间有空气隙。图 12-1 是笼型三相异步电动机的外形和内部结构。

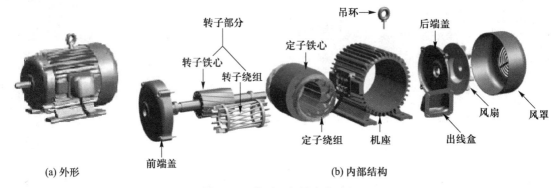

图 12-1 笼型三相异步电动机

1) 定子

定子主要由装有对称三相绕组的定子铁心放置在机座内构成,如图 12-2 所示。机座由铸铁或铸钢制成。铁心由 0.5mm 厚的硅钢片叠制而成,如图 12-3(a) 所示,片间涂以绝缘漆再叠压成圆筒形状,在铁心内表面有均匀分布的槽。铁心槽中对称地嵌放着匝数相同、每相之间互成 120°电角度的三相定子绕组,三个绕组的首端用 U_1、V_1、W_1 表示,末端用 U_2、V_2、W_2 表示,三相共六个出线端固定在机座外侧的接线盒内。通常根据铭牌规定,定子绕组可以 Y 联结或 Δ 联结,如图 12-3(b)所示。

2) 转子

转子主要由转子铁心和转子导体(绕组)构成。如图 12-3(a)所示,铁心也是由 0.5mm 厚,外表面有槽的硅钢片制成,叠压装在转轴上,用于安放转子导体。

按转子导体的不同形式,转子可分成笼型和绕线式两种。如图 12-4 所示为笼型转子,笼型转子导体由铜条做成,两端焊上铜环(称为端环),自成闭合路径。为了简化制造工艺和节省铜材,目前中、小型异步电动机常将转子导体、端环连同冷却用的风扇一起用铝液浇铸而成。具有这种转子的异步电动机称为笼型异步电动机。

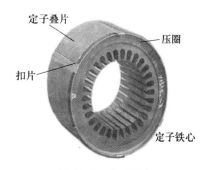

图 12-2　定子铁心

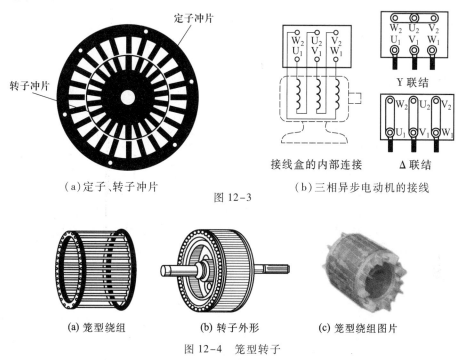

（a）定子、转子冲片　　　　　（b）三相异步电动机的接线

图 12-3

(a) 笼型绕组　　　(b) 转子外形　　　(c) 笼型绕组图片

图 12-4　笼型转子

绕线式转子绕组与三相定子绕组一样,由导线绕制并连接成 Y 形,如图 12-5(a)所示。每相绕组分别连接到装于转轴上的滑环上,环与环、环与转轴之间都相互绝缘,靠滑环与电刷的滑动接触与外电路相连接。具有这种转子的异步电动机称为绕线式异步电动机,它与笼型异步电动机的工作原理是一样的。

一般中小型异步电动机的定子和转子,用装有轴承的端盖组装在一起,轴承支承转子的转轴,端盖固定在机座上。

2. 三相异步电动机的工作原理

异步电动机也称为感应电动机,它是靠定子绕组通入对称三相电流产生的旋转磁场切割转子导体产生感应电流,此旋转磁场又使载有感应电流的转子导体受力而带动转子转动的。

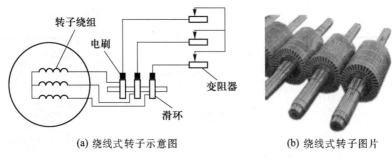

(a) 绕线式转子示意图　　　　　　(b) 绕线式转子图片

图 12-5　绕线式转子

1）旋转磁场的产生

电动机的定子绕组是对称的三相负载。假设将定子的三相绕组为 Y 联结,如图 12-6(b)所

示。三相定子绕组与三相电源连接,其波形如图

12-7 所示。通入的对称三相电流为

$$i_U = I_m \sin \omega t$$
$$i_V = I_m \sin (\omega t - 120°)$$
$$i_W = I_m \sin (\omega t + 120°)$$

规定电流的参考方向是由首端流进用 ⊗ 表

示,末端流出用 ⊙ 表示,如图 12-6(a)所示。当电

流为正时,实际方向与参考方向相同;当电流为负

时,则相反,即从末端流进,首端流出。

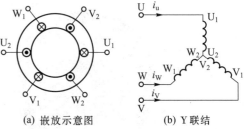

(a) 嵌放示意图　　　　　(b) Y 联结

图 12-6　定子三相绕组

$\omega t = 0°$ 时,$i_u = 0$,i_v 为负,i_w 为正,其实际方向见图 12-7(a)。依右手螺旋定则,其合成磁场如

图中虚线所示。它具有一对(即两个)磁极:N 极和 S 极,在图 12-7(a)中,合成磁场轴线的方向

是自上而下。同理可画出如图 12-7(b)、(c)、(d)所示的在 $\omega t = 120°$、$240°$、$360°$时合成磁场的

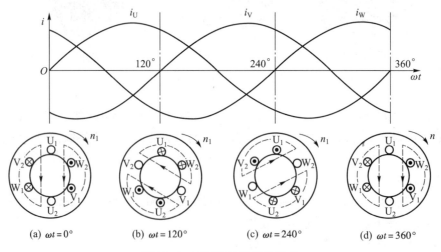

(a) $\omega t = 0°$　　(b) $\omega t = 120°$　　(c) $\omega t = 240°$　　(d) $\omega t = 360°$

图 12-7　两极旋转磁场的形成

方向,与 $\omega t = 0°$ 时位置相比,按顺时针方向它们分别旋转了 $120°$、$240°$、$360°$。可见,当定子绕组通入对称三相电流时,它们的合成磁场将随电流的变化而在空间不断地旋转,这就是旋转磁场。这旋转磁场同磁极在空间旋转所起的作用是一样的。

　　分析可知:三相电流产生的合成磁场是一旋转的磁场,一个电流周期,旋转磁场在空间转过 $360°$。

　　2)旋转磁场的转向

　　由分析可知,合成磁场的转动方向是由 U 相绕组平面转向 V 相绕组平面再到 W 相绕组平面,周而复始地旋转下去,其转向与三相绕组通入三相电流的相序是一致的,所以只要将同电源连接的三根导线中的任意两根的一端对调位置,改变电流的相序,就可以改变旋转磁场方向。

　　3)旋转磁场的磁极对数 p 和转速 n_1

　　三相异步电动机的转速与旋转磁场的转速有关,而旋转磁场的转速决定于磁场的极数。由以上两级(即磁极对数 $p=1$)旋转磁场的分析可知,电流变化一周,磁场也正好在空间旋转一圈,若电流频率为 f_1,则两极旋转磁场的转速为 $n_1 = 60f_1$(r/min)。

　　在实际应用中,常使用磁极对数 $p>1$ 的多磁极电动机。旋转磁场的磁极对数与定子绕组的排列有关,不同磁极对数的旋转磁场,产生不同的转速,其关系为

$$n_1 = \frac{60f_1}{p}(\text{r/min}) \qquad\qquad (12\text{-}1)$$

　　工频交流电 $f_1 = 50\,\text{Hz}$,对应不同磁极对数 p,旋转磁场转速 n_1 如表 12-1 所示。四极绕组的排列、接法及旋转磁场如图 12-8 所示。

表 12-1　不同磁极对数 p 的旋转磁场转速 n_1

磁极对数 p	1	2	3	4	5	6
磁场转速 n_1(r/min)	3 000	1 500	1 000	750	600	500

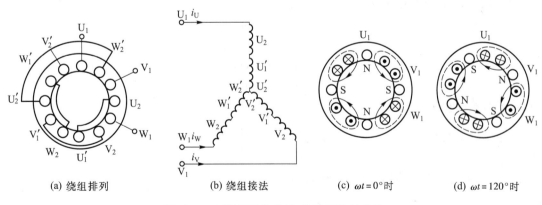

(a) 绕组排列　　　　(b) 绕组接法　　　　(c) $\omega t = 0°$ 时　　　(d) $\omega t = 120°$ 时

图 12-8　四极绕组的排列、接法及旋转磁场

　　4)异步转子转动原理与转差率

　　(1)转动原理　如图 12-9 三相异步电动机转动原理图所示,定子三相绕组按 U-V-W 的相

序通入三相交流电流,将产生一个转速为 n_1 的顺时针转向的旋转磁场。由于转子导体与旋转磁场间的相对运动而在转子导体中产生感应电动势 e_2 和感应电流 i_2,其方向由右手定则来决定,即上半部转子导体的电流是从纸面流出,下半部则是流入。载流的转子导体在磁场中又受到电磁力 F 的作用,根据左手定则,上半部的 F 方向向右,下半部的 F 方向向左。转子导体所受电磁力对转轴形成一个与旋转磁场同向的电磁转矩,使得转子以 n 的转速跟着磁场旋转方向转动起来。同理,当旋转磁场反转时,转子也跟着反转,但转子的转速 n 总是小于旋转磁场的同步转速

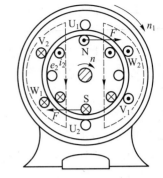

图 12-9　三相异步电动机转动原理图

n_1,如果 $n=n_1$,两者之间就没有相对运动,就不会产生感应电势 e_2 及感应电流 i_2,电磁转矩也无法形成,电动机不可能旋转。由于转子转动的前提是 $n<n_1$,故称为异步电动机,又因为这种电动机转子中的电流是感应产生的,所以也称为感应电动机。

（2）转差率 s　旋转磁场的同步转速和电动机转子转速之差 (n_1-n) 与旋转磁场的同步转速 n_1 之比称为转差率 s,即

$$s = \frac{n_1-n}{n_1} \tag{12-2}$$

转子转速亦可由转差率求得

$$n = (1-s)n_1 \tag{12-3}$$

转差率是异步电动机运行情况的重要参数。在电动机接通电源起动瞬间 $n=0$,即 $s=1$。在额定负载运行时,其额定转速 n_N 与同步转速 n_1 很接近,故 s_N 很小,一般为 $s_N=(0.02\sim0.06)$。电动机空载时,$s<0.005$。

例 12-1　已知一台异步电动机的额定转速为 $n_N=720\text{r}/\text{min}$,电源频率 f 为 50Hz,试问该电动机是几极的?额定转差率为多少?

解:由于异步电动机的额定转速应接近其同步转速,所以可知

$$n_1 = 750\text{r}/\text{min}$$

由公式（12-1）得

$$p = \frac{60f_1}{n_1} = \frac{60\times50}{750} = 4$$

所以该异步电动机是 8 极的。

额定转差率为
$$s_N = \frac{n_1-n}{n_1} = \frac{750-720}{750} = 0.04$$

12.1.2　三相异步电动机的机械特性

电磁转矩和机械特性是三相异步电动机的主要特性,它表征一台电动机产生机械能力的大小和运行性能。

1. 电磁转矩特性

三相异步电动机的电磁关系与变压器相似,当电动机定子的外加电源电压和频率一定时,Φ

也基本不变。但 i_2 和 $\cos \varphi_2$ 的大小与电动机的转速 n 即电动机的转差率 s 有关。图 12-10 所示为转子电流 i_2 和转子电路的功率因数 $\cos \varphi_2$ 与转差率 s 的变化关系。可以看出当电动机的转差率 s 较低时，转子电流 i_2 较小，但功率因数 $\cos \varphi_2$ 较大；而电动机的转差率较高时，转子电流较大，功率因数 $\cos \varphi_2$ 较小，因此电动机应尽量工作在额定转速附近。

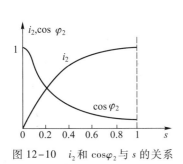

图 12-10　i_2 和 $\cos\varphi_2$ 与 s 的关系

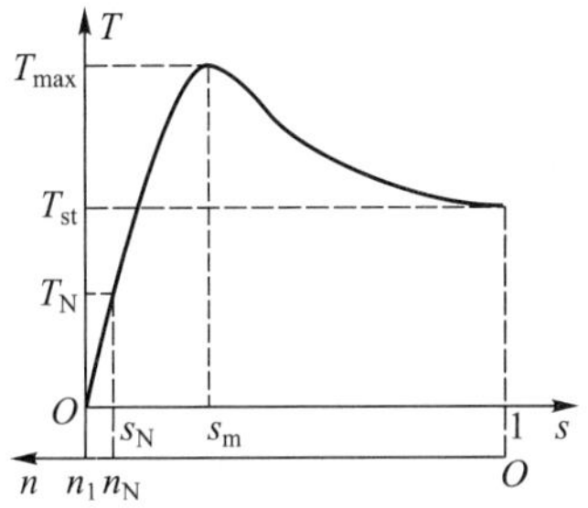

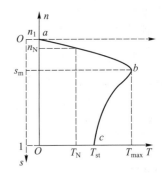

图 12-11　三相异步电动机的转矩特性曲线

电磁转矩 T 与转差率 s 的关系如图 12-11 所示。这条曲线称为三相异步电动机的转矩特性曲线 $T=f(s)$。

由电磁转矩特性曲线可见，当 s 较小时，$R_2 \gg sX_{20}$，T 与 s 成正比；当 s 较大时，$R_2 \ll sX_{20}$，T 几乎与 s 成反比。与最大转矩 T_{max} 对应的转差率 s_m 称为临界转差率；与 $s=1$ 即 $n=0$ 时对应的转矩 T_{st} 为起动转矩。

2. 机械特性

三相异步电动机的电磁转矩 T 和转速 n 之间 $n=f(T)$ 的关系曲线称为三相异步电动机的机械特性，如图 12-12 所示。

1）机械运行特性分析

设三相异步电动机的负载转矩为 T_L，则当 $T=T_L$ 时电动机以恒定速度稳定运行。

如图 12-12 所示，当电动机运行于 ab 段（$s<s_m$）时，若负载变化，即 $T_L \uparrow$（或 $T_L \downarrow$），必将导致 $n \downarrow$（或 $n \uparrow$），亦即 $s \uparrow$（或 $s \downarrow$），从而电磁转矩 T 也增大（或减小），到 $T=T_L$ 又成立时，电动机将在另一稳定转速下转动，亦即在 ab 这段区间内，电动机能自动适应负载转矩的变化而稳定地运转，故称为稳定运行区。在 ab 段内，当负载在空载与额定值之间变化时，电动机的转速变化很小，故称其有硬的机械特性。

图 12-12　三相异步电动机的机械特性

而当负载转矩 $T_L \uparrow > T_{max}$ 时，电动机将越过 b 点沿 bc 段（$s>s_m$）运行，此时只要 $T<T_L$，必将导致转速下降直至停转（俗称"闷车"），电动机的电流剧增，使电动机严重过热，甚至烧毁。在 bc 段，若 $T_L<T$，则 $n \uparrow$，电动机将过渡到 ab 段，可见 bc 段为电动机的非稳定运行区。

2）额定转矩

额定转矩 T_N 是电动机在额定状态下运行时的转矩。而电动机铭牌上只有额定转速 n_N 与额定输出功率 P_N，由物理学公式

$$P = T\omega = T\frac{2\pi n}{60}$$

可得

$$T_N = \frac{60}{2\pi}\frac{P_N \times 10^3}{n_N} = 9550\frac{P_N}{n_N} \tag{12-4}$$

通常 P_N 的单位用 kW，n_N 为 r/min（转/分钟），则 T_N 的单位为 N·m（牛·米）。

3）起动能力及过载能力

三相异步电动机的起动转矩 T_{st} 是电动机通电瞬间（$n = 0$、$s = 1$）对应的转矩，它必须大于负载转矩方可带动负载起动，通常用 T_{st} 与额定转矩 T_N 之比来表示电动机的起动能力，称为起动系数 λ_{st}，即

$$\lambda_{st} = \frac{T_{st}}{T_N} \tag{12-5}$$

一般三相异步电动机的起动能力为（1.1~2）。

最大转矩 T_{max} 一般比电动机的额定转矩 T_N 大得多，运行时短暂的过载（$T_N < T_L \leq T_{max}$）是允许的，因为电动机不会立即过热。当电动机负载转矩 T_L 大于最大转矩 T_{max} 时，电动机无法带动负载而停转，此时电动机电流很快升至额定电流（5~7）I_N，致使电动机定子绕组过热而烧毁。因此，最大转矩 T_{max} 表示了电动机短时允许过载的能力，对电动机的稳定运行具有重要的意义。

通常用最大转矩 T_{max} 与额定转矩 T_N 之比来表示电动机的过载能力，称为过载系数 λ_m。一般三相异步电动机的过载能力为（1.6~2.5）。

$$\lambda_m = \frac{T_{max}}{T_N} \tag{12-6}$$

例 12-2　Y225M-4 型三相异步电动机的额定数据如表 12-2 所示。求额定转矩 T_N、起动转矩 T_{st} 和最大转矩 T_{max}。

表 12-2　Y225M-4 型三相异步电动机的额定数据表

功率	转速	电压	电流	效率	$\cos\varphi_N$	I_{st}/I_N	$\lambda_{st} = T_{st}/T_N$	$\lambda_m = T_{max}/T_N$
45kW	1480r/min	380V	84.2A	92.3%	0.88	7.0	1.9	2.2

解：

$$T_N = 9550 P_N/n_N = 9550 \times 45/1480 N \cdot m = 290.4 N \cdot m$$

$$T_{st} = \lambda_{st} T_N = 1.9 \times 290.4 N \cdot m = 551.8 N \cdot m$$

$$T_{max} = \lambda_m T_N = 2.2 \times 290.4 N \cdot m = 638.9 N \cdot m$$

12.1.3　三相异步电动机的铭牌

三相异步电动机的机座上都钉有铭牌，如图 12-13 所示，上面标有电动机的型号、各种额定数据和连接方式，它们是合理选择和使用电动机的主要依据。

1. 型号

三相异步电动机的型号是表示电动机的类型、用途和技术特征的代号，由汉语拼音大写字母或英语字母加阿拉伯数字组成，各有确定的含义。例如：

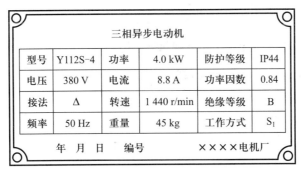

图 12-13　三相异步电动机的铭牌

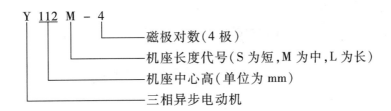

常用异步电动机产品名称代号及其汉字意义见表 12-3。

表 12-3　常用异步电动机产品名称代号

产品名称	新代号	新代号的汉字意义	老代号
异步电动机	Y、Y-L	异	J、JO
绕线式异步电动机	YR	异绕	JR、JRO
防爆型异步电动机	YB	异爆	JB、JBS
高起动转矩异步电动机	YQ	异起	JQ、JGQ
起重冶金用异步电动机	YZ	异重	JZ
起重冶金绕线式异步电动机	YZR	异重绕	JZR

表中 Y、Y-L 系列为新产品。Y 系列定子绕组是铜线,Y-L 系列定子绕组是铝。其体积小、效率高、过载能力强。

2. 电压

电压是指电动机在额定运行时定子绕组上应加的线电压,又称额定电压 U_N。一般异步电动机的额定电压有 380V、3000V、6000V 等多种。

3. 接法

接法是指电动机定子绕组在额定运行时所应采取的连接方式,有星形(Y)和三角形(△)两种。通常 Y 系列异步电动机功率 3kW 以下接成星形;功率 4kW 以上接成三角形。

4. 电流

电流是指电动机在额定运行时定子绕组的线电流,又称额定电流 I_N。

5. 功率与效率

电动机在额定运行情况下,轴上输出的机械功率 P_2 称为额定功率 P_N。效率是指额定功率与输入电功率 P_{IN} 之比,即 $\eta_N = \dfrac{P_N}{P_{IN}}$,设计电动机时,通常使最大效率发生在 $(0.7 \sim 1.0)P_N$。

一般笼型电动机额定运行时效率为 $72\% \sim 93\%$。

6. 功率因数 $\cos\varphi$

因为电动机是感性负载,故三相异步电动机的功率因数较低,在额定负载时为 $0.7 \sim 0.9$,而在轻载和空载时更低,空载时只有 $0.2 \sim 0.3$。因此,必须正确选择电动机的容量,防止出现"大马拉小车"的现象。

7. 转速

指电动机额定运行时的转速 n_N。它略低于同步转速。

8. 温升与绝缘等级

绝缘等级是指电动机绕组所用的绝缘材料按使用时的最高允许温度而划分的不同等级。常用绝缘材料的不同绝缘等级及其最高允许温度如表 12-4 所示。

表 12-4　绝缘材料的绝缘等级和最高允许温度

绝缘等级	Y	A	E	B	F	H	C
最高允许温度 ℃	90	105	120	130	155	180	>180

9. 工作方式

工作方式又称为定额,通常分为连续运行、短时运行和断续运行三种,分别用代号 S_1、S_2、S_3 表示。

10. 防护等级

防护等级即电动机外壳的防护等级。具体可查阅有关电工手册。

除了上述铭牌上所标的数据外,在电动机的产品目录或电工手册中,通常还列出了其他一些技术数据,如 I_{st}/I_N,λ,λ_{st} 和 η 等。

12.2　单相异步电动机

如图 12-14 所示,单相异步电动机是由单相交流电源供电的一种感应式电动机。由于结构简单、成本低廉、运行可靠及维修方便,在家用电器和医疗器械中得到了广泛应用。最常见的如

图 12-14　单相异步电动机图片

电风扇、洗衣机、电冰箱和吸尘器等。它与同容量的三相感应电动机相比,单相电动机的体积较大,运行性能差,因此只做成几十到几百瓦的小容量电动机。

12.2.1　单相异步电动机工作原理与机械特性

从转子构造上来看,单相异步电动机的定子只有一个单相绕组,转子是笼型结构,如图12-15所示。

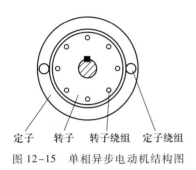

定子　转子　转子绕组　定子绕组

图 12-15　单相异步电动机结构图　　　　　图 12-16　起动转子电流及电磁力

单相异步电动机定子绕组通入单相交流电后产生的是一个脉动磁场,其大小及方向随时间沿定子绕组轴线方向变化。

单相异步电动机起动时,因电动机的转子处于静止状态,定子电流产生的脉动磁场在转子绕组内引起的感应电流如图12-16所示(图示为脉动磁场增加时转子绕组内感应电流情况)。由图12-16可以看出,由于磁场与转子电流相互作用在转子上产生的电磁转矩相互抵消,所以单相异步电动机起动时转子上作用的电磁转矩为零,单相异步电动机没有起动转矩,不能起动。

单相异步电动机的机械特性如图12-17所示,脉动磁场分解成两个旋转磁场,这两个旋转磁场转向相反,一个顺时针方向;一个逆时针方向。每个旋转磁场都会与转子绕组作用,在转子上产生电磁转矩。顺向的为 $T'-s'$ 曲线、逆向的为 $T''-s''$ 曲线及合成曲线。

由图12-16可知,如果单相异步电动机的转子是静止的,即工作在图12-17中 $s=1$ 的那一点,这时两个旋转磁场在转子上产生的电磁转矩数值相等,作用方向相反,合成转矩为零,因此无法起动。

为了使单相异步电动机起动,可以在起动时用外力推动转子或让电动机在起动时内部产生一个旋转磁场,电动机转动起来后(此时 $s\neq1$),再将旋转磁场变回脉动磁场,这时作用在转子上的合成转矩不再为零,单相异步电动机

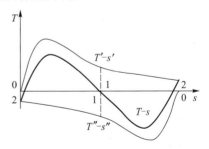

图 12-17　单相异步电动机的机械特性

能够保持着起动时所具有的旋转方向继续运转并可以带动机械负荷工作。所以单相异步电动机使用时,首先要使转子上产生转矩,使转子能够转动起来,转动起来之后,不论转动方向如何转子上都有电磁转矩。

12.2.2　单相异步电动机的起动方法

为了使单相异步电动机在起动时能产生起动转矩,采用一些辅助设施使电动机在起动时产

生起动转矩。常用的方法有分相起动法和罩极起动法。

1. 电容分相起动法

图 12-18 所示为电容分相式异步电动机的接线原理图,通过两相绕组阻抗的方法,从单相交流中得到具有一定相位差的两相电流,图 12-19 所示为主绕组和起动绕组的电流波形。在两相绕组上形成旋转磁场,产生起动转矩。容量较大或要求起动转矩较高的异步电动机常采用这种方法起动。

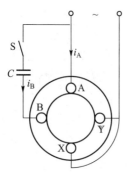
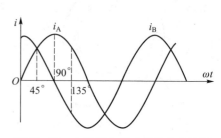

图 12-18　电容分相式异步电动机接线原理图　　　图 12-19　主绕组和起动绕组电流波形

定子绕组由空间上相差 90° 的主绕组 AX 和起动绕组 BY 构成。为了使起动绕组的电流相位与主绕组电流相位相差 90°,通常在起动绕组回路中串联一个电容 C。其目的是在定子空间产生一个旋转磁场,使电动机起动旋转。

如图 12-20 所示,和分析三相旋转磁场的方法一样,在空间位置相差 90°、流过电流相位差 90° 的两个绕组,也同样能产生旋转磁场。

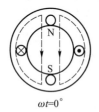
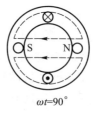
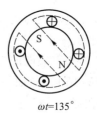

$\omega t=0°$　　　　　　$\omega t=45°$　　　　　　$\omega t=90°$　　　　　　$\omega t=135°$

图 12-20　起动时的单相电动机旋转磁场

在此旋转磁场的作用下,笼型转子将跟着一起转动。电动机起动后,当转速达到额定值时,串在起动绕组 BY 支路的离心开关 S 断开,电动机就处于单相运行了。

欲使电动机反转,需将起动电容串入主绕组支路,而不能像三相异步电动机那样调换两根电源线来实现。

2. 罩极起动法

罩极式单相电动机的定子多做成凸极式。结构如图 12-21 所示。在磁极一侧开一小槽,用短路铜环套在磁极的窄条一边上。每个磁极的定子绕组串联后接单相电源。当将电源接通时,磁极下的磁通分为两部分,即 Φ_1 与 Φ_2。由于短路铜环的作用,罩极下的 Φ_1 与在短路环下的 Φ_2 之间产生了相位差,于是气隙内形成的合成磁场将是一个有一定推移速度的移行磁场,使电动机产生一定的起动转矩。

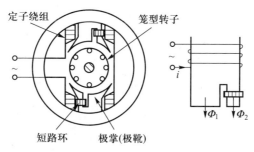

图 12-21　罩极式单相电动机结构

罩极起动法得到的起动转矩较小、结构简单、运行时噪音小,多用于小型家用电器中。单相电动机运行时,气隙中始终存在着反转的旋转磁场,使得推动电动机旋转的电磁转矩减少,过载能力降低。同时反转磁场还会引起转子铜损耗和铁损耗的增加,因此,单相异步电动机的效率和功率因数都比三相异步电动机低。

3. 三相异步电动机的缺相运行

三相异步电动机接到三相交流电源中,若由于某种原因断开一相,此时的三相异步电动机为缺相运行状态。同单相异步电动机运行的原理一样,电动机还会继续旋转。如果在起动时就少了一相,则电动机不能起动。电动机处于缺相运行状态时,如果电动机满负荷运行,这时其余两根线的电流将成倍增加,从而引起电动机过热,长时间运行会使电动机烧毁。三相异步电动机缺相运行对机械特性也产生了严重影响,最大转矩 T_{max} 下降了大约 40%,起动转矩 T_{st} 等于零。如果电动机满负荷运行,此时电动机有可能停车,这时电流将进一步加大,若没有过流继电器和过热继电器的保护,将加快电动机的损毁。

12.3　常用的低压电器

应用电动机拖动生产机械,称为电力拖动。利用继电器、接触器实现对电动机和生产设备的控制和保护,称为继电器-接触器控制。实现继电器-接触器控制的电气设备,统称为控制电器,如刀闸、按钮、继电器、接触器等。本节主要介绍几种常用的低压控制电器。

常用低压控制电器是指用于交、直流电压 1200V 及以下电路中起通断、控制、保护与调节等作用的电器设备。低压电器的种类繁多,但就其用途或所控制的对象可概括为以下两大类。

(1) 低压配电电器　这类电器包括刀开关、熔断器、自动空气开关和保护继电器。主要用于低压配电系统中,要求在系统发生故障情况下动作准确、工作可靠、有足够的热稳定性和动稳定性。

(2) 低压控制电器　这类电器包括控制继电器、接触器、起动器、调压器、主令电器(包括按钮,行程开关等)、变阻器和电磁铁。主要用于电力传动系统中,要求寿命长、体积小、质量轻和工作可靠。

1. 低压开关

低压开关(刀开关)的种类很多,适用于照明、电热设备和直接起停的小容量电动机控制线路中,用于接通和断开电路,如图 12-22 所示。在电力拖动控制线路中最常用的是由刀开关和熔断器组合而成的负荷开关。

刀开关分为单刀(用在某一相线上)、双刀(用在两相上)、三刀(用在三相上)。

图 12-22　刀开关符号、外形

2. 自动空气断路器

自动空气断路器又称为自动开关或空气开关,兼有刀开关和熔断器的作用。在低压中用于分断和接通负荷电路,控制电动机运行和停止。

图 12-23(a)所示为自动空气断路器原理图,三对主触点串接在被保护的三相主回路中,当合上开关时,主触点由锁扣的锁钩扣住搭钩,克服弹簧的拉力,保持闭合状态,电路正常工作。当电路发生过载和短路故障时,电流超过过流脱扣器整定值,衔铁吸合顶动连杆装置,使锁扣的搭钩与锁钩脱离,断开主触点,起到过载保护作用。当电路发生失压、欠压等故障时,欠压脱扣器线圈的磁力减弱,在弹簧作用下拉动衔铁顶起连杆装置,使锁扣的搭钩与锁钩脱离,断开主触点,起到失压、欠压保护作用。

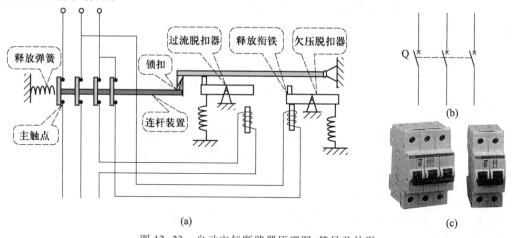

图 12-23　自动空气断路器原理图、符号及外形

3. 按钮

按钮(SB)是一种结构简单、操作方便的手动开关,额定电流较小。按钮不直接用于控制主电路,主要在控制电路中发出手动控制信号。如图 12-24 所示为按钮的结构、符号。

在控制电路中,如图 12-24 所示一般动合触点用作起动按钮,动断触点用作停止按钮。按下按钮,动合触点闭合、动断触点断开。因此,动合触点又称为常开触点、动断触点又称为常闭触点。

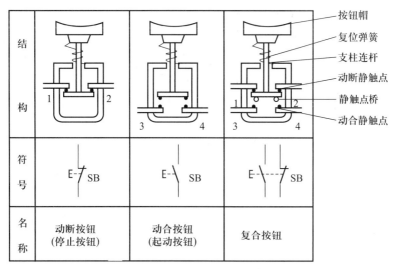

图 12-24　按钮结构、符号

如图 12-25 所示为复合按钮的结构和外形。按动按钮帽时,动触点桥 5 下移,动断触点 1、2 断开,然后动触点桥 5 与下面的动合触点 3、4 接触使其闭合。松手后复位弹簧使动触点桥 5 恢复原位,动合触点断开后动断触点闭合。

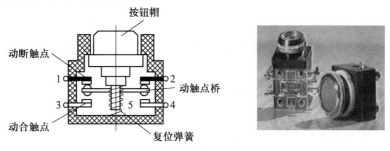

图 12-25　复合按钮

4. 接触器

图 12-26(a)所示,接触器(KM)是一种利用电磁力使其触点动作的自动开关,可用来频繁地接通或切断控制电路和主电路。它分为交流接触器和直流接触器两种。接触器由电磁铁、触点和灭弧装置等几部分组成。在图 12-26(b)中,固定的山字形铁心、线圈和衔铁组成电磁铁。当线圈通电后,衔铁被吸合,带动与其相连的可动触点桥向右移动,使两对辅助动断触点先断开,随后其他 5 对动合触点闭合。这时接触器的状态叫"动作状态"或"吸合状态"。线圈断电后,在复位弹簧作用下,衔铁恢复原位,各对动合触点先断开,两对辅助动断触点闭合,恢复到如图 12-26(b)所示状态。电路符号如图 12-26(c)所示,属于同一器件的线圈和触点用相同的文字表示。接触器的主要技术指标有:额定工作电压、电流、触点数目等。

交流接触器的线圈电压在额定电压的 85% ~ 105% 时能保证可靠工作。电压过高,磁路趋于饱和,线圈电流将显著增大;电压过低,电磁吸力不足,通电后衔铁吸合不上,线圈感抗较小,电

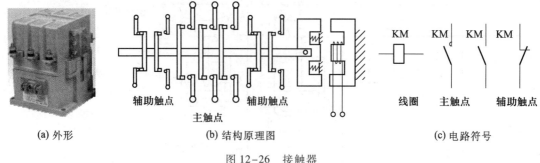

(a) 外形   (b) 结构原理图   (c) 电路符号

图 12-26　接触器

流较大,将使线圈严重发热甚至烧毁。

　　用来控制主电路并能通过大电流的触点称为主触点,主触点最少有 3 对;用来控制辅助电路、只能通过 5A 以下电流的触点称为辅助触点。主触点闭合后,由它控制的负载接通电源,开始工作。此时动合辅助触点闭合或动断辅助触点断开,使控制电路实现联锁或控制指示灯。

　　接触器主要用来控制电动机工作,由于通过主电路的电流很大,在断开电路时,主触点断开处会产生高电压,出现电弧,烧毁触点或引起相间短路,因此,大容量接触器在主触点上装有灭弧罩。灭弧罩的外壳由绝缘材料制成,并使 3 对主触点相互隔开,隔开的空间其作用是把触点间产生的电弧分割成小段而使之迅速熄灭。小容量接触器,通过主触点的电流较小,可不用灭弧装置。

　　接触器的选择与使用:

　　(1) 接触器的类型选择　　根据接触器所控制负载电流的类型来选择交流接触器或直流接触器。

　　(2) 额定电压的选择　　接触器额定电压应大于负载回路的电压。

　　(3) 额定电流的选择　　接触器额定电流应大于被控回路的额定电流。

　　(4) 吸引线圈额定电压的选择　　对简单控制电路可以直接选用交流 380V、220V 电压,对电路复杂,使用电器较多者,应选用 110V 或更低的控制电压。

　　5. 熔断器

　　熔断器用 FU 来表示,图 12-27 是熔断器的外形和电路符号。熔断器在结构上主要由熔断管(或盖、座)、熔体及导电部件等组成,其中熔体是主要部分。熔断器的熔体串联在被保护电路中,它既是感测元件又是执行元件。熔断器的作用是当电路发生短路或过载故障时,通过熔体的电流使其发热,当达到熔化温度时熔体自行熔断,从而分断故障电路。常用的熔断器有插入式熔断器、螺旋式熔断器、管式熔断器和有填料式熔断器。

　　熔断器在电路中做过载和短路保护之用,主要用作短路保护。当电路正常工作时,熔体允许通过一定大小的电流而长期不熔断;当电路发生短路故障时,熔体能在瞬间熔断。因为电流通过熔体时产生的热量与电流的二次方和电流通过的时间成正比,因此电流越大,熔体熔断时间越短。使用时应根据线路要求来选择熔断器的类型。电网配电一般用封闭管式;有振动的场合,如对电动机保护的主电路一般用螺旋式;静止场合,如控制电路及照明电路一般用玻璃管式;

FU

图 12-27　熔断器

保护晶闸管则应选择快速熔断器。

6. 热继电器

在电力拖动系统中,当三相交流电动机出现长期带负荷欠压运行、长期过载运行以及长期单相运行等不正常情况时,会导致电动机绕组严重过热乃至烧坏。

在电路中,当电动机出现过载时,热继电器(FR)能自动切断电路起到过载保护作用,它的动作时间可随过载程度而改变,可以充分发挥电动机的过载能力,保证电动机的正常起动和运转。

图 12-28 所示是热继电器的外形、结构图、电路符号。热元件 3 串接在电动机定子绕组中,电动机绕组电流即为流过热元件的电流。当电动机正常运行时,热元件产生的热量虽能使双金属片 2 弯曲,但还不足以使继电器动作;当电动机过载时,热元件产生的热量增大,使双金属片弯曲位移增大,经过一定时间后,双金属片弯曲到推动导板 4,并通过补偿双金属片 5 与推杆 14 将触点 9 和 6 分开,触点 9 和 6 为热继电器串于接触器线圈回路的动断触点,断开后使接触器线圈失电,接触器的动合主触点断开电动机的电源以保护电动机。调节旋钮 11 是一个偏心轮,它与支撑件 12 构成一个杠杆,13 是一压簧,转动偏心轮,改变它的半径即可改变补偿双金属片 5 与导板 4 的接触距离,因而达到调节整定动作电流的目的。此外,靠调节复位螺钉 8 来改变动合触点 7 的位置使热继电器能工作在手动复位和自动复位两种工作状态。调试手动复位时,在故障排除后要按下按钮 10 才能使动触点恢复与静触点 6 相接触的位置。

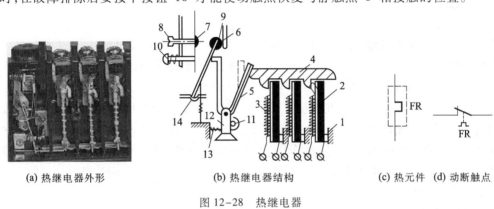

(a) 热继电器外形　　　　(b) 热继电器结构　　　　(c) 热元件　(d) 动断触点

图 12-28　热继电器

热继电器通常与接触器一起使用,以保护电动机的过载。选用时,必须了解被保护电动机的工作环境、起动情况、负载性质、工作制式以及电动机的过载能力。

一般选用时应根据被控设备的额定电流(或正常运行电流)来选择相应的发热元件规格,不能过大或过小。在不频繁起动场合,要保证热继电器在电动机起动过程中不产生误动作。当电动机重复短时工作时,要注意确定热继电器的允许操作频率,因为其操作频率是有限的。

7. 行程开关

依照生产机械的行程发出命令以控制其运行方向或行程长短的电器称为行程开关(SQ)。行程开关广泛应用于各类机床和起重机械的控制,以限制这些机械的行程。根据其作用原理可分为接触式行程开关和非接触式行程开关。

(1)接触式行程开关　接触式行程开关通过机械可动部分的动作,将机械信号转换为电信号,以实现对机械的控制。按照结构分为直动式、微动式、滚轮式,分别依靠碰触顶杆、推杆及滚轮工作。在此主要介绍微动式行程开关,如图 12-29 所示为微动式行程开关外形、结构原理、电路符号。

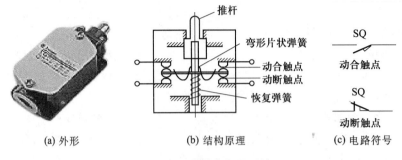

(a) 外形　　　　　　　　(b) 结构原理　　　　　　(c) 电路符号

图 12-29　微动式行程开关

当推杆向下压动到一定距离时,弯形片状弹簧形变,使动触点桥瞬间动作,将动断触点断开,动合触点闭合。外力撤去后,推杆在恢复弹簧作用下迅即复位,触点立即恢复常态。采用这种瞬时动作机构,可以使开关触点换接速度不受推杆压下速度的影响,这不仅可减轻电弧对触点的烧蚀,而且也能提高触点动作的准确性。

（2）非接触式行程开关　由于半导体元件的出现,产生了非接触式的行程开关,分为接近开关和光电开关。

接近开关　当生产机械接近它到一定距离范围之内时,它就能发出信号,而不像接触式行程开关那样需要施加机械力。一般用来控制生产机械的位置或进行计数。接近开关有高频振荡型、感应电桥型、霍尔效应型、电容型及超声波型等多种形式。

光电开关（光电传感器）　是光电接近开关的简称,它是利用被检测物对光束的遮挡或反射来检测物体有无的。物体不限于金属,所有能反射光线的物体均可被检测。光电开关将输入电流在发射器上转换为光信号射出,接收器再根据接收到的光线的强弱或有无对目标物体进行探测。多数光电开关选用的是波长接近可见光的红外线光波型。目前使用最多的是对射式光电开关和漫反射式光电开关。

8. 时间继电器

图 12-30 所示为时间继电器（KT）的电路符号。从得到输入信号（线圈的通电或断电）开始,经过一定的延时后才输出信号（触点的闭合或断开）的继电器,称为时间继电器。

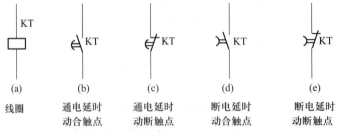

(a)　　　　(b)　　　　(c)　　　　(d)　　　　(e)

线圈　　　通电延时　　通电延时　　断电延时　　断电延时
　　　　　动合触点　　动断触点　　动合触点　　动断触点

图 12-30　时间继电器的电路符号

时间继电器常用于按时间原则进行控制的场合。其种类很多,按工作原理划分,时间继电器可分为电磁式、空气阻尼式、晶体管式和数字式等。

时间继电器的延时方式有两种：

（1）通电延时　接受输入信号后延迟一定的时间，输出信号才发生变化；当输入信号消失后，输出瞬时复原。

（2）断电延时　接受输入信号时，瞬时产生相应的输出信号；当输入信号消失后，延迟一定的时间，输出才复原。

12.4　三相异步电动机的基本控制

电气线路包括主电路和控制电路两部分。从电源至电动机通过大电流的电路称为主电路；控制主电路工作状态通过小电流的电路称为控制电路（或辅助电路）。

在工业生产中，几乎所有的生产机械都采用电动机拖动，同时为了完成起动、正反转、多机顺序控制及制动等各种动作，需要用各种电器组成一个电机控制系统，以便迅速、准确地对电动机、电磁阀或其他电气设备进行控制。本节主要介绍几种基本的控制环节和保护环节的典型线路。

12.4.1　直接起动电动机运行控制

电动机从接通电源开始加速到稳定运行状态的过程称为起动。异步电动机的主要缺点是起动电流大，起动转矩小，故应采取适当的办法减小起动电流，并保证有足够大的起动转矩。通常笼型异步电动机的起动方法有全压起动和降压起动两种。

全压起动也称直接起动，它是利用开关将电动机直接接到具有额定电压的电源上，方法简便、经济，常被采用。但必须满足以下的有关规定才能直接起动。① 容量在 10kW 及以下的三相异步电动机；② 若是照明和动力共用同一电网时，电动机起动时引起的电网压降不应超过额定电压的 5%；③ 动力线路若是用专用变压器供电时，对于频繁起动的电动机，其容量不应超过变压器容量的 20%，不经常起动的电动机，其容量不应大于变压器容量的 30%。如不满足上述规定，则必须采用降压起动的措施以减小起动电流 I_{st}。

1. 三相异步电动机的点动控制

点动控制是指按下按钮电动机通电运转；松开按钮电动机失电停转。许多生产机械在调整试车或运行时要求电动机能瞬时动作一下，如龙门刨床横梁的上、下移动，摇臂钻床立柱的夹紧与放松，桥式起重机吊钩、大车运行的操作控制等都需要点动控制。

如图 12-31 所示为点动控制电路，刀开关 Q 做电源隔离开关，熔断器 FU 和接触器 KM 的主触点串在主回路。控制回路由按钮 SB_1、接触器 KM 线圈组成。

合上电源开关 Q，按下 SB_1 按钮，接触器线圈 KM 通电，动合主触点 KM 闭合，电动机 M 通电运行。放开按钮，KM 释放，电动机断电停转。

2. 三相异步电动机的单向连续控制

为了实现电动机单向连续运行，可采用如图 12-32 所示的接触器自锁控制电路。

当接触器线圈通电后，辅助动合触点也闭合，这时放开 SB_1，线圈仍通过辅助触点继续保持通电，使电动机继续运行。动合辅助触点的这个作用称为自锁。要使电动机停止运转，可在控制电路中串联另一按钮的动断触点 SB$_2$,这样按下 SB$_2$ 时,线圈断电,电动机也跟着停转,故该按钮称为停止按钮,SB$_1$ 则称为起动按钮。

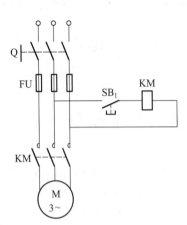

图 12-31　三相异步电动机的点动控制

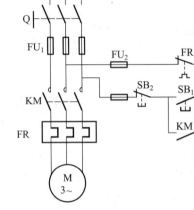

图 12-32　三相异步电动机的接触器自锁控制

3. 基本保护环节

要确保生产安全必须在电动机的主回路和控制回路中设置保护装置。一般中小型电动机有下面常用的三种基本保护环节,如图 12-32 所示。

（1）短路保护　由熔断电器 FU 来实现短路保护。它能确保在电路发生短路事故时,可靠地切断电源,使被保护设备免受短路电流的影响。

（2）过载保护　熔断器是作短路保护的,不能作过载保护,这是因为有时电动机的过载电流虽大于额定电流,但熔丝还不至于烧断。这样,电动机长期过载运行,其绝缘材料会因过热而受损甚至烧毁。因此电动机必须增设过载保护环节。

过载保护由热继电器 FR 来实现。它在电动机过载时能自动切断电源,保护电动机绕组不因超过允许温升而损坏,但由于热继电器中发热元件具有热惯性,在电路中不能做瞬时过载保护,更不能做短路保护。

（3）失压保护(零压保护)和欠压保护　继电器-接触器控制电路不但能实现自锁使电动机连续运转,而且具有欠压和失压(或零压)保护作用。因为当断电或电压过低时,接触器就释放,从而使电动机自动脱离电源;当线路重新恢复供电时,由于接触器的自锁触点已断开,电动机是不能自行起动的。这种保护可避免引起意外的人身事故和设备事故。

12.4.2　直接起动电动机的正、反转控制

很多生产机械都要求有正、反两个方向的运动,如起重机的升降,机床工作台的进退,主轴的正反转等。这可由电动机的正、反转控制电路来实现。

1. 电气互锁异步电动机正、反转控制电路

要使三相异步电动机反转,只要将电动机接三相电源线中的任意两根线对调连接即可。若在电动机单向运转控制电路基础上再增加一个接触器及相应的控制线路就可实现正、反转控制,如图 12-33 所示。

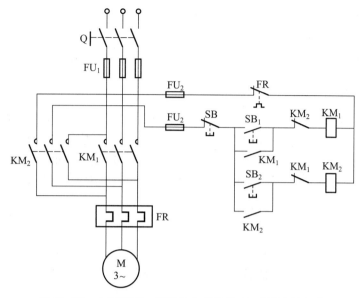

图 12-33　电气互锁三相异步电动机的正、反转控制电路

由主电路可以看出,若两个接触器同时吸合工作,则将造成电源短路的严重事故,所以在图 12-33 中,控制回路将两个接触器的动断辅助触点分别串联到另一接触器的线圈支路上,达到两个接触器不能同时工作的控制作用,称为电气互锁或联锁。这两个动断辅助触点因而称为互锁触点。这种互锁又称为接触器互锁。这种控制电路的缺点是反转时,必须先按停止按钮后,再按反转起动按钮。

2. 双重互锁异步电动机正、反转控制电路

图 12-34 采用了复合按钮互锁,即将两个起动按钮的动断触点分别串联到另一接触器线圈

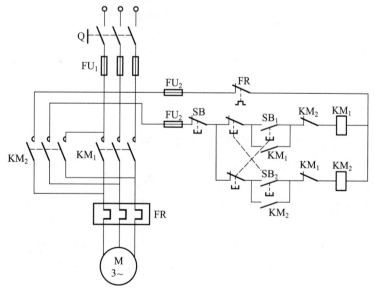

图 12-34　双重互锁三相异步电动机的正、反转控制电路

的控制支路上。这样,若正转时要反转,直接按反转按钮 SB_2,其动断触点断开,正转接触器 KM_1 线圈断电,主触点断开。接着串联于反转接触器线圈支路中的动断触点 KM_1 恢复闭合,SB_2 动合触点闭合,KM_2 线圈通电自锁,电动机就反转。这种电路称为双重互锁控制电路。

12.4.3　多处控制

在万能铣床、龙门刨床上为了便于调整操作和加工,要求在不同地点都能实现同一操作控制。将起动按钮动合触点并联,停止按钮动断触点串联,便可实现多处控制。

如图 12-35 所示,由于并联,按下 SB_3 或 SB_4 任意一个,接触器 KM 均能吸合,其辅助动合触点闭合,实现自锁,起动电动机;按下 SB_1 或 SB_2 任意一个,由于它们串联,接触器 KM 均能断开,停止电动机。

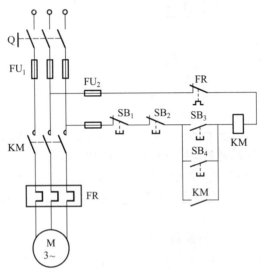

图 12-35　多处控制电路

将起动按钮和停止按钮线连接到远端,该电路也可以作为远程起动与远程停止控制电路使用。

12.4.4　多机顺序联锁控制

装有多台电动机的生产机械有时要求按一定的顺序起动电动机,有的要求按顺序停机,这就要采用顺序联锁控制。例如车床主轴电动机必须在润滑油泵电动机工作后才能起动;多台连接使用的皮带运输机要逆着运料方向按顺序起动以防止堆料等。

图 12-36 为车床油泵和主轴电动机的顺序联锁控制电路,要求油泵电动机 M_1 先起动,使润滑系统有足够的润滑油以后,方能起动主轴电动机 M_2。按下 SB_1,KM_1 线圈通电自锁,KM_1 主触点闭合,油泵电机 M_1 起动。这时通过 KM_1 的自锁触点闭合,为 KM_2 的线圈通电作准备,按下 SB_2,主轴电动机 M_2 方能起动,如果 M_1 未起动时,按下 SB_2,主轴电动机 M_2 也不能起动。按下 SB,M_1、M_2 停车。

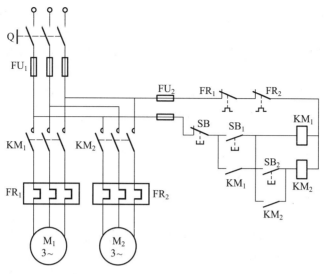

图 12-36　顺序联锁控制电路

12.4.5　Y-Δ 降压起动控制

降压起动的目的是减小起动电流对电网的不良影响,但它同时又降低了起动转矩,所以这种起动方法只适用于空载或轻载起动时的笼型异步电动机。常见的降压起动有 Y-Δ 降压起动、自耦变压器降压起动及定子串电阻降压起动等。这里仅介绍 Y-Δ 降压起动。

Y-Δ 降压起动只适用于正常运转时是 Δ 联结的电动机。如图 12-37 所示是定子绕组 Y 联结和 Δ 联结时的起动电流的比较图。

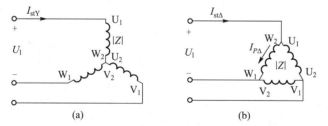

图 12-37　定子绕组 Y 联结和 Δ 联结时的起动电流比较

设电源线电压为 U_1,定子绕组起动时的每相阻抗为 $|Z|$,当定子绕组为 Y 联结降压起动时,线电流为

$$I_{stY} = \frac{U_1/\sqrt{3}}{|Z|} = \frac{U_L}{\sqrt{3}\,|Z|}$$

当定子绕组为 Δ 联结全压起动时,线电流为

$$I_{st\Delta} = \sqrt{3}\,\frac{U_1}{|Z|}$$

可得

$$I_{stY} = \frac{1}{3}I_{st\triangle}$$

即采用 Y-△ 降压起动时,起动电流只是原来按 △ 联结全压起动时的 1/3。但是由于起动转矩正比起动时每相绕组电压的平方,故用 Y-△ 降压起动时,起动转矩也降为全压起动时的 1/3。

按时间的长短为信号来控制电路的动作称为时间控制,可以利用时间继电器来实现。三相异步电动机的 Y-△ 降压起动的控制电路如图 12-38 所示。

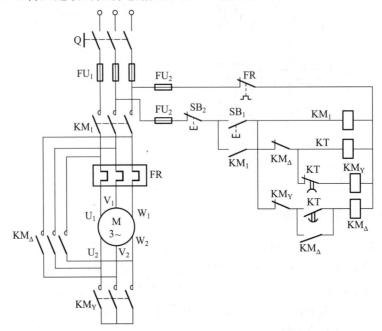

图 12-38 三相异步电动机 Y-△ 降压起动控制电路

Y-△ 降压起动工作过程如下:先合上电源开关 Q,按下起动按钮 SB₁,接触器 KM₁、KM_Y 线圈得电,其主触点同时闭合,电动机定子绕组为星形联结降压起动。KM₁ 的动合辅助触点闭合自锁,KM_Y 的动断辅助触点断开,与接触器 KM_△ 实现互锁。由于时间继电器 KT 的线圈与 KM₁ 同时得电,所以,经过预先整定好的时间(Y 联结起动时间),通电延时断开的动断触点 KT 断开,使 KM_Y 线圈失电,主触点断开,而延时闭合的动合触点 KT 闭合,使 KM_△ 线圈通电自锁,其主触点 KM_△ 闭合,将电动机定子绕组连接成 △ 形全压正常运行。

12.4.6 电气制动控制

电动机在断开电源后自然停车时,由于惯性会继续转动一段时间后才停转。为了缩短辅助工时,提高生产率,保证安全,有些生产机械要求电动机能准确、迅速停车,这就需要用强制的方法迫使电动机迅速停车,这称为制动。

制动的方法有电磁抱闸机械制动和电气制动。电气制动就是使电动机产生一个与转动方向相反的电磁转矩,阻碍电动机继续运转直至停车。常用的电气制动方法有反接制动、能耗制动等。

1. 能耗制动

当电动机断开三相交流电时,立即向定子绕组通入直流电,定子绕组产生一个静止的磁场(不论极性如何),这时,继续依惯性旋转的转子导体便切割磁场而产生感应电动势和电流,其方向可用右手定则判断。转子导体电流又与磁场相互作用而产生同旋转方向相反的电磁制动转矩(可用左手定则判定其方向),使电动机迅速停车,原理图如图 12-39 所示。由于这种方法是用消耗转子的动能(转换成电能)来进行制动的,所以称为能耗制动。

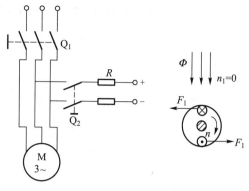

图 12-39　能耗制动原理图

调节直流电流的大小,可以控制制动转矩的大小。一般直流电流可调节为额定电流的0.5～1倍。这种方法准确、平稳、耗能小,但需直流电源。

如图 12-40 所示能耗制动控制电路工作原理如下:先合上电源开关 Q,按下起动按钮 SB$_1$,接触器 KM$_1$ 线圈得电动作并自锁,主触点闭合,电动机 M 起动运转。停车时,按下 SB$_2$,KM$_1$ 线圈失电,断开电动机三相交流电,同时 KM$_2$ 和时间继电器 KT 线圈得电,通过接触器 KM$_2$ 的主触点向电动机定子绕组通入直流电,进行能耗制动。经过预先设定好的时间,KT 的动断延时触点断开,KM$_2$ 线圈失电,切断直流电源,制动结束。

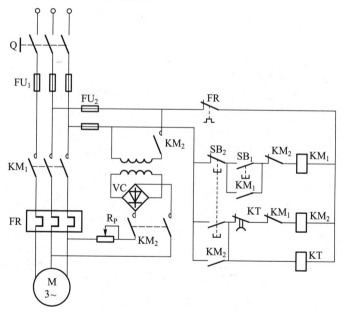

图 12-40　能耗制动控制电路

2. 反接制动

反接制动就是当要求电动机停车时,通过任意对调三相定子绕组的两相电源来实现,如图 12-41 所示。两相电源对调后,旋转磁场反向,电磁转矩也反向而起制动作用。当制动至转速接近于零时,应立即断开电源,否则电动机将反转,为了准确停车,常采用速度继电器来控制,及时切断电源。

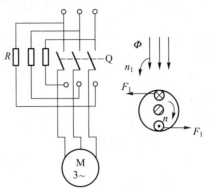

图 12-41　反接制动原理图

由于反接制动时旋转磁场与转子的相对转速(n_1+n)很大,制动电流也就很大,所以,反接制动时通常在定子或转子电路中串接限流电阻,以缓和电流和机械冲击。

反接制动方法简单、快速,但准确性较差,耗能大,冲击较强烈,易损坏机械零件(控制电路请读者自行设计)。

习　　题

【概念题】

12-1　如何实现三相异步电动机的反转?

12-2　什么是过载保护?为什么对电动机要采用过载保护?熔断器能否替代热继电器实现过载保护?

12-3　说明自锁控制电路与点动控制电路的区别,归纳一下自锁和互锁的作用与区别。

12-4　热继电器的发热元件为什么要三个?用两个或一个是否可以?

12-5　试画出试车、检修以及车床主轴的调整等用途的既能长期工作又能点动控制的电路。

12-6　题 12-6 图电路能否控制电动机起停?为什么?

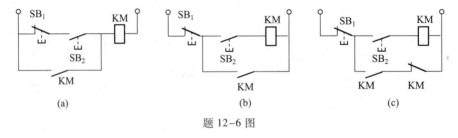

题 12-6 图

【分析仿真题】

12-7　已知 Y30L-4 型三相异步电动机的有关技术数据如下:$P_N=15\text{kW}$,$f=50\text{Hz}$,$U_N=380\text{V}$,$I_N=30.3\text{A}$,$n_N=1440\text{r/min}$,$\cos\varphi_N=0.85$。求:(1)电动机的额定转矩 T_N;(2)额定转差率,输入功率与效率。

12-8　已知 Y100L-2 型三相异步电动机的技术数据如题 12-8 表所示,电源电压为 220V。(1)这台电动机的定子绕组应如何连接？这时电动机的额定功率和额定转速各为多少？（2）这时起动电流和起动转矩各为多少？（3）若定子绕组作 Y 形联结,起动电流和起动转矩又各变为多少？

题 12-8 表　Y100L-2 型三相异步电动机的技术数据

P_N	n_N	U_N	I_N	η_N	$\cos\varphi_N$	I_{st}/I_N	T_{st}/T_N	T_{max}/T_N
12.0kW	2880r/min	380V	6.4A	82%	0.87	7.0	2.2	2.2

12-9　一台三相异步电动机 $P_N=10\text{kW}$,$f=50\text{Hz}$,$U_N=380\text{V}$,$I_N=20\text{A}$,$n_N=1450\text{r/min}$,Δ 形联结。求:（1）这台电动机的磁极对数 p 为多少？同步转速 n_1 为多少？（2）这台电动机能采用 Y-Δ 降压起动法起动吗？ 若 $I_{st}/I_N=6.5$,采用 Y-Δ 降压起动时,起动电流 I'_{st} 为多少？（3）如果该电动机的 $\cos\varphi_N=0.87$,额定输出时,输入的电功率 P_1 是多少千瓦？ 效率 η_N 为多少？

12-10　如题 12-10 图所示,1#、2#两条皮带运输机分别由两台笼型电动机拖动,用一套起停按钮控制两台电动机的起停,为了避免物体堆积在运输机上,要求两台电动机按下述顺序起动和停止:起动时,1#皮带的电动机 M_1 起动后,2#皮带的电动机 M_2 才能起动;停止时,M_2 停止后,M_1 才能停止。试画出其控制电路。

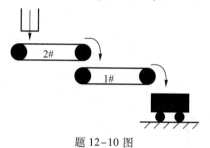

题 12-10 图

附　录

附录 1　电阻器、电容器及其标称值

1. 电阻器

常用固定电阻器的标称值符合附表 1.1 的数值（或表中数值再乘以 10^n，其中 n 为整数）。

附表 1.1　常用固定电阻器的标称数值

允许偏差	标称	系 列 值
±5%	E24	1.0;1.1;1.2;1.3;1.5;1.6;1.8;2.0;2.2;2.4;2.7;3.0 3.3;3.6;3.9;4.3;4.7;5.1;5.6;6.2;6.8;7.5;8.2;9.1
±10%	E12	1.0;1.2;1.5;1.8;2.2;2.7;3.3;3.9;4.7;5.6;6.8;8.2
±20%	E6	1.0;1.5;2.2;3.3;4.7;6.8

电阻器阻值常见的表示方法有直标法和色标法等，其中色标电阻的色带通常分为三色带、四色带和五色带三种，色带不同，所表示的电阻参数也不同。色标法如附图 1.1 所示。

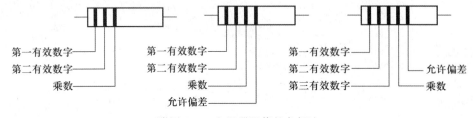

附图 1-1　电阻器阻值的色标法

色标法中颜色代表的数值如附表 1.2 所示。

附表 1.2　色标法中颜色代表的数值

颜色	有效数值	乘数	允许偏差	颜色	有效数值	乘数	允许偏差
黑色	0	10^0		紫色	7	10^7	±0.1%
棕色	1	10^1	±1%	灰色	8	10^8	
红色	2	10^2	±2%	白色	9	10^9	+50%,−20%
橙色	3	10^3		金色			±5%
黄色	4	10^4		银色			±10%
绿色	5	10^5	±0.5%	无色			±20%
蓝色	6	10^6	±0.2%				

2. 电容器

固定电容器的标称容量如附表 1.3 所示。

附表 1.3　固定电容器的标称容量

电容类别	允许偏差	容量范围	标称容量系列
纸介电容、金属化纸介电容、纸膜复合介质电容,低频(有极性)有机薄膜介质电容	±5% ±10% ±20%	100pF～1μF	1.0;1.5;2.2;3.3;4.7;6.8
		1μF～100μF	1;2;4;6;8;10;15;20;30;50;60;80;100
高频(无极性)有机薄膜介质电容、瓷介电容、玻璃釉电容、云母电容	±5%		1.0;1.1;1.2;1.3;1.5;1.6;1.8;2.0;2.2;2.4;2.7;3.0;3.3;3.6;3.9;4.3;4.7;5.6;6.0;6.8;7.5;8.2;9.1
	±10%		1.0;1.2;1.5;1.8;2.2;2.7;3.3;3.9;4.7;5.6;6.8;8.2
	±20%		1.0;1.5;2.2;3.3;4.7;6.8
铝、钽、铌、钛电解电容	±10% ±20% ±50% -20% +100% -30%		1.0;1.5;2.2;3.3;4.7;6.8

电容器在长期可靠地工作时所能承受的最大直流电压,就是电容器的耐压,也叫电容的直流工作电压。附表 1.4 列出了常用固定电容直流工作电压系列。

附表 1.4　常用固定电容的直流工作电压系列

1.6	4	6.3	10	16	25	32*	40	50	63
100	125*	160	250	300*	400	450*	500	630	1000

＊只限电解电容

电容器的容量有直接表示和数码表示两种表示法。

直接表示法是用表示数量的字母 $m(10^{-3})$、$μ(10^{-6})$、$n(10^{-9})$ 和 $p(10^{-12})$ 加上数字组合表示的方法。例如 4n7 表示 $4.7×10^{-9}F=4700pF$;33n 表示 $33×10^{-9}F=0.033μF$;4p7 表示 4.7pF 等。有时用无单位的数字表示容量,当数字大于 1 时,其单位为 pF;若数字小于 1 时,其单位为 μF。例如 3300 表示 3300pF;0.022 表示 0.022μF。

数码表示法一般用 3 位数字来表示容量的大小,单位为 pF。前两位为有效数字,后 1 位表示位率,即乘以 10^n,n 为第 3 位数字。若 3 位为 9,则乘以 10^{-1}。如 223 表示 $22×10^3pF=22000pF=0.022μF$,又如 479 表示 $47×10^{-1}pF=4.7pF$。

附录2 半导体分立器件型号命名方法

附表 2.1 半导体分立器件型号命名法(国家标准 GB249—89)

第一部分		第二部分		第三部分		第四部分	第五部分
用阿拉伯数字表示器件的电极数目		用汉语拼音字母表示器件的材料和极性		用汉语拼音字母表示器件的类别		用阿拉伯数字表示序号	用汉语拼音字母表示
符号	意义	符号	意义	符号	意义		
2	二极管	A	N 型,锗材料	P	小信号管		
3	晶体管	B	P 型,锗材料	V	混频检波管		
		C	N 型,硅材料	W	电压调整管和		
		D	P 型,硅材料		电压基准管		
		A	PNP 型,锗材料	C	变容管		
		B	NPN 型,锗材料	Z	整流管		
		C	PNP 型,硅材料	L	整流堆		
		D	NPN 型,硅材料	S	隧道管		
		E	化合材料	K	开关管		
				X	低频小功率		
				G	高频小功率		
				D	低频大功率		
				A	高频大功率		
				T	晶体闸流管		

示例

```
3 A G 1 B
        └── 规格号
      └──── 序号
    └────── 高频小功率
  └──────── PNP 型,锗材料
└────────── 晶体管
```

低频:截止频率<3MHz;小功率:耗散功率<1W;高频:截止频率≥3MHz;大功率:耗散功率≥1W。

为了便于读者使用 EWB 软件的元件库,这里简介美国电子工业协会(EIA)的半导体分立器件型号命名法。

附表 2.2　美国电子工业协会（EIA）的半导体分立器件型号命名法

第一部分		第二部分		第三部分		第四部分	第五部分
用符号表示 器件的类别		用数字表示 PN 结的数目		用字母 N 表示在 EIA 注册标志		用多位数字 表示登记号	用字母表示 器件的档别
符号	意义	符号	意义	符号	意义	EIA 登记号	A、B、C、D 等表 示同一器件的 不同档别
JAN （或用 J) 无	军用品 非军用品	1 2 3 n	二极管 晶体管 三个 PN 结器件 n 个 PN 结器件	N	EIA 注册标志		

示例

```
JAN 2 N 3553 C
              └── C 档
           └── EIA 登记号
       └── EIA 注册标志
    └── 晶体管
 └── 军用品
```

附录 3　部分半导体器件的型号和参数

附表 3.1　部分二极管的型号和主要参数

类　型	型号＼参数名称	最大整 流电流 I_{DM}/mA	最大正 向电流 I_{DM}/mA	最大反向 工作电压 U_{RM}/V	反向击 穿电压 U_{BR}/V	最高工 作频率 f_M/MHz	反向恢 复时间 t_r/ns
普通二极管	2AP1	16		20	40	150	
	2AP7	12		100	150	150	
	2AP11	25		10		40	
	2CP1	500		100		3kHz	
	2CP10	100		25		50kHz	
	2CP20	100		600		50kHz	

续表

类 型	参数名称 型号	最大整流电流 I_{DM}/mA	最大正向电流 I_{DM}/mA	最大反向工作电压 U_{RM}/V	反向击穿电压 U_{BR}/V	最高工作频率 f_M/MHz	反向恢复时间 t_r/ns
整流二极管	2CZ11A	1000		100			
	2CZ11H	1000		800			
	2CZ12A	3000		50			
	2CZ122G	3000		600			
开关二极管	2AK1		150	10	30		≤200
	2AK5		200	40	60		≤150
	2AK14		250	50	70		≤150
	2CK70A~E		10	A-20 B-30	A-30 B-45		≤3
	2CK72A~E		30	C-40	C-60		≤4
	2CK76A~E		200	D-55 E-60	D-75 E-90		≤5

附表 3.2 部分稳压管的型号和主要参数

参数名称 型号	稳定电压 U_Z/V	稳定电流 I_Z/mA	最大稳定电流 I_{Zmax}/mA	动态电阻 r_Z/Ω	电压温度系数 α_V/(%/℃)	最大耗散功率 P_{ZM}/W
2CW51	2.5~3.5		71	≤60	≥-0.09	
2CW52	3.2~4.5		55	≤70	≥-0.08	
2CW53	4~5.8		41	≤50	-0.06~0.04	
2CW54	5.5~6.5	10	38	≤30	-0.03~0.05	0.25
2CW56	7~8.8		27	≤15	≤0.07	
2CW57	8.5~9.5		26	≤20	≤0.08	
2CW59	10~11.8	5	20	≤30	≤0.09	0.25
2CW60	11.5~12.5		19	≤40		

续表

参数名称 型号	稳定 电压 U_Z/V	稳定 电流 I_Z/mA	最大稳 定电流 I_{Zmax}/mA	动态 电阻 r_Z/Ω	电压温 度系数 $\alpha_V/(\%/℃)$	最大耗 散功率 P_{ZM}/W
2CW103	4～5.8	50	165	≤20	−0.06～0.04	1
2CW110	11.5～12.5	20	76	≤20	≤0.09	1
2CW113	16～19	10	52	≤40	≤0.11	1
2DW1A	5	30	240	≤20	−0.06～0.04	1
2DW6C	15	30	70	≤8	≤0.1	1
2DW7C	6.1～6.5	10	30	≤10	0.05	0.2

附表 3.3　部分晶体管的型号和主要参数

类型	参数名称 型号	电流放 大系数 β 或 h_{fe}	穿透 电流 I_{CEO}/mA	集电极最大 允许电流 I_{CM}/mA	最大允许 耗散功率 P_{CM}/mW	集-射极 击穿电压 $U_{(BR)CEO}/V$	截止 频率 f_T/MHz
低 频 小 功 率 管	3AX51A	40～150	≤500	100	100	≥12	
	3AX55A	30～150	≤1200	500	500	≥20	≥0.5
	3AX81A	30～250	≤1000	200	200	≥10	≥0.2
	3AX81B	40～200	≤700	200	200	≥15	≥6kHz
	3CX200B	50～450	≤0.5	300	300	≥18	≥6kHz
	3DX200B	55～400	≤2	300	300	≥18	
高 频 小 功 率 管	3AG54A	≥20	≤300	30	100	≥15	≥30
	3AG87A	≥10	≤50	50	300	≥15	≥500
	3CG100B	≥25	≤0.1	30	100	≥25	≥100
	3CG120A	≥25	≤0.2	100	500	≥15	≥200
	3DG110A	≥30	≤0.1	50	300	≥20	≥150
	3DG120A	≥30	≤0.01	100	500	≥30	≥150
大功 率管	3DD11A	≥10	≤3000	30A	300W	≥30	
	3DD15A	≥30	≤2000	5A	50W	≥60	
开关管	3DK8A	≥20		200	500	≥15	≥80
	3DK10A	≥20		1500	1500	≥20	≥100

附录4 半导体集成电路型号命名方法

附表 4.1 半导体集成电路型号命名法（国家标准 GB3430—89）

第0部分		第一部分		第二部分	第三部分		第四部分	
用字母表示器件符合国家标准		用字母表示器件的类型		用数字表示器件的系列和品种代号	用字母表示器件的工作温度		用字母表示器件的封装	
符号	意义	符号	意义		符号	意义	符号	意义
C	符合国家标准	T	TTL		C	0～70℃	F	多层陶瓷扁平
		H	HTL		G	−25～70℃	B	塑料扁平
		E	ECL		L	−25～85℃	H	黑瓷扁平
		C	CMOS		E	−40～85℃	D	多层陶瓷双列直插
		M	存储器		R	−55～85℃	J	黑瓷双列直插
		μ	微型机电路		M	−55～125℃	P	塑料双列直插
		F	线性放大				S	塑料单列直插
		W	稳压器				K	金属菱形
		B	非线性电路				T	金属圆形
		J	接口电路				C	陶瓷片状载体
		AD	A/D 转换器				E	塑料片状载体
		DA	D/A 转换器				G	网络阵列
		D	音响电视电路					
		SC	通讯专用电路					
		SS	敏感电路					
		SW	钟表电路					

示例：

```
C F 741 C T
```
- 金属圆形封装
- 工作温度为 0～70℃
- 系列和品种代号（通用型运算放大器）
- 线性放大器
- 符合国家标准

为了便于读者使用 EWB 软件的元件库，这里简介美国国家半导体公司（NATIONAL SEMI-CONDUCTOR）的半导体集成电路型号命名法。

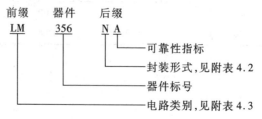

```
前级    器件    后缀
LM     356     N A
```
- 可靠性指标
- 封装形式，见附表 4.2
- 器件标号
- 电路类别，见附表 4.3

附表 4.2　美国国家半导体公司半导体集成电路封装形式的表示

符　号	意　义	符　号	意　义
D	玻璃/金属双列直插	N	标准双列直插
F	玻璃/金属扁平	W00,W01	标准引线陶瓷扁平
F00,F01	标准引线玻璃/金属扁平	W06,W07	标准引线陶瓷扁平
F06,F07	标准引线玻璃/金属扁平		

附表 4.3　美国国家半导体公司半导体集成电路类别的表示

符号	意　义	符号	意　义	符号	意　义
ADC	模数转换器	HS	混合电路	SF	专用 FET
ADS	数据采集	IDM	微处理器(2901)	SFW	软件
AEE	微型机产品	IMP	微处理器(接口信息处理器)	SH	专用混合器件
AF	有源滤波器	INS	微处理器(4004/8080A)	SK	专用配套器件
AH	模拟开关(混合)	IPC	微处理器(定步)	SL	专用线性集成块
ALS	高级小功率肖基特器件	ISP	微处理器(程序控制/多重处理)	SM	特殊 CMOS
AM	模拟开关(单块)	JM	军用—M38510	MY	LED 灯
BLC	单极计算机	LED	LED	NH	混合(老式)
BIMX	插件式多功能执行电路	LF	线性集成块(场效应工艺)	NMC	MOS 存储器
BLX	插件式扩展电路	LH	线性集成块(混合)	NMH	存储器混合电路
C	CMOS	LM	线性集成块(单块)	NS	微处理器组件
CD	CMOS(400 系列)	LP	线性低功率集成块	NSA	LED 数字阵列
CIM	CMOS 微型计算机插件	MA	模制微器件	NSB	LED 数字(四芯/五芯)
COP	小型控制器类	MAN	LED 显示	NSC	LED 小方块形(或片形)
DA/AD	数模/模数转换	MCA	门电路阵列	NSC	微处理器(800)
DAC	数/模转换器	MF	单块滤波器	NSL	LED 一灯
DB	开发插件	MH	MOS(混合)	NSL	光电器件
DH	数字器件(混合)	MM	MOS(单块)	SN	数字(附属厂产品)
DM	数字器件(单块)	NSM	LED—集成显示组件	SPM	开发系统器件
DP	接口电路(微处理器)	NSN	LED—数字(双)	SPX	开发系统器件
DS	接口电路	NSW	PNP.NPN.IN 电子表芯片	TBA	线性集成块(附属厂产品)
DT	数字器件	PAL	程序阵列逻辑	TDA	线性集成块
DISW	数字器件软件	PNP	分立器件	TRC	高频接收器件
ECL	射极耦合逻辑电路	RA	电阻阵列	U	FET
FOE	光纤维发射机	RMC	装配在架子上的计算机	UP	微处理器
FOR	光纤维接收机	SC/MP	存储计算机微处理器		
FOT	光纤维发送机	SCX	门电路阵列		
HC	高速 CMOS	SD	专用数字器件		

附录5 部分集成运算放大器的型号和主要参数

附表 5.1 部分集成运算放大器的型号和主要参数

类型	通用型	高精度型	高阻型	高速型	低功耗型
型号 参数名称	CF741 (F007)	CF7650	CF3140	CF715	CF3078C
电源电压 $\pm U_{CC}(U_{DD})$/V	±15	±5	±15	±15	±6
开环差模电压增益 A_o/dB	106	134	100	90	92
输入失调电压 U_{IO}/mV	1	$\pm7\times10^{-4}$	5	2	1.3
输入失调电流 I_{IO}/nA	20	5×10^{-4}	5×10^{-4}	70	6
输入偏置电流 I_{IB}/nA	80	1.5×10^{-3}	10^{-2}	400	60
最大共模输入电压 U_{icmax}/V	±15	$+2.6,-5.2$	$+12.5,-15.5$	±12	$+5.8,-5.5$
最大差模输入电压 U_{idmax}/V	±30		±8	±15	±6
共模抑制比 K_{CMR}/dB	90	130	90	92	110
输入电阻 r_i/MΩ	2	10^6	1.5×10^6	1	
单位增益带宽 GB/MHz	1	2	4.5		
转换速度 SB/(V/μs)	0.5	2.5	9	$100,(A_V=-1)$	

参考文献

1. 秦曾煌.电工学.7 版[M].北京:高等教育出版社,2010.

2. 唐介.电工学(少学时).2 版[M].北京:高等教育出版社,2005.

3. 王浩.电工学[M].北京:中国电力出版社,2009.

4. 高福华.电工技术[M].北京:机械工业出版社,2009.

5. 姚海彬.电工技术.3 版[M].北京:高等教育出版社,2009.

6. 童诗白.模拟电子技术基础.4 版[M].北京:高等教育出版社,2006.

7. 康华光.电子技术基础(数字部分).5 版[M].北京:高等教育出版社,2006.

8. 闫石.数字电子技术基础.5 版[M].北京:高等教育出版社,2006.

9. 路而红.虚拟电子实验室—Electronics Workbench[M].北京:人民邮电出版社,2001.

10. 谢克明.电子电路 EDA[M].北京:兵器工业出版社,2001.